河南崤山地区基础地质

主　编　常云真
副主编　李永超　徐文超

北　京
冶　金　工　业　出　版　社
2019

内 容 提 要

本书以基础地质学理论为指导，立足于河南嵩山地区，通过对区内地层、构造和岩浆岩等综合分析，讲述该地区地层分布、岩性组合及区域变化特征，重新厘定了该区"太华群"和李米庄-塔罗村一带的高山河组和龙家园组地层系统，提高了岩浆岩研究程度，并建立了研究区的构造格架，为该区地质找矿提供了重要理论依据。

本书内容翔实，资料丰富，可供地质工作者参考，也可供地质专业的科研工作者和相关高等院校师生阅读参考。

图书在版编目（CIP）数据

河南嵩山地区基础地质/常云真主编 . —北京：
冶金工业出版社，2019.9
ISBN 978-7-5024-8254-1

Ⅰ.①河… Ⅱ.①常… Ⅲ.①区域地质—河南
Ⅳ.①P562.61

中国版本图书馆 CIP 数据核字（2019）第 188432 号

出　版　人　谭学余
地　　　址　北京市东城区嵩祝院北巷 39 号　邮编　100009　电话　（010）64027926
网　　　址　www.cnmip.com.cn　电子信箱　yjcbs@cnmip.com.cn
责任编辑　徐银河　美术编辑　吕欣童　版式设计　禹　蕊
责任校对　卿文春　责任印制　牛晓波
ISBN 978-7-5024-8254-1
冶金工业出版社出版发行；各地新华书店经销；三河市双峰印刷装订有限公司印刷
2019 年 9 月第 1 版，2019 年 9 月第 1 次印刷
169mm×239mm；21 印张；404 千字；316 页
89.00 元
冶金工业出版社　投稿电话　（010）64027932　投稿信箱　tougao@cnmip.com.cn
冶金工业出版社营销中心　电话　（010）64044283　传真　（010）64027893
冶金工业出版社天猫旗舰店　yjgycbs.tmall.com
（本书如有印装质量问题，本社营销中心负责退换）

李廷栋院士为本书所作序手稿

序

地质学是研究地球的科学，其根本的任务是通过对地球物质组成、结构构造及形成演化历史的研究，科学地认识地球并利用这种认识去管理地球和合理地开发利用地球，以保障人类赖以生存发展的自然资源供给和保护优化人类生产生活的自然环境。在漫长的历史长河中，地球和地质科学为人类社会发展和科学技术进步做出了历史性的巨大贡献。人类社会是伴随矿产资源的开发利用和对地球认知的提高而逐渐向前发展的，从渔猎文明到农业文明、工业文明、生态文明，从石器时代、陶器时代到铜器时代、铁器时代，再到蒸汽机的出现和电子能的应用，直至现代的信息时代，矿产资源的开发利用都对这些时代的转换和社会的进步发挥了重要作用，并推动了地质学的发展和创新。

嵩山地区位于河南省西部，西与小秦岭相连，南与熊耳山隔洛河相望，是大地构造上属于华北克拉通南缘，是小秦岭—熊耳山有色金属与贵金属矿成矿带的重要组成部分。在这里发育有新太古代的中高级变质岩系和较完整的元古宙地层系统，以及太古宙—元古宙及中生代岩浆岩，对研究前寒武纪地层划分对比、华北克拉通发展演化和小秦岭—熊耳山成矿带矿产资源潜力评价，都具有重要意义。

序

<<<<<<<<<<<<<<<<<<<<<<<<<<<<<<<<<<<<<<<<<<<<<<<<<<<<<<<<<<<<<<<

　　地质学是研究地球的科学，其根本的任务是通过对地球物质组成、结构构造及形成演化历史的研究，科学地认识地球，并利用这种认识去管理地球和合理地开发利用地球，以保障人类赖以生存发展的自然资源供给和保护优化人类生产生活的自然环境。在漫长的历史长河中，地球和地质科学为人类社会发展和科学技术进步做出了历史性的巨大贡献。人类社会是伴随矿产资源的开发利用和对地球认知的提高而逐渐向前发展的，从渔猎文明到农业文明、工业文明、生态文明，从石器时代、陶器时代到铜器时代、铁器时代，再到蒸汽机的出现和原子能的应用，直至现代的信息时代，矿产资源的开发利用都对这些时代的转换和社会的进步发挥了重要作用，并推动了地质学的发展和创新。

　　崤山地区位于河南省西部，西与小秦岭相连，南与熊耳山隔洛河相望，在大地构造上居于华北克拉通南缘，是小秦岭-熊耳山有色金属与贵金属矿产成矿带的重要组成部分。在这里发育有新太古代的中高级变质岩系和较完整的元古宙地层系统，以及太古宙-元古宙及中生代岩浆岩；对解决前寒武纪地层划分、对比、华北克拉通发展演化和小秦岭-熊耳山成矿带矿产资源潜力评价，都具有重要意义。

　　地质学的发展，既需要经过地质调查研究获得丰富的地质资料和数据，又需要通过综合集成，使这些资料系统化、规律化，并上升到理论。河南省地质矿产勘查开发局第一地质矿产调查院，作为一个"功勋地质队"，先后发现了著名的小秦岭金矿田、栾川钼矿田和上宫金矿床等一批重要的矿产资源，为我国地质事业发展作出了重要贡献。而今又依托"崤山基础地质研究"项目和"河南省崤山地区 1∶5 万区域矿产调查"成果,并收集近年崤山地区科研报告和论文,对崤山地区基础地质进行了综合研究,编著了《河南崤山地区基础地质》一书,系统总结了崤山地区地质特点和规律,大幅度提高了本区地质研究程度。

专著全面总结了本区地层系统。进行了地层划分对比,重新厘定了陕县李村龙脖一带碳酸盐岩地层,建立了崤山地区地层层序;把结晶基底一套中高级变质岩系新建立为"崤山岩群",原岩为中基性-酸性火山岩、泥质岩和陆源碎屑岩,可与登封岩群郭家窑岩级、石梯沟岩组对比,时代为新太古代。

专著全面总结了本区深成岩浆活动。从岩石学、岩相学、岩石地球化学、年代学等方面论述了侵入岩的时空分布特征,把与成矿关系密切的中生代侵入岩划分为三期,年龄分别为 145～130Ma、130～119Ma 和 119～100Ma。新发现的中河钾长花岗斑岩岩体,锆石 U-Pb 年龄 129～135Ma,时代相当早白垩世;老里湾岩体,锆石 U-Pb 年龄为 133～137Ma,时代为早白垩世。岩石类型有从超基性-基性-中性-中酸性演化的特点,时代有从东到西逐渐变晚趋势。

专著全面总结了本区火山活动。总结探讨了中元古代长城纪熊耳群火山喷发韵律、喷发旋回、火山岩相、火山构造和岩石地球化学特征。对苏家山、燕尔岭等地过去划归鸡蛋坪组的一套紫红色流纹斑岩重新厘定为侵入许山组的次火山岩相岩石,并在苏家山一带发现多处火山角砾岩岩筒和三个互相套叠的环状火的构造,从而确认苏家山一带为火山喷发中心。

专著还全面总结了本区地质构造特征。编制了崤山地区构造纲要图,显示崤山地区为一四周断陷、核部断隆的构造格局;在区域东部,发现呈东西向展布的晋宁期褶皱构造-燕尔岭背斜东部倾伏端;新发现多条北北西向控矿断裂,还发现中河花状构造等,为成矿规律研究奠定了基础。

综观全书，内容丰富、资料翔实、思路清晰、论点新颖，有新发现和新认识，是一部具有国内领先水平的优秀区域地质专著，将为科学地认识崤山地区地质构造特征和服务矿产资源勘查评价发挥重要作用。

特别值得指出的是，作为一个正在进行转型的地勘单位，河南省第一地质矿产调查院自筹资金开展基础地质研究，编著区域地质专著，实属难能可贵。作为一位长期从事区域地质调查研究的老地质工作者，感动至深，因此为序，以示欣慰，以表祝贺。

中国地质科学院　李廷栋

2019 年 5 月 4 日

前　言

<<<<<<<<<<<<<<<<<<<<<<<<<<<<<<<<<<<<<<<<<<<<<<<<<<<<<<<<<<

　　崤山地区位于河南省西部，西与小秦岭毗连，南与熊耳山隔洛河相望，大地构造位置位于华北陆块南缘崤山断隆区，是小秦岭-熊耳山有色金属及贵金属成矿集中区重要组成部分。然而无论是南部的熊耳山地区还是西部的小秦岭地区，国内外众多的知名学者都相继开展过各种基础地质研究，不仅发表了大量的论文和专著，并在区内建立了统一的地层、岩石、构造格架，为推动地质找矿工作奠定了基础。相比之下，崤山地区整体基础地质研究比较薄弱，随着近几年来该区地质找矿工作的突破，系统总结区内地层、构造和岩浆岩的产出、分布、岩石类型、变质作用等基础地质特征显得尤为重要。

　　本书是依托"崤山基础地质研究"项目，在"河南省崤山地区1：50000 区域矿产调查"成果的基础上，收集近几年来崤山地区的科研报告和论文，对崤山地区基础地质情况进行系统梳理。本书共分为 7 章，内容包括崤山地区的地层、侵入岩、火山岩、变质岩和构造等。

　　本书第 1 章绪论由常云真、李永超撰写，第 2 章地层由徐文超、梁天佑、贾慧敏、裴海洋撰写，第 3 章侵入岩由贾慧敏、王振闻、李重阳撰写，第 4 章火山岩由徐文超、郭爱锁、毕炳坤、施强、王辉撰写，第 5 章变质岩由常云真、梁天佑、施亮亮、裴海洋撰写，第 6 章构造由李智、赵康、刘宗彦、程会撰写，第 7 章结语由常云真、李永超撰写。书中插图由贾慧敏编绘，全书由常云真、李永超、徐文超统一修改编纂。

　　本书在撰写过程中得到了河南省地质矿产勘查开发局王志宏教授级高级工程师等的指导及河南省地质矿产勘查开发局第一地质矿产调

查院王铭生教授级高级工程师、总工程师办公室的关心和帮助，同时
得到河南省地质矿产勘查开发局第一地质矿产调查院多个部门的多方
协助和支持，并提供了许多宝贵资料和方便，在此一并表示诚挚的
谢意！

　　由于水平有限，书中不妥之处敬请广大读者指正。

作　者

2019 年 4 月

目　　录

1　绪论 ··················· 1

　1.1　任务及范围 ··············· 1

　1.2　区域自然地理及经济概况 ········· 2

　1.3　以往工作评述 ·············· 2

　　1.3.1　区调工作 ·············· 2

　　1.3.2　物探工作 ·············· 3

　　1.3.3　化探工作 ·············· 3

　　1.3.4　矿产勘查 ·············· 3

　　1.3.5　地质科研 ·············· 4

2　地层 ··················· 6

　2.1　新太古界嵩山岩群 ············ 8

　　2.1.1　剖面描述 ·············· 9

　　2.1.2　岩性特征及区域变化 ········· 11

　　2.1.3　微量元素特征 ············ 12

　　2.1.4　原岩建造 ·············· 13

　　2.1.5　变质特征 ·············· 13

　　2.1.6　地层划分对比与时代讨论 ······· 13

　2.2　古元古界罗汉洞组 ············ 16

　　2.2.1　剖面描述 ·············· 16

　　2.2.2　岩性特征及区域变化 ········· 17

　　2.2.3　原岩建造 ·············· 17

　　2.2.4　变质特征 ·············· 18

　　2.2.5　地层划分对比与时代讨论 ······· 18

　2.3　中元古界长城系熊耳群 ·········· 19

　　2.3.1　剖面描述 ·············· 20

　　2.3.2　岩性特征及区域变化 ········· 34

　　2.3.3　地层划分对比及时代讨论 ······· 40

　2.4　中元古界长城系上统高山河组和汝阳群 ··· 41

2.4.1　汝阳群（Pt_2R）…………………………………………… 41

2.4.2　高山河组（Pt_2g）………………………………………… 72

2.5　中元古界蓟县系官道口群和黄连垛组 …………………………… 87

2.5.1　官道口群龙家园组（Pt_2ln）……………………………… 87

2.5.2　黄连垛组（Pt_2h）………………………………………… 87

2.6　下古生界寒武系 …………………………………………………… 93

2.6.1　剖面描述 …………………………………………………… 93

2.6.2　岩性特征及区域变化 ……………………………………… 95

2.6.3　地层划分、对比及时代归属 ……………………………… 97

2.7　白垩系上统南朝组 ………………………………………………… 99

2.7.1　剖面描述 …………………………………………………… 99

2.7.2　岩性特征及区域变化 ……………………………………… 100

2.7.3　地层对比及时代归属 ……………………………………… 101

2.7.4　基本层序类型划分 ………………………………………… 101

2.8　古近系项城组 ……………………………………………………… 103

2.8.1　剖面描述 …………………………………………………… 103

2.8.2　岩性特征及区域变化 ……………………………………… 104

2.8.3　地层划分、对比及时代归属 ……………………………… 104

2.8.4　基本层序类型划分 ………………………………………… 105

2.9　新近系 ……………………………………………………………… 106

2.9.1　洛阳组（N_1l）……………………………………………… 106

2.9.2　静乐组（N_2j）……………………………………………… 111

2.10　第四系 …………………………………………………………… 113

2.10.1　下更新统午城组（Qp_1w）……………………………… 113

2.10.2　中更新统离石组（Qp_2l）……………………………… 115

2.10.3　上更新统马兰组（Qp_3m）……………………………… 118

2.10.4　全新统冲洪积物（Qh）………………………………… 120

3　侵入岩 ………………………………………………………………… 122

3.1　新太古代侵入岩 …………………………………………………… 123

3.1.1　变质 TTG 岩系 …………………………………………… 123

3.1.2　变质二长花岗岩系 ………………………………………… 140

3.1.3　基性岩墙（$\beta\nu Ar_3$）…………………………………… 144

3.2　早长城世侵入岩 …………………………………………………… 148

3.2.1　辉长岩体（ν）…………………………………………… 148

　　　3.2.2　中-基性脉岩类 ……………………………………… 149

　　　3.2.3　酸性脉岩类 …………………………………………… 152

　3.3　晚三叠世后造山碱性岩 …………………………………… 153

　3.4　早白垩世花岗岩 …………………………………………… 154

　　　3.4.1　岩石类型及岩性特征 ………………………………… 154

　　　3.4.2　岩体副矿物特征 ……………………………………… 162

　　　3.4.3　岩体岩石地球化学特征 ……………………………… 162

　　　3.4.4　同位素地球化学特征 ………………………………… 166

　　　3.4.5　岩体就位机制 ………………………………………… 170

　　　3.4.6　岩体成因探讨 ………………………………………… 170

　　　3.4.7　脉岩 …………………………………………………… 172

4　火山岩 ………………………………………………………… 174

　4.1　火山旋回及韵律划分 ……………………………………… 174

　　　4.1.1　原始喷发单层 ………………………………………… 174

　　　4.1.2　喷发韵律及旋回划分 ………………………………… 187

　4.2　火山岩岩石 ………………………………………………… 191

　　　4.2.1　分类命名的基本原则 ………………………………… 191

　　　4.2.2　火山岩系列、岩石组合 ……………………………… 193

　　　4.2.3　岩石类型 ……………………………………………… 196

　　　4.2.4　岩石小结 ……………………………………………… 204

　4.3　火山岩相 …………………………………………………… 205

　　　4.3.1　喷发相 ………………………………………………… 205

　　　4.3.2　火山管道相 …………………………………………… 207

　　　4.3.3　次火山相 ……………………………………………… 207

　4.4　古火山构造 ………………………………………………… 210

　　　4.4.1　熊耳古火山活动带 …………………………………… 211

　　　4.4.2　崤山古火山喷发带 …………………………………… 211

　　　4.4.3　三级火山构造 ………………………………………… 212

　　　4.4.4　四级火山构造 ………………………………………… 213

　　　4.4.5　五级火山构造 ………………………………………… 216

　4.5　地球化学特征 ……………………………………………… 219

　　　4.5.1　岩石化学特征 ………………………………………… 219

　　　4.5.2　微量元素特征 ………………………………………… 223

　　　4.5.3　副矿物特征 …………………………………………… 224

4.5.4 稀土元素特征 …………………………………………………… 226

5 变质岩 ……………………………………………………………………… 229

5.1 区域变质岩 ……………………………………………………………… 229

5.1.1 轻微变质岩类 …………………………………………………… 230

5.1.2 角闪质岩类 ……………………………………………………… 230

5.1.3 石英岩类 ………………………………………………………… 231

5.1.4 长英质粒岩类 …………………………………………………… 231

5.1.5 片岩类 …………………………………………………………… 232

5.1.6 片麻状花岗岩类 ………………………………………………… 233

5.2 区域变质作用 …………………………………………………………… 233

5.2.1 下基底区域变质作用 …………………………………………… 234

5.2.2 上基底区域变质作用 …………………………………………… 244

5.2.3 下基底的区域退变质作用 ……………………………………… 246

5.2.4 变质期次 ………………………………………………………… 246

5.3 区域变质岩的原岩恢复 ………………………………………………… 248

5.3.1 岩石矿物学特征 ………………………………………………… 248

5.3.2 副矿物特征 ……………………………………………………… 251

5.3.3 岩石化学特征 …………………………………………………… 253

5.3.4 稀土元素特征 …………………………………………………… 258

5.3.5 微量元素特征 …………………………………………………… 260

5.3.6 原岩类型的综合判别 …………………………………………… 261

6 构造 ……………………………………………………………………… 263

6.1 构造单元及构造层划分 ………………………………………………… 263

6.1.1 灵宝断陷盆地（IV_1） …………………………………………… 263

6.1.2 五亩断陷盆地（IV_2） …………………………………………… 263

6.1.3 崤山断隆（IV_3） ………………………………………………… 263

6.1.4 卢氏-洛宁断陷盆地（IV_4） …………………………………… 266

6.2 主要构造边界 …………………………………………………………… 266

6.2.1 赵家岭-马家河-黑山沟断裂（F1） …………………………… 266

6.2.2 杨树园-寺河-竹园沟-张家河断裂带 ………………………… 268

6.2.3 洛宁北山山前断裂带 …………………………………………… 269

6.3 面理和面理置换 ………………………………………………………… 270

6.3.1 原生面理-层理（S_0） …………………………………………… 270

6.3.2　次生面理 270
6.3.3　面理置换 271
6.4　褶皱 273
6.4.1　嵩阳期向、背形构造 274
6.4.2　燕山期褶皱 276
6.5　韧性变形带 277
6.5.1　韧性变形带的划分标志 277
6.5.2　韧性剪切带分述 279
6.5.3　韧性变形时代及变形环境分析 292
6.6　断裂 292
6.6.1　北东向断裂 292
6.6.2　北西向断裂 293
6.6.3　近东西向断裂 295
6.6.4　南北向断裂带 299
6.6.5　岩脉构造 300
6.7　动力变质岩 301
6.7.1　动力变质岩分类 301
6.7.2　韧性剪切带中岩石的变形与变质 304
6.8　地史演化 306
6.8.1　新太古代（大于2500Ma） 308
6.8.2　古元古代（2500~1800Ma） 309
6.8.3　中元古代-新元古代（1800~541Ma） 309
6.8.4　古生代（541~252Ma） 309
6.8.5　中生代（252~65Ma） 310
6.8.6　新生代（65Ma以来） 310

7　结语 311
7.1　地层方面 311
7.2　岩浆岩方面 311
7.3　变质岩方面 312
7.4　构造方面 312

参考文献 313

1 绪　　论

1.1　任务及范围

本书是在《崤山地区基础地质研究》项目研究成果的基础上完成的。该项目是河南省国土资源厅 2016 年度自筹资金科技项目（豫国土资发［2016］54号）。其主要任务目的是：通过对崤山地区基础地质的系统研究，进一步厘定该区地层系统，总结区内构造特征，研究该地区岩浆岩定位机制、岩浆成因、时代、成矿专属性，为该区地质找矿提供重要技术支撑。

研究区位于河南省西部的崤山地区，地跨陕县、灵宝市、卢氏县和洛宁县，行政区划属河南省陕县、灵宝市、卢氏县和洛宁县管辖。其地理坐标为：东经111°00′00″~111°45′00″，北纬 34°20′00″~34°40′00″。

该区西临 209 国道，北临陇海铁路、310 国道及连霍高速公路，南有洛阳-洛宁-卢氏省级主干公路和高速公路，区内村镇均有公路或简易公路与主干公路相连，交通尚属便利（见图 1-1）。

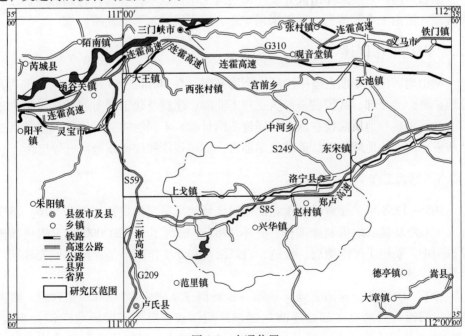

图 1-1　交通位置

1.2   区域自然地理及经济概况

崤山山区，重峦叠嶂、气势磅礴。崤山山脉呈北东走向横亘测区中部，总体形成中部高峻、南东与北西两侧低缓的地势。区内崤山山脊最高山峰——甘山海拔 1901.4m，最低河谷海拔 359.5m。一般海拔 800~1600m，相对高差为 500~1000m。地形切割强烈，幼年期河谷发育。水系总体以崤山山脊为界，往南流入洛河，往北汇入黄河。区内河流流量均不大，多为间歇性河流。较大的河流多修有水库，以利蓄水灌溉。

崤山地区属大陆性气候，月平均气温最低在 1 月份，为 0℃左右。自 2 月份开始回升，最高平均气温在 7 月份，为 26.7℃。自此逐渐下降，到 12 月份降至 1.1℃。其中 2~5 月和 9~12 月，月平均温差在 6℃左右。6~8 月基本稳定在 26℃左右。风向多为东、东东南、东东北及西西南，风速平均在 7~12m/s 之间。平均降雨量最低在 1 月、2 月及 12 月，为 5.1~7.1mm；最高在 7 月份，为 119.6mm。雨季集中在 7~9 月份。降雪期在 11 月至来年 3 月。

区内居民点多集中分布于南东、北西部中低山区及盆地黄土塬区。中部深山区居民点稀少。

区内东南部洛河沿岸、西北部黄土塬区农业生产条件较好。农作物以小麦、玉米为主，间作豆类、马铃薯等。经济作物主要为苹果、烟草、核桃等。寺河山苹果闻名全国。近年来深山区开发了菌类人工培植技术，香菇、花菇的生产已初具规模。区内工业较落后。近年来采矿业有所发展，未形成规模。

1.3   以往工作评述

崤山地区位于华熊台隆中段崤山断隆东部，自 20 世纪 50 年代以来，先后有原地矿部、冶金部、武警黄金部队、核工业部、建材及化工部所属的多家地勘单位、科研单位和地质院校在该区开展过不同目的、不同性质、不同比例尺的区域地质矿产调查、地球物理、地球化学勘查、成矿规律和成矿预测研究等工作。

1.3.1   区调工作

1956~1958 年，原地质部西北地质局区域地质测量队完成了 I-49-(16) 洛宁幅 1∶200000 区域地质调查工作，并于 1965 年出版了 1∶200000 洛宁幅地质图及说明书。奠定了区内地层、构造、岩浆活动和变质作用等基础地质研究和矿产地质工作基础。

1992~1995 年，河南省地矿局第一地质调查队完成 1∶50000 张村幅、宫前幅、寺河幅和长水幅（四幅连测）区域地质调查，提交了区域地质调查报告、1∶50000 分幅地质图及说明书。对区内地层、构造、岩浆活动和变质岩等进行了详细研究，运用花岗绿岩带观点，对区内绿岩（变质表壳岩）和花岗质岩（变TTG岩系）进行了划分圈定。为本次工作开展提供了重要的参考依据。

1996~1998年，河南省地勘局区调队完成1：50000洛宁幅区域地质调查，提交了区域地质调查报告及1：50000地质图及说明书。

2009~2014年，河南省地矿局第一地质调查队开展河南省崤山地区1：50000区域矿产调查，完成区内1：50000磁法测量、1：50000水系沉积物测量、1：50000矿产调查及1：2500遥感解译。通过物化探异常查证和矿产调查，在崤山东部浅覆盖区新发现了中河构造蚀变岩型和斑岩型银铅矿、宫前地区石英脉型钨铜矿，在地质找矿方面取得了突破性成果。对崤山地区燕山期几个控矿斑岩体和半宽、申家窑、金鸡山、老里湾等典型矿床矿脉补采了一部分测试样品。综合地质、物探、化探、遥感综合信息，区内的主要矿产为金、银多金属矿产。对金银等主要矿产进行了典型矿床解剖，研究了崤山地区的成矿规律，在综合区域地质、区域矿产、物化探等资料的基础上，结合综合信息法成矿预测信息，将研究区划分为崤山金矿深部及外围金银钨多金属成矿区、金鸡山金矿深部及外围金银钨多金属成矿区、崤山东部银钨多金属成矿区、崤山西部金钼多金属成矿区，并进一步优选了15个找矿靶区。其第一手资料为本次工作奠定了良好的基础。

1.3.2 物探工作

1986~1997年，河南省地矿局地球物理勘查队先后完成河南省三门峡-灵宝区域重力调查、河南省熊耳山地区1：200000区域重力调查。

1987~1988年，河南省地矿局第一地质调查队收集1：200000航磁资料，完成了豫西地区1：200000航空磁力图的编绘及说明书。

2009~2014年，河南省地矿局第一地质调查队开展河南省崤山地区1：50000区域矿产调查中，进行了1：50000地磁测量。

1.3.3 化探工作

1956~1958年，原地质部西北地质局区域地质测量队完成I-49-(16)洛宁幅1：200000区域地质调查工作的同时进行了有选择性地金属量测量。

1986~1988年，河南省地矿局区调队开展1：200000洛宁幅区域地球化学调查，包含本区。

2009~2014年，河南省地矿局第一地质调查队开展河南省崤山地区1：50000区域矿产调查中，进行了1：50000水系沉积物测量，包含本工作区。

1.3.4 矿产勘查

1985年，河南省地矿局地调一队完成了河南省陕县申家窑金矿区中段详细普查及外围普查工作，矿区面积约 2.6km²。提交了《河南省陕县申家窑金矿区详细普查及外围普查地质报告》，后因工作程度低降为普查。亦对 1965 年河南省区测队所圈定的 7 个次生晕金属量异常进行了地质检查，查清了引起 6 个异常的地质原因。

1990 年，河南省地矿局地调一队在洛宁金硐沟地区开展了金矿普查，对包括金硐沟、后瑶、金鸡山、罗岭、竹园毛、石寨沟、岭东 7 个金矿点在内的 42km² 范围中 27 条含金构造带进行了追索和部分工程控制、采样。其中金硐沟 F12、后瑶 F13 金品位较高，两条含金构造带中各圈出矿体 1 个，金金属量共计 306kg。

1996 年，河南省地矿局地调一队在陕县天爷庙韧性剪切带东段的南、北分支矿带的先前沟铜金矿区开展了普查评价，在南分支矿带内圈出金矿体 1 个，在北分支矿带内圈出金矿体 2 个，总计估算 C+D+E 级金金属量 3013kg，其中 C+D 级金金属量 688kg，E 级金金属量 2325kg。未评价伴生铜矿。

1997 年，河南省地矿局地调一队对陕县天爷庙韧性剪切带东段的北分支矿带小叉巴沟至大叉巴沟以西地段金铜矿进行了普查，圈出两个铜矿体，计算铜 D+E 级金属量 1906t。未评价伴生金矿。

2004~2008 年，河南省地矿局地调一队在洛宁石寨沟金矿区进行了普查和详查，圈出矿体 5 个，估算金（111b）+（332）+（333）金属量 2081.1kg，其中（111b）99.8kg 已采完。

2007~2014 年 7 月，河南省磊鑫地质矿产公司、河南省地球物理勘察队在洛宁县老里湾银矿开展普查、详查地质工作，未提交报告。

2014 年 9 月~2015 年 9 月，河南省地矿局地勘一院在洛宁县老里湾银矿开展勘探工作，于 2015 年 9 月提交了《河南省洛宁县老里湾银矿勘探报告》，银金属量 2000 余吨，铅锌金属量 10 余万吨。

2014~2015 年，河南省地矿局第一地质矿产调查院开展了"河南省崤山东部银钨金多金属矿预查"工作，在崤山东部浅覆盖区找到了构造蚀变岩型和斑岩型银多金属矿床、在崤山北部山前断裂带中新发现了槐树坪式金矿。

2015 年至今，河南省地矿局第一地质矿产调查院在本区开展的"河南省洛宁县中河银多金属矿普查"项目，初步估算资源量银铅锌均可达到大型规模。

2015 年至今，河南省地矿局第一地质矿产调查院在本区开展的"河南省陕县崤山金矿外围金多金属普查"项目，初步估算金资源量可达到中型规模以上。

2000 年以来河南有色地矿局一队、六队在崤山金矿外围提交了葫芦峪、大方山、安沟、寺家沟-胡沟、东岔-宽坪、申家窑-葫芦峪金矿深部勘查等勘查报告，提交了一些中小型金矿床。

1.3.5 地质科研

崤山地区位于秦岭造山带华熊台隆中段崤山断隆东部，在基础地质和矿产研究领域均取得了丰硕成果，主要表现如下。

1982~1986 年，河南省地矿局地调一队在包括研究区在内的整个豫西地区开展了"豫西地区成矿地质条件分析及主要矿产远景预测"研究。河南省地质科研所、南京大学地质系和河南省地矿局地调一队合作完成了包括研究区在内的"东秦岭有色金属贵金属成矿规律研究"，主要对崤山地区太华群进行了重新划分。后一项研究将太华群划归古元古界。

1986~1988 年，河南省地质科研所在该区开展了"华北陆台南缘崤山台穹区'不整合'型金矿富集规律初探"的研究。认为半宽金矿的主成矿时代为中元古代以前（不排除后期侵入岩富集），受古元古界崤山群含砾石英岩与太华群变质岩系之间不整合面控制的热液叠加矿床，简称"不整合"型矿床。

1995~1996 年，河南省地矿局地调一队在区内开展了"河南省陕县崤山金矿1 号、3 号、9 号脉深部隐伏矿的预测研究"。通过对 1 号、3 号、9 号脉矿床地质、地球化学、断裂构造控矿作用、矿床地球物理及区域成矿地质背景的系统、深入研究，总结出深部隐伏矿预测指标和依据，开展了深部隐伏矿定位定量预测，圈出预测靶区 11 个，总计获得金预测资源量 1949kg。

1991~1994 年，地矿部天津地质矿产研究所、武警部队黄金地质研究所等单位开展了"熊耳山-崤山地区金矿成矿地质条件和找矿综合评价模型"研究。主要对半宽金矿矿床地质、流体包裹体和硫、铅同位素组成等进行了研究。

2011~2013 年，河南省有色金属地质勘查总院开展了"崤山-熊耳山地区成矿预测与勘查关键技术研究"，对大方山金矿矿床进行了矿床地球化学研究。

2011~2013 年，河南省有色金属地质勘查总院开展了"豫西中-酸性隐伏岩体的识别及其成矿作用"对该区的后河岩体进行了系统的岩石地球化学和成岩年龄研究。

2016~2017 年，河南省地质矿产勘查开发局第一地质矿产调查院对开展了"河南省洛宁县老里湾银多金属典型矿床研究"，积累了该区岩体成岩及成矿年龄，系统总结了崤山地区的成矿规律并建立了成矿模型。

2016~2017 年，河南省有色金属地质矿产局第一地质大队开展了"河南省崤山整装勘查区金矿控矿规律与找矿方向研究"，为该区金矿研究提供了资料。

2014~2017 年，河南省地质矿产勘查开发局第一地质矿产调查院在崤山地区分别开展了中央财政项目"小秦岭金矿田深部及外围金矿整装勘查区专项填图与技术应用示范""小秦岭金多金属整装勘查区矿产调查与找矿预测研究"及"河南省洛宁-陕县矿集区找矿预测研究"，为研究区成矿规律及成矿预测奠定了较好的理论基础。

2 地　层

崤山地区位于华北陆块南缘，地层区划属华北区豫西分区熊耳山小区和渑池-确山小区（见图 2-1）。

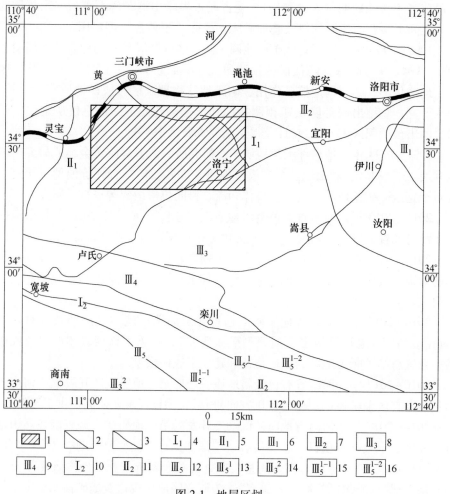

图 2-1　地层区划

1—研究区范围；2—地层区界线；3—地层小区界线；4—华北区；5—豫西分区；6—嵩箕小区；

7—渑确小区；8—熊耳山小区；9—栾薄小区；10—秦岭区；11—北秦岭分区；

12—西峡南召小区；13—北区；14—南区；15—北带；16—南带

嵩山地区地层具典型地台型双层结构。结晶基底为新太古代中深变质岩系、古元古代浅变质岩系（嵩山群），盖层自下而上为熊耳群、汝阳群、黄连垛组、寒武系及高山河组、官道口群等。新太古代变质岩系出露于嵩山断隆的核部，四周广布熊耳群等盖层沉积。根据岩性组合、接触关系、沉积和喷发旋回、标志层、变质特征、原岩建造及同位素年龄，将区内地层划分见表2-1。

表 2-1　地层划分

界	系	统	群	组	段	代号	厚度/m	群	组	段	代号	厚度/m
							熊耳山地层小区				渑池-确山地层小区	
新生界	第四系	全新统				Qh	0~10				Qh	0~10
		上更新统 马兰组				Qp_3m	134.1					
		中更新统 离石组				Qp_2l	>72.9		中更新统 离石组		Qp_2l	47.6
		下更新统 午城组				Qp_1w	72.8		下更新统 午城组		Qp_2w	>16
	新近系	上新统		静乐组		N_2j	44.3					
		中新统		洛阳组		N_1l	214		洛阳组		N_1l	214
	古近系	渐新统 始新统		项城组		$E_{1-2}x$	564.9					
中生界	白垩系	上统		南朝组		K_2n	776.5					
古生界	寒武系	中统						馒头组	三段	$\epsilon_{1-2}m^3$	>83.47
								馒头组	二段	$\epsilon_{1-2}m^2$	18.3
								馒头组	一段	$\epsilon_{1-2}m^1$	27.81
		下统						朱砂洞组		ϵ_1z	>41.22
								辛集组		ϵ_1x	>0.76
								罗圈组		ϵ_1l	7.58

				熊耳山地层小区						渑池—确山地层小区		
界	系	统	群	组	段	代号	厚度/m	群	组	段	代号	厚度/m
中元古界	蓟县系		官道口群	龙家园组		Pt$_2$ln			黄连垛组		Pt$_2$h	31.36
中元古界	长城系	上统		高山河组	上段	Pt$_2$g^2	270.72	汝阳群	洛峪口组		Pt$_2$ly	24.27
中元古界	长城系	上统		高山河组				汝阳群	三教堂组		Pt$_2$s	45.18
中元古界	长城系	上统		高山河组				汝阳群	崔庄组	上段	Pt$_2$c^2	98.84
中元古界	长城系	上统		高山河组	下段	Pt$_2$g^1	74.58	汝阳群	崔庄组	下段	Pt$_2$c^1	32.06
中元古界	长城系	上统		高山河组				汝阳群	北大尖组		Pt$_2$bd	24.70~236.62
中元古界	长城系	上统		高山河组				汝阳群	白草坪组		Pt$_2$b	17.30~93.24
中元古界	长城系	上统		高山河组				汝阳群	云梦山组		Pt$_2$y	17.75~66.01
中元古界	长城系	上统		高山河组				汝阳群	小沟背组		Pt$_2$xg	12.61~30.2
中元古界	长城系	下统	熊耳群	龙脖组		Pt$_2$l	73.4	熊耳群				
中元古界	长城系	下统	熊耳群	马家河组		Pt$_2$m	210.8~1208.5	熊耳群	马家河组		Pt$_2$m	262.6
中元古界	长城系	下统	熊耳群	鸡蛋坪组		Pt$_2$j	277.6~738.8	熊耳群				
中元古界	长城系	下统	熊耳群	许山组	上段	Pt$_2$x^3	160.52~716.0	熊耳群				
中元古界	长城系	下统	熊耳群	许山组	中段	Pt$_2$x^2	236.2~975.0	熊耳群				
中元古界	长城系	下统	熊耳群	许山组	下段	Pt$_2$x^1	158.1~1903.3	熊耳群				
中元古界	长城系	下统	熊耳群	大古石组		Pt$_2$d	11.6~23.7	熊耳群				
古元古界			嵩山群	罗汉洞组		Pt$_1$l	>349.6					
新太古界			嵩山岩群	杨寺沟组	上岩段	Ar$_3$y^2	2362.3					
新太古界			嵩山岩群	杨寺沟组	下岩段	Ar$_3$y^1	2037.1					
新太古界			嵩山岩群	兰树沟组	上岩段	Ar$_3$l^2	919.1					
新太古界			嵩山岩群	兰树沟组	下岩段	Ar$_3$l^1	311.4					

2.1　新太古界嵩山岩群

　　新太古界嵩山岩群为嵩山地区结晶基底中深变质岩系，前人划分为"太华群"，河南省地矿局第一地质调查队（1996年）1：50000区域地质调查将其解体为两部分：一部分为古老的变形变质花岗岩系（TTG-G），不具地层意义；另一部分为呈残留顶盖或包体形式残存于 TTG-G 中的变质表壳岩系，并将其划分为兰树沟岩组和杨寺沟岩组两个构造岩石地层单位，未建群。本次工作沿用该 1∶50000 区调成果，并将兰树沟岩组和杨寺沟岩组新建为崤山岩群。

2.1.1 剖面描述

张村乡兰树沟新太古界兰树沟岩组实测剖面如图 2-2 所示。剖面起点坐标：$X = 3823175$，$Y = 19520450$；剖面终点坐标：$X = 3824235$，$Y = 19521785$。

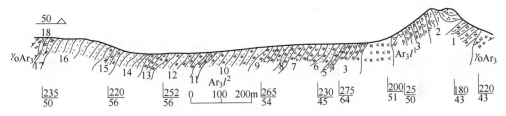

图 2-2 陕县张村乡兰树沟新太古界兰树沟岩组实测剖面

（数据来源：河南地矿局地调一队，1996）

上覆地层：新太古代片麻状奥长花岗岩

———————— 侵入接触 ————————

兰树沟岩组（Ar_3l）	厚度 >1230.5m
上岩段（Ar_3l^2）	>919.1m
18. 绢云石英片岩	>3.5m
17. 灰绿色黑云斜长片岩，局部含残斑	55.2m
16. 灰绿色黑云片岩夹黑云斜长片岩，局部含磁铁矿变斑晶	134.8m
15. 灰绿色含残斑黑云斜长片岩	47.4m
14. 灰绿色黑云片岩	105.1m
13. 灰绿色斜长角闪片岩	39.7m
12. 灰绿色黑云斜长片岩	106.1m
11. 灰绿色斜长角闪片岩	27.6m
10. 灰绿色黑云斜长片岩	218.2m
9. 灰黑色斜长角闪片岩	46.4m
8. 灰绿色黑云斜长片岩	11.0m
7. 灰黑色斜长角闪片岩	96.7m
6. 灰绿色黑云斜长片岩	27.0m

———————— 整合 ————————

下岩段（Ar_3l^1.）	>311.4m
5. 灰白色绢云石英片岩	21.2m
4. 灰黑色黑云斜长片岩	20.0m
3. 灰白色绢云石英片岩、白云石英片岩、绿泥石英片岩夹少量斜长	

| 角闪片岩 | 128. 6m |
| 2. 灰绿色绿泥石英片岩 | 68. 6m |

―――――――――――― 断层 ――――――――――――

| 1. 灰绿色含残斑绿泥斜长片岩 | 73. 0m |

―――――――――――― 侵入接触 ――――――――――――

下伏地层：新太古代片麻状奥长花岗岩

　　罗岭乡高贝沟-店子乡杨寺沟新太古界杨寺沟岩组实测剖面如图 2-3 所示。剖面起点坐标：$X = 3814100$，$Y = 19529450$；剖面终点坐标：$X = 3823380$，$Y = 19529590$。

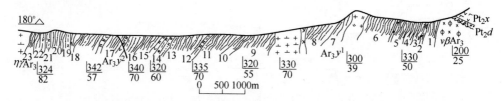

图 2-3　洛宁县罗岭乡高贝沟-店子乡杨寺沟新太古界杨寺沟岩组实测剖面
（数据来源：河南地矿局地调一队，1996）

上覆地层：新太古代片麻状二长花岗岩

―――――――――――― 侵入接触 ――――――――――――

杨寺沟岩组（Ar_3y）	厚度 >4399. 4m
上岩段（Ar_3y^2）	>2362. 3m
23. 白云母浅粒岩	>53. 6m
22. 角闪浅粒岩	63. 0m
21. 黑云斜长变粒岩，有斜长角闪岩脉侵入	158. 1m
20. 黑云浅粒岩	317. 2m
19. 黑云斜长变粒岩	54. 4m
18. 二云浅粒岩	44. 8m
17. 黑云浅粒岩	665. 1m

―――――――――――― 斜长角闪岩脉侵入 ――――――――――――

16. 黑云变粒岩	230. 7m
15. 黑云浅粒岩	210. 2m
14. 含石榴石黑云斜长变粒岩	120. 6m
13. 黑云浅粒岩	417. 4m
12. 黑云二长变粒岩	27. 2m
下岩段（Ar_3y^1）	>2037. 1m
11. 黑云浅粒岩	339. 5m
10. 浅粒岩	121. 1m
9. 黑云浅粒岩	174. 6m

———————— 辉绿岩及片麻状花岗闪长岩侵位 ————————

8. 浅粒岩　　　　　　　　　　　　　　　　　374.9m

7. 黑云浅粒岩　　　　　　　　　　　　　　　21.4m

———————————— 片麻状二长花岗岩侵位 ————————————

6. 浅粒岩　　　　　　　　　　　　　　　　　360.5m

5. 黑云浅粒岩　　　　　　　　　　　　　　　187.2m

4. 浅粒岩　　　　　　　　　　　　　　　　　144.2m

3. 白云母浅粒岩　　　　　　　　　　　　　　76.1m

2. 白云石英片岩　　　　　　　　　　　　　　26.4m

1. 浅粒岩　　　　　　　　　　　　　　　　　>211.5m

———————————— 侵入接触 ————————————

下伏地层：新太古代变辉长辉绿岩

2.1.2 岩性特征及区域变化

2.1.2.1 兰树沟岩组（Ar_3l）

分布于陕县张村申家窑-兰树沟一带，出露面积 10km²。为一套绿岩系建造，呈捕虏体状残留在新太古代片麻状奥长花岗岩中，未见底、顶，片褶厚度大于 1230.5m。内分上下岩段，两段间为整合接触。

下岩段（Ar_3l^1）分布于申家窑-马鞍山一带，主要岩性：下部为灰绿色绿泥斜长片岩、绿泥石英片岩；中部为灰白色绢云石英片岩、白云石英片岩、绿泥石英片岩夹少量斜长角闪岩；上部为灰黑色斜长片岩、灰白色绢云石英片岩，局部夹大理岩透镜体。未见底，片褶厚度大于 311.4m。

上岩段（Ar_3l^2）分布于后河-羊十八一带，主要岩性为灰绿色黑云斜长片岩与灰黑色斜长角闪片岩不等厚互层，上部为灰绿色黑云片岩与灰绿色含残斑黑云斜长片岩不等厚互层，顶部为灰白色绢云石英片岩。未见顶，片褶厚度大于 911.1m。

2.1.2.2 杨寺沟岩组（Ar_3y）

分布于杨寺沟、铁佛寺、大岔林场、宽坪一带，出露面积约 30km²。为一套变质碎屑岩系，呈残留顶盖状分布于新太古代片麻状二长花岗岩、片麻状花岗闪长岩之上，其内部分布有大量片麻状二长花岗岩及片麻状花岗闪长岩岩枝、岩脉及变辉长辉绿岩、斜长角闪岩等岩脉。未见底、顶，片褶厚度大于 4399.4m。内分上、下岩段，两段间为整合接触。

下岩段（Ar_3y^1）分布于大岔林场-杨寺沟一带，主要岩性为浅粒岩、黑云浅粒岩、白云母浅粒岩夹白云石英片岩，岩石中普遍含磁铁矿及石榴子石。未见底，片褶厚度大于 2037.1m。

上岩段（Ar_3y^2）分布于宽坪一带，主要岩性为底部为黑云二长变粒岩；下部为黑云浅粒岩与黑云变粒岩互层，夹含石榴黑云斜长变粒岩；上部为二云浅粒岩、黑云浅粒岩、黑云斜长变粒岩、角闪浅粒岩，夹白云石英片岩。未见顶，片褶厚度大于2362.3m。

2.1.3 微量元素特征

兰树沟岩组及杨寺沟岩组单位微量元素特征值见表2-2，单位微量元素丰值如图2-4所示。

表2-2 新太古界构造岩石地层单位微量元素特征值

地质单元		样品个数	平均值/10^{-6}											
			Pb	Zn	Cu	Cr	Co	Ni	V	Mn	Ti	Sr	Ba	Ga
杨寺沟岩组	上岩段	40	15.58	27.50	9.78	6.68		7.29	7.95	276	158.75	67.65	132.01	29.03
	下岩段	42	29.86	12.14	13.86	6.0	1	5.81	9.88	98.33	152.61	36.48	64.05	31.26
兰树沟岩组	上岩段	11	14.36	36.82	9.55	67.91	19.55	31.18	190	419.09	2509	74.09	191.82	26.55
	下岩段	8	9.0	45	8.25	17.75	5.86	15.5	42.86	126.25	1100	23.13	121.25	20.13
克拉克值（维）			16	83	47	83	18	58	90	1000	4500	340	650	19

数据来源：河南地矿局地调一队，1996。

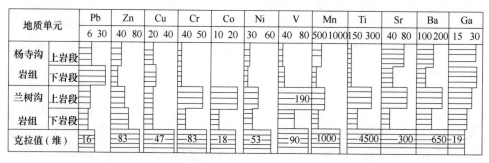

图2-4 新太古界构造岩石地层单位微量元素丰值（10^{-6}）
（数据来源：河南地矿局地调一队，1996）

从表2-2中可看出：

（1）兰树沟岩组下岩段除 Ga 平均值略高外，其余元素均低于克拉克值（维氏值）。上岩段也只有 V、Ga 平均值高于克拉克值（维氏值），显示低浓度微量元素特征，并且下岩段比上岩段普遍具有更低的丰值。

（2）杨寺沟岩组下岩段 Pb、Ga 平均值高于克拉克值（维氏值），其余元素则明显低于克拉克值（维氏值）。上岩段也具有极为相似的特点。

（3）杨寺沟岩组除 Pb、Cu、Ga 外，其他元素均低于兰树沟岩组，其中 Cr、Ni、V、Ti 低浓度特征更显著。

2.1.4 原岩建造

兰树沟岩组：根据野外产状及岩石地球化学特征，兰树沟岩组中黑云斜长片岩、黑云片岩变质原岩为中基性火山岩，斜长角闪片岩、黑云斜长角闪片岩变质原岩为基性熔岩，浅色片岩变质原岩为酸性火山岩、火山凝灰岩夹泥质沉积岩。

杨寺沟岩组浅粒岩、变粒岩、白云石英片岩等变质原岩为陆源泥砂质碎屑岩。

2.1.5 变质特征

兰树沟岩组、杨寺沟岩组岩石中可见铁铝榴石等特征变质矿物，早期变质程度为低角闪岩相，晚期退变质为低绿片岩相。

2.1.6 地层划分对比与时代讨论

自1965年以来，地质界长期将分布于嵩山地区一套变质岩系划分为太华群，胡受奚等人（1988）首次将其中的一套呈残留体状分布的绿片岩系命名为古元古界天爷庙组、兰树沟组和申家窑组，1:50000张村幅等四幅联测（1995）将天爷庙组、兰树沟组、申家窑组合并后改称兰树沟岩组，并新建杨寺沟岩组代表该地区分布的一套浅粒岩、变粒岩系。本书中延用。地层划分沿革见表2-3。

表 2-3 嵩山地区太古界划分沿革

1965年 1:200000 洛宁幅（秦岭区测队）		1969年 1:50000 嵩山地区区域地质调查（河南区测队）		1986年栾川县北部地区1:50000区调（河南地调一队）		1988年胡受奚、林潜龙			1995年1:50000张村等4幅（河南省地质矿产局第一地质调查队）		2014年1:50000嵩山地区区域地质调查（河南省地质矿产勘查开发局第一地质矿产调查院）		
熊耳群		熊耳群		铁铜沟组		熊耳群			古元古界	罗汉洞组	古元古界		罗汉洞组
									新太古代	TTG-G岩系	新太古代		TTG-G岩系
太古界	太华群	太古界	太华群	太古界	太华群				新太古界	杨寺沟岩组	新太古界	甘山岩群	杨寺沟岩组
						古元古界	太华群	申家窑组					
								兰树沟组		兰树沟岩组			兰树沟岩组
								天爷庙组					

区域上，大部分研究者将分布于嵩山地区这套结晶基底变质岩系与太华群对比，本书认为，嵩山地区的这套结晶基底变质岩系与小秦岭地区的太华岩群在岩石组合特征、变质原岩、变质程度、与 TTG-G 岩系的接触关系及形成时代等方面差异性较大，而与登封岩群可以进行对比（见表 2-4）。如兰树沟岩组、杨寺沟岩组变质原岩分别为中基性-酸性火山岩、火山凝灰岩夹泥质沉积岩和陆源碎屑岩，太华岩群为滨浅海相含碳、富铝的泥砂质岩夹基性火山喷发岩和含泥质碳酸盐岩；变质程度，前者早期变质程度为低角闪岩相，晚期退变质为低绿片岩相，后者为角闪岩相矽线石带，局部麻粒岩相；与新太古代 TTG-G 岩系之间的关系前者为侵入接触，后者为不整合接触；前者为古元古界嵩山群不整合覆盖，后者为下长城统熊耳群不整合覆盖；形成时代前者为新太古代，后者为古元古代。因此本次工作将兰树沟岩组与杨寺沟岩组合并建立甘山岩群，代表嵩山地区分布的新太古代结晶基底岩系，分别与登封岩群郭家窑岩组、石梯沟岩组对比，时代属新太古代。

表 2-4　嵩山岩群、登封岩群、太华岩群对比

项目	登封岩群	嵩山岩群	太华岩群
上覆地层	古元古界嵩山群	古元古界嵩山群	下长城统熊耳群
形成时代	新太古代	新太古代	古元古代
接触关系	TTGG 岩系（2493～2553Ma）侵入登封岩群	TTGG 岩系（2500Ma）侵入兰树沟岩组和杨寺沟岩组	不整合覆盖在 TTG-G 岩系（2462Ma）之上
变质程度	早期低角闪岩相十字石～石榴子石带，晚期退变质为低绿片岩相	早期低角闪岩相，晚期退变质为低绿片岩相	角闪岩相矽线石带
变质原岩	石梯沟岩组：变质原岩为砂泥质岩、浊积砾岩	杨寺沟岩组：变质原岩为陆源泥砂质碎屑岩	焕池峪岩组：变质原岩为一套含泥质碳酸盐岩
	常窑岩组：变质原岩以中酸性火山岩、黏土岩、白云质灰岩为主，夹基性火山岩、沉凝灰岩及铁硅质岩等		
	郭家窑岩组：变质原岩为中基性火山岩，凝灰岩及正常沉积碎屑岩和碳酸盐岩，夹少量中酸性火山岩	兰树沟岩组：变质原岩为中基性-酸性火山岩、火山凝灰岩夹泥质沉积岩	观音堂岩组：变质原岩为滨浅海相含碳、富铝的泥砂质岩夹基性火山喷发岩

项目		登封岩群	嵩山岩群	太华岩群
岩石组合特征		石梯沟岩组：下部为黄褐色变质砾岩、灰黄色绢云石英片岩、绢云绿泥石英片岩；上部为灰白色变质砾岩、褐黄色含砾（含少量十字石）。厚300~821m	杨寺沟岩组：主要岩性为浅粒岩、黑云浅粒岩、白云母浅粒岩、黑云二长变粒岩；黑云变粒岩，黑云斜长变粒岩、角闪浅粒岩，夹含石榴黑云斜长变粒岩、白云石英片岩。厚4399m	焕池峪岩组：主要岩性为灰白色大理岩、透辉石镁橄榄石大理岩、白云石大理岩，夹阳起石岩、阳起石岩。厚626m
		常窑岩组：主要岩性为条带状云英片岩、斜长角闪岩、角闪变粒岩，夹少量石英片岩、云母片岩及磁铁石英岩。厚330~1391m		
		郭家窑岩组：主要岩性为角闪片岩、斜长角闪片岩、变粒岩，夹薄层角闪大理岩、角闪磁铁石英岩、变质基性角砾熔岩、浅粒岩等。厚1838~1960m	兰树沟岩组：主要岩性下部为灰绿色绿泥斜长片岩、绿泥石英片岩、灰白色绢云石英片岩、白云石英片岩、绿泥石英片岩；灰黑色斜长片岩，夹少量斜长角闪岩、大理岩透镜体；上部为灰绿色黑云斜长片岩与灰黑色斜长角闪片岩互层，灰绿色黑云片岩与灰绿色含残斑黑云斜长片岩互层，夹灰白色绢云石英片岩。厚1231m	观音堂岩组：主要岩性为变粒岩、浅粒岩、黑云斜长片麻岩夹石英岩、磁铁石英岩，普遍含石墨及矽线石、铁铝榴石。局部夹层状斜长角闪岩。厚481~1240m

　　1∶50000张村幅、宫前幅、寺河幅、长水幅（1995）在侵入兰树沟岩组的涧里河片麻状奥长花岗岩中获得锆石U-Pb年龄（2451±5）Ma，有色地质一队（2016）在张家河片麻状二长花岗岩中获得LA-ICPMS锆石U-Pb年龄（2500±17）Ma，据此判断嵩山岩群形成时代早于2500Ma。有色地质一队（2016）在兰树沟岩组绿泥斜长片麻岩中获得LA-ICPMS锆石U-Pb年龄（2442±53）Ma，该年龄值误差较大、年龄值偏小，但也可以佐证嵩山岩群形成于新太古代。

　　区域上，登封岩群石梯沟岩组变英安岩SHRIMP锆石U-Pb年龄（2512±12）Ma（Krner等，1988），二云二长石英片岩（变酸性火山沉积岩）及变石英角斑岩SHRIMP锆石U-Pb年龄分别为（2508±16）~（2531±15）Ma及（2522±12）Ma（万渝生等，2009），侵入登封岩群的会善寺奥长花岗岩、大塔寺英云闪长岩、路家沟钾质花岗岩SHRIMP锆石U-Pb年龄分别为（2553±8）Ma、（2531±9）Ma、（2513±33）Ma。登封君召北侵入于郭家窑岩组的石牌河变闪长岩SHRIMP锆石U-Pb年龄（2493±7）Ma（王泽九，2004）。表明登封岩群形成于新太古代后期。

综上所述，嵩山地区划分的嵩山岩群可与登封地区划分的登封岩群对比，时代属新太古代。

2.2 古元古界罗汉洞组

分布于涧里水库以北放牛山–塔山一带，出露面积约 $3km^2$。主要岩性为一套变质碎屑岩沉积，与下伏新太古代片麻状花岗岩角度不整合接触，被下长城统熊耳群大古石组或许山组不整合覆盖。

2.2.1 剖面描述

陕县马家河南古元古界罗汉洞组实测剖面如图 2-5 所示，剖面位于陕县菜园乡马家河南约 1km 处。剖面起点坐标：$X=3831825$，$Y=19524970$；剖面终点坐标：$X=3830080$，$Y=19524570$。

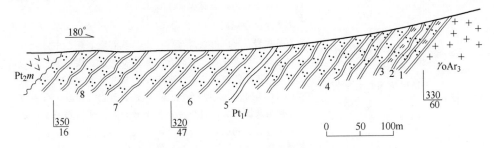

图 2-5 陕县马家河南古元古界罗汉洞组实测剖面

（数据来源：河南地矿局地调一队，1996）

上覆：熊耳群许山组安山岩

~~~~~~~~~~~~~~ 不整合 ~~~~~~~~~~~~~~

罗汉洞组（Pt_1l）	厚度 >349.6m
8. 浅肉红色碎裂岩化石英岩	94.1m
7. 深灰色粉砂质绢云板岩	1.2m
6. 灰白色厚层状石英岩	91.2m
5. 深灰色粉砂质绢云板岩	3.2m
4. 灰白色厚层状石英砂岩	133.5m
3. 灰白色中厚层状石英砾岩	11.4m
2. 灰白色厚层状含砾石英岩	4.7m
1. 乳白色厚层状石英砾岩	10.3m

———————— 绢云母化石英闪长玢岩脉侵入 ————————

下伏地层：新太古代绢云母化斜长花岗岩

2.2.2 岩性特征及区域变化

罗汉洞组岩性单调，主要岩性：下部为乳白色、灰白色厚层状石英砾岩、含砾石英岩；上部为灰白色厚层状石英砂岩夹深灰色薄层粉砂质绢云板岩。厚度大于 349.6m。

在放牛山东侧，罗汉洞组底砾岩厚达 20 余米。由砾石（30%～40%）、砂（50%～60%）及胶结物（10%）组成。砾石成分以脉石英为主，有少量奥长花岗岩砾石，形态多为次圆状-圆状，少数次棱角状，大小不一，大者可达 6cm×3.5cm，小者仅 0.2cm，局部呈叠瓦状定向排列，以明显沉积不整合覆于新太古代花岗岩之上（见图 2-6）。其上被熊耳群大古石组砂砾岩或许山组角度不整合（或喷发不整合）覆盖。由放牛山往东，该组与下伏新太古代变质花岗岩多呈断层接触（见图 2-7）。但底砾岩沿断层上盘仍断续发育，表明断层具层间滑移性质，断距不大，基本未造成地层的缺失。

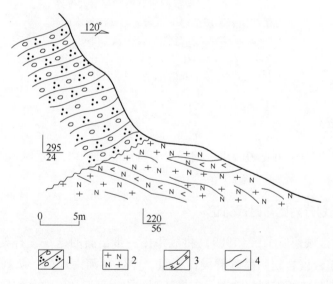

图 2-6　罗汉洞组与涧里河片麻状奥长花岗岩呈不整合接触关系剖面素描图
（数据来源：河南地矿局地调一队，1996）
1—古元古界罗汉洞组石英砾岩；2—新太古代涧里河片麻状奥长花岗岩；
3—斜长角闪岩（脉状）；4—片麻理

2.2.3 原岩建造

罗汉洞组石英砾岩、石英砂岩、粉砂质绢云板岩变质原岩为砾岩、石英砂岩夹粉砂质泥岩。

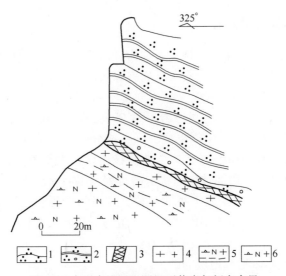

图 2-7　古元古界罗汉洞组石英岩与新太古界
变质花岗岩断层接触关系素描图（洞里水库）

（数据来源：河南地矿局地调一队，1996）

1—石英岩；2—含砾石英岩；3—石英脉；4—花岗斑岩；

5—片理化片麻状奥长花岗岩；6—片麻状奥长花岗岩

2.2.4　变质特征

罗汉洞组岩石中可见黑云母、绢云母等特征变质矿物，变质程度为低绿片岩相黑云母带。

2.2.5　地层划分对比与时代讨论

《河南省区域地质志》（1989）将放牛山一带出露的这一套石英砾岩、石英岩夹粉砂质绢云板岩划归熊耳群大古石组，1984 年河南地调一队在开展该区金矿普查时将其与陕西省划分的古元古界铁铜沟组上部对比，改称铁铜沟组；席文祥（1994）将其命名为放牛山组。

1995 年河南地调一队在开展 1∶50000 张村幅等四幅联测时，发现大古石组含砾长石石英砂岩层位明显覆于放牛山石英岩之上（见图 2-8），因此将这套石英岩与嵩山群罗汉洞组对比，时代归古元古代。本书延用。划分沿革见表 2-5。

研究区内罗汉洞组没有直接的年代学资料。区域上嵩山群五指岭组、花峪组含叠层石 *Conophyton* f. , *Straticonphyton* f. 等。罗汉洞组不整合在路家沟钾长花岗岩（锆石 SHRIMP 年龄（2513±33）Ma）之上，侵入罗汉洞组的石秤花岗岩 SHRIMP 锆石 U-Pb 年龄为（1743±14）Ma（Zhao，Zhou，2009），侵入嵩山群的

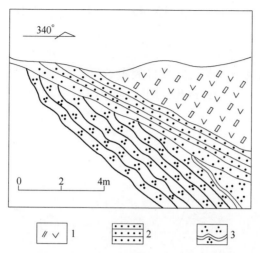

图 2-8 熊耳群大古石组与古元古界罗汉洞组角度不整合接触素描图（陕县放牛山）

（数据来源：河南地矿局地调一队，1996）

1—大斑安山岩；2—大古石组砂岩、含砾砂岩；3—罗汉洞组石英岩

老婆寨花岗岩 SHRIMP 锆石 U-Pb 年龄为（1797±14）Ma（赵太平，2010）。嵩山群石英岩中碎屑锆石 SHRIMP U-Pb 年龄（2337±23）Ma（第五春荣等，2008），推测形成于古元古代晚期。

表 2-5 嵩山地区嵩山群罗汉洞组划分沿革

地调一队（1986）		劳子强等（1989）		席文祥（1994）		1：50000 张村幅（1995）			1：50000 嵩山地区区域地质调查（2014）		
熊耳群			许山组	熊耳群		大古石组			大古石组		
下元古界	铁铜沟组	中元古界	大古石组	古元古界	放牛山组	古元古界	嵩山群	罗汉洞组	古元古界	嵩山群	罗汉洞组
								兰树沟岩组			兰树沟岩组
太古界	太华群	太古界	太华群	太古界	太华群	太古界		TTG	新太古代	嵩山群	TTG

2.3 中元古界长城系熊耳群

中元古界长城系熊耳群主要分布于嵩山断隆的南部和西部，为研究区结晶基底之上分布最广泛的一套以中基性-酸性火山岩为主的沉积，在熊耳山地层小区，上为高山河组平行不整合覆盖；在渑池-确山地层小区上为汝阳群不整合覆盖。根据岩性组合、岩相特征、喷发旋回、接触关系及区域对比，研究区熊耳群自下而上划分为大古石组、许山组、鸡蛋坪组、马家河组、龙脖组。

2.3.1　剖面描述

（1）灵宝市寺河乡罗家河熊耳群大古石组实测剖面（见图2-9）。剖面起点坐标：$X=3808730$，$Y=19511470$；剖面终点坐标：$X=3808732$，$Y=19511430$。

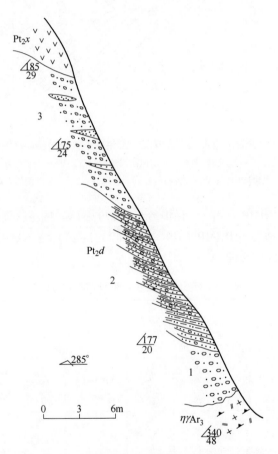

图 2-9　灵宝市寺河乡罗家河熊耳群大古石组实测剖面

（数据来源：河南地矿局地调一队，1996）

上覆地层：许山组　安山岩

～～～～～～　喷发不整合　～～～～～～

大古石组（Pt_2d）　　　　　　　　　　　　　　　　　　厚度23.7m

3. 灰杂色砾岩夹透镜状粗砂岩　　　　　　　　　　　　　9.5m

2. 含砾杂砂岩与灰白色粉砂质泥岩，组成7个由粗变细的基本层序　　　8.4m

1. 灰杂色砾岩　　　　　　　　　　　　　　　　　　　　5.8m

～～～～～～ 角度不整合 ～～～～～～

下伏地层：新太古代坡根片麻状斑状二长花岗岩

（2）灵宝市寺河乡焦家河熊耳群大古石组实测剖面（见图 2-10）。剖面起点坐标：$X = 3809540$，$Y = 19512050$；剖面终点坐标：$X = 3809530$，$Y = 19512051$。

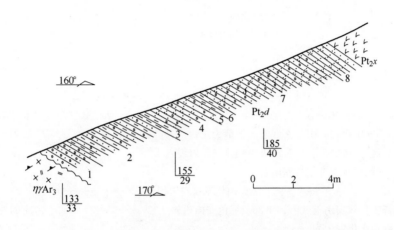

图 2-10 灵宝市寺河乡焦家河熊耳群大古石组实测剖面
（数据来源：河南地矿局地调一队，1996）

上覆地层：许山组 安山岩　　　　　　　　　　　　　　　　厚度 11.6m

～～～～～～ 喷发不整合 ～～～～～～

大古石组（Pt_2d）	11.6m
8. 浅肉红色粗粒石英砂岩	1.2m
7. 含砾粗粒石英砂岩	4.2m
6. 紫红色泥岩	0.3m
5. 含砾杂砂岩	0.5m
4. 灰白色砂质砾岩	1.1m
3. 紫红色泥岩	0.4m
2. 含砾杂砂岩与紫红色泥岩组成之基本层序	3.0m
1. 灰白色砂质砾岩	0.9m

～～～～～～ 角度不整合 ～～～～～～

下伏地层：新太古代坡根片麻状斑状二长花岗岩

（3）灵宝市秋凉河-寺河熊耳群许山组实测剖面（见图 2-11）。位于灵宝寺河乡秋凉河-坡根一带，剖面起点坐标：$X = 3809540$，$Y = 19512050$；剖面终点坐标：$X = 3809530$，$Y = 19512051$。

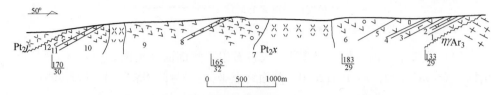

图 2-11　灵宝市秋凉河-寺河熊耳群许山组实测剖面

（数据来源：河南地矿局地调一队，1996）

上覆地层：鸡蛋坪组　流纹斑岩

～～～～～～ 喷发不整合 ～～～～～～

许山组（Pt$_2$x）未分段　　　　　　　　　　　　　　厚度 1903.3m

12. 上部安山玢岩，中部玄武岩，下部为块状、杏仁状安山岩　　215.8m

11. 灰绿色大斑安山岩，有次火山相流纹斑岩侵入　　　　　　66.8m

10. 灰绿色块状、杏仁状安山岩　　　　　　　　　　　　　124.1m

～～～～～ 次火山相流纹斑岩侵位 ～～～～～

9. 上部杏仁状安山玄武岩，下部灰绿色安山玢岩　　　　　　212.4m

8. 灰绿色大斑安山岩　　　　　　　　　　　　　　　　　44.6m

7. 上部灰绿色安山岩、杏仁状安山岩，中部安山玄武岩，

　下部杏仁状玄武岩　　　　　　　　　　　　　　　　213.9m

＝＝＝＝＝ 断层 ＝＝＝＝＝

6. 灰绿色安山岩、杏仁状安山岩，夹薄层凝灰岩　　　　　　495.8m

＝＝＝＝＝ 断层 ＝＝＝＝＝

5. 灰绿色大斑安山岩为主，夹安山玢岩及安山岩　　　　　　210.4m

4. 灰绿色安山岩，杏仁成层发育　　　　　　　　　　　　11.3m

3. 安山质火山集块岩　　　　　　　　　　　　　　　　104.1m

2. 中细粒岩屑长石砂岩、凝灰岩及火山集块角砾岩互层　　　71.9m

1. 安山岩、杏仁状安山岩　　　　　　　　　　　　　　132.2m

～～～～～～ 角度不整合 ～～～～～～

下伏地层：新太古代坡根片麻状斑状二长花岗岩

（4）陕县店子乡炳峪-大石涧熊耳群许山组实测剖面（见图 2-12）。剖面位

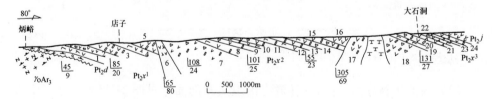

图 2-12　陕县店子乡炳峪-大石涧熊耳群实测剖面

（数据来源：河南地矿局地调一队，1996）

上覆地层：鸡蛋坪组　紫红色安山质英安岩

~~~~~~~~~~ 喷发不整合 ~~~~~~~~~~

许山组（Pt_2x）	厚度2699.5m
上段（Pt_2x^3）	411.3m
24. 紫红色安山质晶屑岩屑凝灰岩	4.6m
23. 灰绿色、暗紫灰色大斑安山岩	17.6m
22. 灰绿色、暗紫灰色、紫红色玄武安山玢岩	35.1m
21. 灰绿色、紫灰色安山玢岩	64.1m
20. 灰绿色、暗紫灰色杏仁状、块状大斑安山岩	34.0m
19. 灰绿色、暗紫灰色大斑玄武岩及大斑安山岩	64.1m
18. 灰绿色杏仁状大斑安山岩	81.9m

~~~~~~~~~~ 次火山相粗面斑岩 ~~~~~~~~~~

17. 灰绿色杏仁状大斑安山岩为主夹安山玢岩、安山岩	109.9m

========= 断层 =========

中段（Pt_2x^2）	881.6m
16. 灰绿色、紫灰色块状、杏仁状安山岩	113.4m
15. 灰绿色、暗紫红色大斑安山岩、杏仁状大斑安山岩夹块状、杏仁状安山岩	196.4m
14. 灰绿色、暗褐红色杏仁状大斑玄武安山岩、大斑安山岩	188.9m
13. 灰绿色、灰红色大斑安山岩	96.8m
12. 灰绿色、紫红色大斑玄武岩、大斑玄武安山岩夹大斑安山岩	120.8m
11. 灰绿色大斑安山岩、灰红色杏仁状安山岩	92.0m
10. 灰绿色、暗紫灰色大斑玄武安山岩	73.3m
下段（Pt_2x^1）	1406.6m
9. 灰绿色块状、杏仁状大斑安山岩	126.0m
8. 灰绿色大斑玄武安山岩、大斑安山岩	71.5m
7. 灰绿色大斑安山岩为主夹安山玢岩、安山岩	258.3m
6. 灰绿色安山玢岩为主夹安山岩、玄武玢岩	37.6m
5. 灰绿色大斑安山岩为主夹安山玢岩、安山岩及玄武安山岩	66.9m
4. 灰绿色玄武安山玢岩为主夹安山玢岩、大斑安山岩、安山岩	205.1m
3. 灰绿色块状、杏仁状大斑安山岩为主夹玄武安山岩、安山玢岩	228.7m
2. 灰绿色块状、杏仁状安山岩为主夹安山玢岩、玄武安山岩	81.0m
1. 灰绿色玄武安山玢岩为主夹玄武安山岩、大斑玄武安山岩、安山岩及大斑安山岩	331.5m

~~~~~~~~~~ 喷发不整合 ~~~~~~~~~~

下伏地层：大古石组　含砾长石砂岩

于店子乡炳峪-大石涧一带，剖面起点坐标：$X=3822250$，$Y=19534620$；剖面终点坐标：$X=3825070$，$Y=19545900$。

（5）洛宁县上戈乡大铁沟熊耳群许山组实测剖面（见图2-13）。长水幅熊耳群剖面位于洛宁县大铁沟，剖面起点坐标：$X = 3802450$，$Y = 19530110$；剖面终点坐标：$X = 3812050$，$Y = 19524950$。

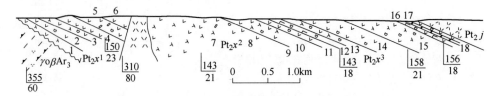

图 2-13　洛宁县上戈乡大铁沟熊耳群许山组实测剖面
（数据来源：河南地矿局地调一队，1996）

上覆地层：鸡蛋坪组　流纹斑岩
~~~~~~~~~~~ 喷发不整合 ~~~~~~~~~~~

许山组（Pt_2x）	厚度 1849.1m
上段（Pt_2x^3）	716.0m
18. 灰绿色杏仁状安山岩	3.0m
17. 紫红色凝灰岩	3.0m
16. 灰绿色玄武安山岩、杏仁状玄武安山岩	12.0m
15. 灰绿色、紫灰色杏仁状安山玢岩、安山岩	260.2m
14. 灰绿色、紫红色块状、杏仁状安山岩	244.9m
13. 灰绿色块状、杏仁状安山玢岩	74.1m
12. 灰绿色杏仁状玄武岩、安山玄武岩	54.9m
11. 灰绿色块状、杏仁状安山岩	63.9m
中段（Pt_2x^2）	975.0m
10. 紫灰色杏仁状、块状安山玢岩	144.9m
9. 紫灰色杏仁状、块状安山岩	77.0m
8. 灰绿色大斑安山岩，灰紫色杏仁状大斑安山岩	69.0m
7. 紫灰色含杏仁安山玢岩、大斑安山岩，其间发育次火山相流纹斑岩	314.2m
6. 紫灰色块状、杏仁状安山岩	129.1m
5. 紫灰色、灰绿色大斑安山岩、杏仁状大斑安山岩	140.8m
4. 紫灰色块状、杏仁状安山岩	100.0m
下段（Pt_2x^1）	158.1m
3. 灰绿色杏仁状、块状玄武安山玢岩	61.8m
2. 灰绿色安山岩、仁状状安山岩	92.3m
1. 灰绿色杏仁状安山玢岩	4.4m

~~~~~~~~~~~ 角度不整合 ~~~~~~~~~~~
下伏地层：新太古代南瑶沟片麻状英云闪长岩

（6）陕县菜园乡马家河熊耳群许山组下段实测剖面（见图2-14）。宫前幅熊耳群剖面位于陕县菜园乡马家河南，剖面起点坐标：$X = 3831820$，$Y = 19524970$；剖面终点坐标：$X = 3831030$，$Y = 19524700$。

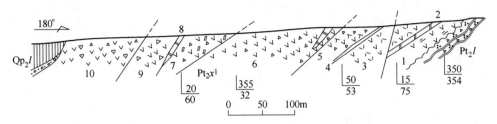

图 2-14 陕县菜园乡马家河熊耳群许山组实测剖面

（数据来源：河南地矿局地调一队，1996）

上覆地层：中更新统离石组

～～～～ 不整合 ～～～～

许山组下段（Pt_2x^1）	厚度 >310.1m
10. 碎裂杏仁状安山岩	57.5m

———————— 断层 ————————

9. 碎裂安山岩	42.0m
8. 结晶白云岩	2.1m
7. 碎裂大斑安山岩	67.5m

———————— 断层 ————————

5. 碎裂安山玢岩	27.5m
4. 结晶白云岩	1.5m
3. 英安岩	39.2m
2. 结晶白云岩	5.6m
1. 绢云母化安山岩	17.2m

～～～～ 角度不整合 ～～～～

下伏地层：古元古界罗汉洞组 石英岩

（7）洛宁县渡洋河一带熊耳群实测剖面（见图 2-15）。剖面位于洛宁县渡洋河一带，剖面起点坐标：$X = 3823845$，$Y = 19546988$；剖面终点坐标：$X = 3825074$，$Y = 19548403$。

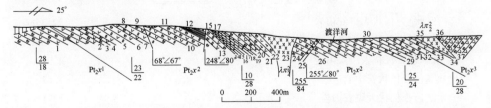

图 2-15 洛宁县渡洋河一带熊耳群许山组-鸡蛋坪组实测剖面

上覆地层：许山组上段（Pt_2x^3）紫红色杏仁状安山岩

========== 断层 ==========

36. 灰色碎裂岩，碎裂原岩成分主要为流纹质岩	厚度 1.46m
35. 紫红色流纹岩	71.68m
34. 紫红色英安岩	13.67m
33. 紫红色杏仁状安山岩	48.79m

────────── 喷发整合 ──────────

许山组中段（Pt_2x^2）	497.1m
32. 紫红色杏仁状大斑辉石安山岩	31.02m
31. 灰绿色安山岩	42.08m
30. 杏仁状安山岩	31.7m
29. 灰绿色绢云母化杏仁状大斑安山岩	6.93m
许山组中段（Pt_2x^2）	197.59m
28. 紫红色杏仁状安山岩	63.03m
27. 砂砾石河床（杏仁状安山岩）	41.23m
26. 紫红色杏仁状安山岩	35.49m
25. 碎裂安山岩	0.27m
24. 紫红色杏仁状安山岩	57.57m

────────── 侵入 ──────────

23. 紫红色次流纹岩

────────── 侵入 ──────────

22. 紫红色杏仁状辉石安山岩	41.54m
21. 紫红色绢云母化杏仁状玄武安山岩	1.71m
20. 紫红色杏仁状安山岩	36.38m
19. 灰绿色绢云母化杏仁状辉石安山岩	0.91m
18. 灰绿色杏仁状辉石安山岩	14.69m
17. 灰绿色杏仁状大斑安山岩	2.46m
16. 紫红色杏仁状安山岩	8.09m
15. 灰绿色杏仁状大斑安山岩	8.8m
14. 碎裂安山质	0.94m
13. 紫红色大斑安山岩	2.6m

========== 断层 ==========

12. 灰绿色杏仁状大斑安山岩	22.35m
11. 紫红色杏仁状安山岩	4.95m
10. 灰绿色杏仁状大斑安山岩	4.95m
9. 灰绿色杏仁状安山岩	1.62m
8. 紫红色杏仁状大斑安山岩	13.14m
7. 碎裂安山质	0.24m

6. 绿帘石化杏仁状安山岩，发育 3 个喷发单层，由下向上每个喷发单层

厚度由 30~50cm 渐变   5.2m

5. 紫红色大斑安山岩，斜长石斑晶大小 0.5mm×2mm~4mm×12mm，
含量 20%左右   10.03m

4. 紫红色杏仁状安山岩   2.45m

3. 紫红色杏仁状大斑安山岩   2.98m

2. 灰黑色杏仁状大斑安山岩   12.26m

———— 喷发整合 ————

许山组下段（Pt_2x^1）   >17.56m）

1. 灰色杏仁状安山岩   17.56m

第四系覆盖未见底

（8）灵宝市秋凉河-寺河熊耳群鸡蛋坪组实测剖面（见图 2-16）。

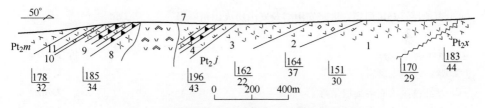

图 2-16 灵宝市秋凉河-寺河熊耳群鸡蛋坪组实测剖面
（数据来源：河南地矿局地调一队，1996）

上覆地层：马家河组 安山玢岩

———— 喷发整合 ————

鸡蛋坪组（Pt_2j）   厚度 738.8m

11. 紫红色流纹斑岩   35.8m

10. 层状流纹质火山集块岩   2.9m

9. 流纹斑岩夹珍珠岩、石泡流纹岩   67.4m

8. 紫红色流纹斑岩   6.0m

———— 侵入 ————

火山通道相流纹质火山熔岩

———— 侵入 ————

7. 英安质流纹斑岩   59.1m

6. 浅灰色含粉砂质绢云板岩夹沉凝灰质板岩   3.4m

5. 石泡英安流纹岩   2.0m

4. 紫红色英安流纹斑岩   44.9m

3. 紫红色流纹斑岩   62.9m

2. 灰绿色块状、杏仁状安山岩   77.9m

1. 上部为英安质流纹斑岩，中部为英安斑岩，下部为紫红色流纹斑岩   376.5m

～～～～ 喷发不整合 ～～～～

下伏地层：许山组 安山玢岩

（9）洛宁县上戈乡大铁沟熊耳群鸡蛋坪组实测剖面（见图2-17）。

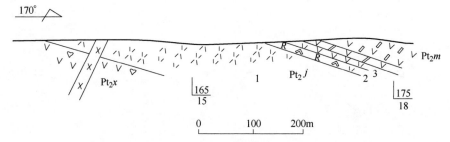

图 2-17　洛宁县上戈乡大铁沟熊耳群鸡蛋坪组实测剖面

（数据来源：河南地矿局地调一队，1996）

上覆地层：马家河组　大斑安山岩及安山质火山角砾岩

——————— 喷发整合 ———————

鸡蛋坪组（Pt₂j）	厚度 143.0m

鸡蛋坪组（Pt_2j）　　　　　　　　　　　　　　　　　　厚度 143.0m

3. 紫红色英安斑岩　　　　　　　　　　　　　　　　　　4.8m

2. 紫红色流纹质熔集块角砾岩　　　　　　　　　　　　　7.3m

1. 紫红色流纹斑岩，顶部薄层紫红色含角砾气孔状流纹岩　130.9m

下伏地层：许山组　安山岩

（10）陕县宫前乡大尖沟熊耳群鸡蛋坪组实测剖面（见图2-18）。剖面位于陕县宫前乡大尖沟，剖面起点坐标：$X=3831140$，$Y=19536320$；剖面终点坐标：$X=3830480$，$Y=19536380$。

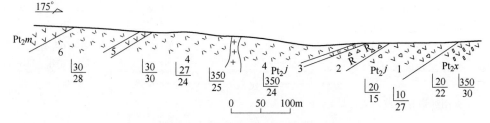

图 2-18　陕县宫前乡大尖沟熊耳群鸡蛋坪组实测剖面

（数据来源：河南地矿局地调一队，1996）

上覆地层：马家河组　安山岩

——————— 喷发整合 ———————

鸡蛋坪组（Pt_2j）　　　　　　　　　　　　　　　　　　厚度 277.6m

6. 紫红色流纹斑岩　　　　　　　　　　　　　　　　　　49.6m

5. 灰紫色块状安山岩　　　　　　　　　　　　　　　　　14.0m

4. 铁红色流纹斑岩，内有花岗斑岩侵入　　　　　　　　　152.0m

3. 铁红色石泡流纹斑岩　　　　　　　　　　　　　　　　0.1m

2. 铁红色流纹质熔角砾岩   18.1m

1. 紫红色杏仁状英安斑岩,成层性良好,发育5个喷发单层   43.8m

———————— 喷发整合 ————————

下伏地层:许山组 大斑状安山岩

(11) 洛宁县后官岭-陕县过沟熊耳群鸡蛋坪组实测剖面(见图2-19)。剖面起点坐标:$X = 3830404$,$Y = 19550516$;剖面终点坐标:$X = 3830535$,$Y = 19550723$。

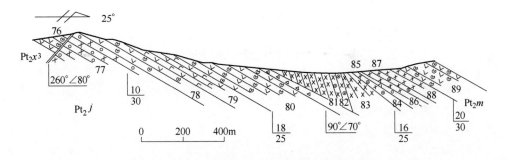

图2-19 陕县过沟熊耳群鸡蛋坪组实测剖面

上覆地层:马家河组 紫红色杏仁状安山岩

———————— 喷发整合 ————————

鸡蛋坪组($Pt_2 j$)   厚度 262.91m

88. 紫红色流纹岩   53.7m

87. 紫红色岩泡流纹岩,石泡含量约30%   10.06m

86. 紫红色流纹斑岩   36.62m

85. 紫红色球粒流纹岩   7.06m

84. 石泡流纹岩,石泡含量大于85%   0.82m

83. 紫红色流纹斑岩   54.81m

82. 紫红色石泡流纹岩   0.3m

81. 紫红色流纹岩   99.54m

════════════════ 断层 ════════════════

80. 杏仁状安山岩   63.53m

79. 灰黑色安山玄武岩,局部球形风化   65.52m

78. 杏仁状安山岩   64.38m

77. 紫红色球粒流纹岩,球粒粒径1~4mm,含量约15%   15.45m

———————— 喷发整合 ————————

下伏地层:许山组三段 紫红色杏仁状安山岩

(12) 灵宝市苏村乡张湾熊耳群马家河组实测剖面(见图2-20)。

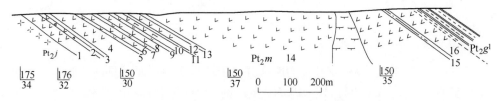

图 2-20　灵宝市苏村乡张湾熊耳群马家河组实测剖面
（数据来源：河南地矿局地调一队，1996）

上覆地层：高山河组　泥岩

------------ 平行不整合 ------------

马家河组（Pt$_2$m）	厚度 639.6m
16. 灰绿色安山岩	29.9m
15. 紫红色铁质粉砂质泥岩	0.6m
14. 灰绿色安山岩，其间有正长斑岩侵入	421.0m
13. 紫红色粉砂岩	0.3m
12. 灰绿色安山岩	23.7m
11. 紫红色岩屑长石杂砂岩、灰红色砂岩、粉砂岩	2.5m
10. 灰绿色玄武安山岩	16.8m
9. 灰紫色凝灰岩	0.1m
8. 灰紫色安山岩	25.0m
7. 灰紫色凝灰岩	0.1m
6. 灰紫色安山岩	18.9m
5. 紫红色凝灰岩	0.1m
4. 灰紫色安山岩	51.4m
3. 紫红色含铁粉砂质泥岩	0.5m
2. 灰紫色辉石安山玢岩	6.1m
1. 灰紫色安山岩	42.5m

———— 喷发整合 ————

下伏地层：鸡蛋坪组　流纹斑岩

（13）陕县连家洼熊耳群马家河组实测剖面（见图 2-21）。剖面位于陕县菜园乡连洼，剖面起点坐标：$X = 3837270$，$Y = 19553670$；剖面终点坐标：$X = 3837030$，$Y = 19534365$。

上覆地层：汝阳群云梦山组　复成分砾岩

------------ 平行不整合 ------------

马家河组（Pt$_2$m）	厚度 210.8m
3. 灰红色安山岩、杏仁状安山岩	159.1m

2. 灰红色辉石安山玢岩 8.1m

1. 灰红色大斑安山岩 43.6m

—————— 喷发整合 ——————

下伏地层：鸡蛋坪组 流纹斑岩

图 2-21 陕县连家洼熊耳群马家河组实测剖面

（数据来源：河南地矿局地调一队，1996）

（14）洛宁县上戈乡大铁沟熊耳群马家河组实测剖面（见图 2-22）。剖面位于洛宁县大铁沟，剖面起点：$X = 3802450$，$Y = 19530110$；剖面终点：$X = 3812050$，$Y = 19524950$。

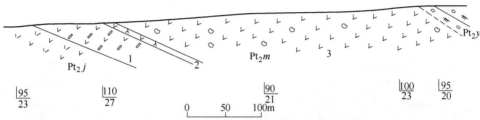

图 2-22 洛宁县上戈乡大铁沟熊耳群马家河组实测剖面

（数据来源：河南地矿局地调一队，1996）

上覆地层：次火山岩相流纹斑岩

══════════ 断层 ══════════

马家河组（Pt_2m） 厚度 >1208.5m

26. 灰绿色杏仁状安山岩、块状安山岩 >5.7m

25. 灰绿色玄武安山玢岩、杏仁状玄武安山玢岩 34.4m

24. 灰绿色玄武玢岩、杏仁状玄武岩 62.2m

23. 灰绿色安山岩、杏仁状安山岩 76.6m

22. 灰绿色、灰紫色安山玢岩、杏仁状安山玢岩 15.0m

21. 灰绿色玄武安山玢岩、杏仁状玄武安山玢岩 10.3m

20. 灰绿色安山玢岩、杏仁状安山玢岩 32.7m

19. 灰绿色安山岩、杏仁状安山岩 22.5m

18. 灰绿色安山玢岩、杏仁状安山玢岩 6.6m

17. 灰绿色安山岩，杏仁状安山岩　　　　　　　　　　　　196.8m

16. 紫红色安山质熔集块岩　　　　　　　　　　　　　　　13.6m

15. 灰绿色安山岩、杏仁状安山岩　　　　　　　　　　　152.7m

14. 灰绿色安山玢岩、杏仁状安山玢岩　　　　　　　　　15.7m

13. 灰绿色安山岩、杏仁状安山岩　　　　　　　　　　　90.7m

12. 灰绿色安山玄武岩、含杏仁状安山玄武岩　　　　　　13.5m

11. 灰绿色杏仁状安山岩　　　　　　　　　　　　　　　19.0m

======== 断层，角闪花岗斑岩侵位 ========

10. 灰绿色安山岩、杏仁状安山岩　　　　　　　　　　　39.6m

9. 灰绿色安山玢岩、杏仁状安山玢岩　　　　　　　　　86.3m

8. 灰黑色黑曜岩　　　　　　　　　　　　　　　　　　60.6m

7. 灰绿色安山岩、杏仁状安山岩　　　　　　　　　　　22.4m

6. 灰绿色安山岩、大斑安山岩　　　　　　　　　　　　23.8m

5. 灰黑色安山岩、杏仁状安山岩　　　　　　　　　　　40.8m

4. 灰绿色安山玄武岩、杏仁状安山玄武岩　　　　　　　19.2m

3. 灰绿色大斑安山岩　　　　　　　　　　　　　　　　46.1m

2. 紫灰色凝灰质粉砂岩、凝灰岩　　　　　　　　　　　11.4m

1. 紫灰色安山质火山角砾岩　　　　　　　　　　　　　39.0m

————— 喷发整合 —————

下伏地层：鸡蛋坪组　流纹斑岩

（15）洛宁县后官岭-陕县过沟熊耳群马家河组实测剖面（见图2-23）。剖面位于洛宁县小界乡后官岭至陕县宫前乡过沟，剖面起点坐标：$X = 3830535$，$Y = 19550723$，终点坐标：$X = 3830806$，$Y = 19551058$。

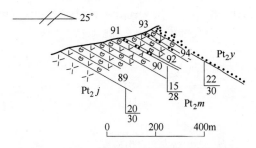

图 2-23　陕县过沟熊耳群马家河组实测剖面

上覆地层：汝阳群云梦山组　沉积石英岩

------- 不整合 -------

马家河组（Pt_2m）　　　　　　　　　　　　　　厚度265.3m

94. 紫红色杏仁状安山岩，杏仁含量约8%，粒径1~5mm　　32.77m

93. 紫红色火山泥球凝灰岩　　　　　　　　　　　　　0.15m

92. 紫红色杏仁状安山岩，杏仁粒径0.5~5mm　　　　　　52.9m

91. 凝灰岩，该层发育较稳定，延伸较长　　　　　　　　　　　　0.08m

90. 紫红色杏仁状安山玢岩，斜长石斑晶，大小0.5mm×1mm～1mm×3mm，

含量约10%；杏仁，粒径0.5～4mm，含量5%～10%；其余为基质　　78.2m

89. 紫红色杏仁状安山岩　　　　　　　　　　　　　　　　　　101.2m

——————— 整合 ———————

下伏地层：鸡蛋坪组　紫红色流纹岩

（16）灵宝市寺河乡石大山-歪头山熊耳群龙脖组实测剖面（见图2-24）。剖面位于灵宝市寺河乡麻峪村东石大山-歪头山，起点坐标：$X=3801984$，$Y=19508746$，终点坐标：$X=3803504$，$Y=19509183$。

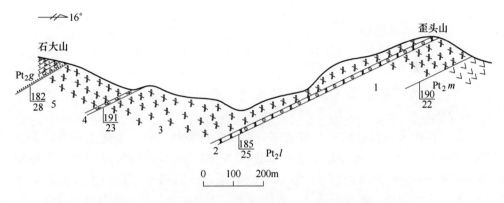

图2-24　灵宝市寺河乡石大山-歪头山熊耳群龙脖组实测剖面

上覆：官道口群高山河组石英砂岩，底部含底砾岩

-------------- 平行不整合 --------------

龙脖组　　　　　　　　　　　　　　　　　　　　　厚度980.3m

5. 紫红色流纹斑岩　　　　　　　　　　　　　　　　176.8m

4. 灰红色英安岩　　　　　　　　　　　　　　　　　36.8m

3. 灰红色流纹斑岩　　　　　　　　　　　　　　　　422.8m

2. 紫红色石泡流纹岩，含量10%～25%　　　　　　　　12.3m

1. 紫红色流纹斑岩　　　　　　　　　　　　　　　　311.6m

-------------- 喷发整合 --------------

下覆：熊耳群马家河组安山岩

（17）洛宁县上戈乡大铁沟熊耳群龙脖组实测剖面（见图2-25）。剖面位于洛宁县上戈乡大铁沟，与下伏马家河组剖面为连续剖面。

龙脖组（Pt_2l）　　　　　　　　　　　　　　　　厚度>73.4m

1. 安山质英安岩　　　　　　　　　　　　　　　　　>73.4m

未见底

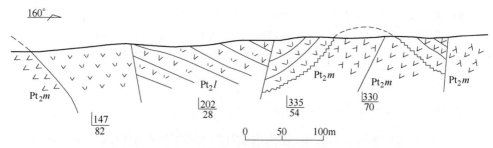

图 2-25　洛宁县上戈乡大铁沟熊耳群龙脖组实测剖面

（数据来源：河南地矿局地调一队，1996）

2.3.2　岩性特征及区域变化

2.3.2.1　大古石组（Pt$_2$d）

大古石组零星分布于炳峪、涧里河、罗家河、铁佛寺等地，出露面积约 40.27km^2。

研究区内大古石组沿熊耳群底部呈不连续透镜状分布，走向上最大延长仅 200~300m；透镜体中部较厚，最大厚度 11.6~23.7m。向两侧急剧变薄，具短距离（10~20m）内尖灭的特征。从岩石组合看，大致可分三层：下部为砾岩堆积，砾石大小混杂，不具分选性，磨圆度差，不显层理，砾石成分以下伏地层砾石为主；中部为灰白色含砾砂岩与紫红色粉砂质泥岩互层，岩层水平层理发育，砂岩中见有板状交错层（斜层理），层序顶、底具冲刷面；上部为砾岩夹透镜状砂岩层，砾石呈次圆状，具定向性，倾向 160°~170°，倾角 20°~32°，指示古流向大致为 340°~350°。

大古石组与下伏古元古界嵩山群罗汉洞组、新太古代花岗岩系呈显著角度不整合接触（见图 2-26）。

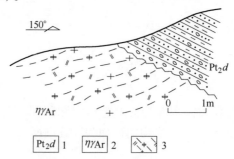

图 2-26　大古石组与新太古代变质岩系接触关系素描图（寺河乡焦家河）

（数据来源：河南地矿局地调一队，1996）

1—大古石组含砾杂砂岩及黏土岩；2—坡根片麻状斑状二长花岗岩；3—片麻理

上述特征表明，研究区大古石组属河流相沉积。下部砾岩为河道滞留堆积，中、上部具边滩、河漫堆积特征，组成河流沉积的二元结构。其分布特征则反映大古时期地表径流发育，下切剥蚀作用强烈，具 V 形河谷形态，河床一般较窄，似处于近山区的河流发育阶段。地势南高北低，水流向北。

2.3.2.2 许山组（Pt_2x）

许山组由一套中基性（偏中性）火山熔岩组成，厚 1849.1~2699.5m。在研究区广泛分布，出露面积约 466km²。以其岩石颜色为标志，可进一步划分为上、中、下三段，各段之间均为整合接触。

（1）下段（Pt_2x^1）：主要分布于崤山新太古界分布区周边，按照其分布的地理位置分别称为北带、西南带和东带。

1）北带出露于张村幅中北部-宫前幅西北部，该带大部为第四系浅覆盖，以陕县菜园乡马家河剖面为代表。主要岩性：下部为灰绿色安山岩、英安岩、安山玢岩、大斑状安山岩分别与结晶白云岩互层，岩石中杏仁体不发育。未见顶，厚大于 310.1m。

2）西南带出露于寺河幅东南部的大岭头-铁岭庄一带，以灵宝寺河乡秋凉河-坡根剖面为代表。主要岩性为灰绿色（杏仁状）安山岩、大斑状安山岩，下部夹安山质火山集块岩、中细粒岩屑长石砂岩、凝灰岩、沉火山集块角砾岩，上部夹（杏仁状）安山玄武岩、玄武岩。厚大于 1903.3m。

3）东带出露于宫前幅中部的鱼池、店子，长水幅大凹山、楼房院，寺河幅甘山、老庙一带，该带北部以陕县店子乡炳峪-大石涧剖面为代表，主要岩性为灰绿色玄武安山玢岩、玄武安山岩、大斑状玄武安山岩、安山玢岩、（杏仁状）大斑状安山岩、（杏仁状）安山岩互层，厚 1406.6m。与下伏大古石组不整合接触，与上覆许山组中段整合接触。东带南部以洛宁县上戈乡大铁沟剖面为代表。主要岩性为灰绿色（杏仁状）安山岩、（杏仁状）玄武安山岩，厚 158.1m。

许山组以喷发整合或喷发不整合覆于大古石组之上（见图 2-27）。由于大古石组分布局限，大多地段许山组以角度不整合直接覆于新太古代片麻状花岗岩或崤山岩群、或古元古界罗汉洞组之上。

综上所述，许山组下段主要岩性为灰绿色安山岩、安山玢岩、大斑安山岩夹玄武安山岩及玄武玢岩。厚 158.1~1903.3m，厚度变化趋势为由北向南厚度增大，西南部厚度最大。北部地区火山岩中杏仁体不发育，南部地区火山岩中杏仁体普遍发育；北部地区出现较多白云岩沉积夹层，西南部地区下部出现安山质火山集块岩、中细粒岩屑长石砂岩、凝灰岩、沉火山集块角砾岩等碎屑岩沉积，喻

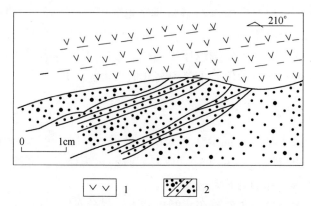

图 2-27　熊耳群许山组与大古石组喷发不整合接触关系素描图（寺河乡罗家河）

（数据来源：河南地矿局地调一队，1996）

1—许山组安山岩；2—大古石组砂砾岩及石英砂岩

示由南向北火山喷发环境由海陆交互相、陆相为主转变为以海相为主，古地理环境为南高北低，与由大古石组砾岩判断的古流向由南向北、地势南高北低的古地理环境一致。

（2）中段（Pt_2x^2）：广泛分布于下段外侧，西南部地区缺失。主要岩性为灰绿色、紫红色、紫灰色、灰红色、暗紫红色（杏仁状）大斑状玄武岩、（杏仁状）大斑状玄武安山岩、（杏仁状）大斑状安山岩、（杏仁状）安山岩。厚 236.2～975.0m，厚度变化趋势为由西向东变薄。与下伏许山组下段整合接触。

中段以火山岩岩石颜色多变为特征区别于许山组上、下段，在西南部地区岩石颜色以灰绿色为主，紫红色、紫灰色、灰红色、暗紫红色次之；东部地区以紫灰色为主，灰绿色、灰紫色次之，再向东至洛宁县后官岭一带以紫红色为主，夹少量灰绿色。喻示许山组中期火山喷发环境以陆相为主，古地理环境为东高西低、南高北低。

（3）上段（Pt_2x^3）：广泛分布于下段外侧，西南部地区缺失。主要岩性下部为灰绿色杏仁状大斑状安山岩、（杏仁状）安山岩、（杏仁状）玄武岩、安山玄武岩、安山玢岩；上部为灰绿色、暗紫灰色、紫灰色大斑玄武岩、（杏仁状）大斑状安山岩，夹安山玢岩、（杏仁状）玄武安山玢岩和紫红色杏仁状大斑辉石安山岩、（杏仁状）安山岩，局部地区近顶部夹紫红色安山质晶屑岩屑凝灰岩、凝灰岩。厚 160.52～716.0m，厚度变化趋势为由西向东变薄。与下伏许山组中段整合接触。

上段下部以厚 191.8～192.9m 的灰绿色（杏仁状）（大斑状）安山岩的底面为标志与下伏中段紫灰色（杏仁状）安山岩整合接触，由西向东该层灰绿色安山岩中大斑含量减少、厚度减薄为80.71m，与许山组上段厚度变化趋势一致。上部火山岩颜色西部地区以灰绿色为主，杂暗紫灰色、紫红色，东部地区以紫红色为主。喻示许山组晚期火山喷发环境以陆相为主，古地理环境仍为东高西低、南高北低。

2.3.2.3 鸡蛋坪组（Pt_2j）

区内鸡蛋坪组分布较广泛。鸡蛋坪组主要岩性在区内大部分地区可以分为三部分，下部、上部以紫红色流纹斑岩为主，中部为灰绿色（杏仁状）安山岩，厚277.6～738.8m，厚度变化趋势为由东北向西南厚度增大。

由东北向西南（由洛宁县后官岭剖面-陕县宫前乡大尖钩剖面-灵宝市秋凉河-寺河剖面）鸡蛋坪组下部主要岩性由紫红色球粒流纹岩变为紫红色流纹斑岩、铁红色流纹质熔角砾岩、石泡流纹斑岩、流纹斑岩组合-紫红色流纹斑岩、英安斑岩、英安质流纹斑岩组合，厚度由15.45m增大为214.0～376.5m；中部主要岩性由灰绿色杏仁状安山岩、灰黑色安山玄武岩变为灰绿色（杏仁状）安山岩，厚度由193.43m减少为14.0～77.9m；上部主要岩性由紫红色流纹岩、流纹斑岩，夹（互层）石泡流纹岩、球粒流纹岩组合变为紫红色流纹斑岩、英安质流纹斑岩、石泡英安流纹岩，夹珍珠岩、层状流纹质火山集块岩及青灰色含粉砂质绢云板岩、沉凝灰岩组合，厚度由262.91m减少为49.6～284.4m。

在洛宁县上戈乡大铁沟一带鸡蛋坪组厚143.0m，主要岩性为紫红色流纹斑岩，夹紫红色流纹质集块角砾岩。大铁沟以东，沉积缺失鸡蛋坪组。

鸡蛋坪组与下伏许山组呈喷发整合或喷发不整合接触（见图2-28）。在西南部秋凉河一带，鸡蛋坪组呈显著喷发不整合覆于许山组不同岩性段之上。

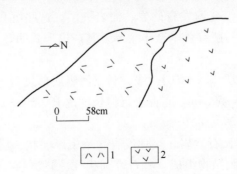

图2-28 鸡蛋坪组与许山组喷发不整合接触关系素描图
（数据来源：河南地矿局地调一队，1996）
1—鸡蛋坪组流纹斑岩；2—许山组安山岩

综上所述，研究区内鸡蛋坪组岩性及岩石组合、厚度变化均较大，特别是西南部地区鸡蛋坪组与下伏许山组不同岩性段喷发不整合接触，及大铁沟以东缺失鸡蛋坪组火山熔岩的现象表明该时期火山活动以爆发式为主，前者可能为火山口塌陷形成的局部现象，后者可能因远离火山口火山熔岩没有波及到。

2.3.2.4　马家河组（Pt_2m）

马家河组主要分布于研究区南部卫家磨-高崖-上戈-长水一带及东北部宫前、盘头坡、街门上、柳树沟一带，出露面积约 153km²。为一套基性火山岩为主夹火山碎屑岩、碎屑岩、碳酸盐岩沉积，厚 210.8~1208.5m。

研究区内马家河组以灵宝市苏村乡张湾地区发育最有代表性，主要岩性下部为灰紫色安山岩与紫红色凝灰岩或含铁粉砂质泥岩互层，夹灰紫色辉石安山玢岩；上部为灰绿色玄武安山岩或安山岩与紫红色岩屑长石杂砂岩、灰红色砂岩、粉砂岩、紫红色铁质粉砂质泥岩互层，厚 639.6m。

由灵宝市苏村乡张湾地区向东北至陕县菜园乡连洼地区马家河组安山岩以灰红色为主，不含沉积夹层，厚度减薄为 210.8m。向东南至洛宁县上戈乡大铁沟地区，沉积岩主要发育在马家河组底部，厚 50.4m，之上火山岩中以常见杏仁体、不含沉积夹层为特征；地层结构由安山岩与凝灰岩互层转变为大斑状安山岩或安山玢岩与安山岩互层，并出现灰黑色黑曜岩、灰绿色安山玄武岩沉积，厚度增大为 1208.5m。向东至洛宁县后官岭-陕县过沟地区，地层结构变为紫红色杏仁状安山岩与凝灰岩、火山泥球凝灰岩互层，厚度减薄为 265.3m。上述岩性及地层结构变化反映研究区古地理特征总的趋势为东高西低，与许山期南高北低的古地理特征相比发生了很大变化。

马家河组以喷发整合或喷发不整合覆于鸡蛋坪组之上。在大铁沟以东缺失鸡蛋坪组地区马家河组与下伏许山组沉积不整合接触。

研究区内马家河组普遍发育砂岩、泥岩夹层。这些沉积夹层厚数米至数十米，走向上延展长度一般数百米至千余米。其产出形式明显具河流-湖泊相沉积特征。

在长水以北观音堂-宋铁楼山一线，马家河组底部发育一套长石砂岩与粉砂质泥岩组合，厚度 10~50.4m，走向上延伸长度达 10 余千米。主要岩石类型及基本层序类型（见图 2-29）如下。

（1）灰红色含砾长石砂岩，层理发育，呈中厚层状，层厚 20~30cm。主要由砾石、砂及黏土质胶结物组成。砾石呈圆状-次圆状，成分为安山岩，大小为 2~3cm，往上变细，向砂级过渡，含量 20%。砂屑成分主要为长石及安山岩岩屑，粒径 1~2mm，含量 70%~75%。与下伏许山组安山岩接触面凹凸不平，总体产状一致。

（2）由灰红色细粒长石砂岩-灰红色粉砂质泥岩组成 18 个基本层序。砂岩单层厚 60~80cm，发育厚 3~10cm 的向上变细粒序韵律层。泥岩单层厚 20~40cm，薄层状，层理发育，层厚 0.5~1.5cm，表面具泥裂。

（3）灰绿色安山岩，顶、底发育杏仁带，组成一个喷发单层。

（4）灰绿色含砾长石砂岩，层理发育。底部砾屑粗大，粒径 3cm×14cm。

（5）由灰绿色细粒长石砂岩-灰红色粉砂质泥岩组成 17 个基本层序。砂岩单层厚 0.6~1.2m，通常有 6~10 个水平状粒序韵律层组成。泥岩单层厚 0.1~0.3m，水平层理发育，具泥裂及波痕。

（6）由灰红色细粒长石砂岩-灰红色粉砂质泥岩组成 18 个基本层序。砂岩、泥岩单层厚度相等，均为 10~20cm。黏土岩中见波痕及泥裂。

（7）由灰红色薄层状细粒长石砂岩-灰红色粉砂质泥岩组成 10 个基本层序。砂岩单层厚 0.1~2m，泥岩单层厚 0.15~3.5m。在层序组合中泥岩单层大多较厚。具水平层理，发育小波痕、泥裂及板状交错层（斜层理）。层中波痕指数（RI）计算值介于 1.5~6.5 之间，与坦纳（1967）区分波浪波痕与水流波痕的统计参数对照，处在重叠区（见表 2-6）。

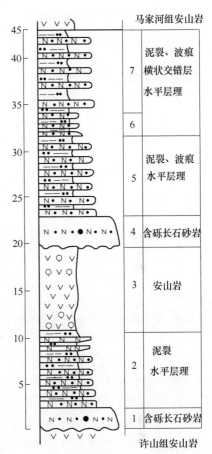

图 2-29 熊耳群马家河组底部沉积夹层的沉积层序

（数据来源：河南地矿局地调一队，1996）

表 2-6 区分波浪波痕与水流波痕的参数（据坦纳，1967）

波痕类型 参数	波浪波痕	重叠区间	水流波痕
波痕指数 RI	< 4	4~15	>15
波痕对称指数 RSI	< 2.5	2.5~3	>3
平行指数 Pt_1	< 1	1~2	>2
平均指数 Pt_2	< 2	2~4	>4

上述基本层序特征表明马家河组底部沉积夹层为由季节性河流提供物源的内

陆湖泊沉积。其中安山岩夹层的存在说明火山喷发仍可间歇性到达该地区。

2.3.2.5　龙脖组（Pt_2l）

龙脖组沿石大山北-中村-长水一带呈条带状、椭圆状块体断续分布，并在宫前东北部零星出露，主要岩性为一套紫红色、铁红色流纹斑岩及安山质英安斑岩、英安岩。大多呈侵出-溢流相产出，部分充填喷发管道，显示明显侵出特征；部分沿管道溢出，平缓覆于马家河组安山岩之上，厚度大于73.4m。

2.3.3　地层划分对比及时代讨论

2.3.3.1　地层划分对比

1956~1958年，原地质部西北地质局区域地质调查队（1∶200000洛宁幅）将研究区内的该套火山岩命名为熊耳群，之后河南省区域地质调查队等单位将熊耳群自下而上划分为大古石组、许山组、鸡蛋坪组、马家河组及龙脖组，本书沿用。

与区域上的熊耳群对比，研究区内最显著的变化有：

（1）在研究区北部许山组中出现3层厚度1.5~5.6m，总厚度为9.2m的结晶白云岩，地层结构为火山岩与结晶白云岩互层，这是目前在河南省内其他地方的许山组中没有见到过的现象，表明该地区为熊耳裂谷海水最深的地区之一。

（2）研究区内鸡蛋坪组火山熔岩出现缺失，马家河组与许山组直接接触，这也是目前在河南省内其他地方熊耳群中没有见到过的现象。这个现象充分说明制约火山岩各组、段级单位的岩性组合、厚度变化的因素很多，火山岩组、段级地层单位的划分与沉积岩划分组、段单位相比较不是一个概念，不能统一要求。

2.3.3.2　时代讨论

（1）区内熊耳群不整合覆于太古代变质花岗岩系及古元古界嵩山群罗汉洞组之上，被长城系上统高山河组或汝阳群平行不整合覆盖，上、下界线清楚。

（2）鲁山县、汝阳县一带熊耳群马家河组灰岩产叠层石 *Gruneri abiwabiria cloudsemiknatov*（比瓦比克格纳叠层石）（据河南区调队）。该叠层石见于天津蓟县剖面长城系下统团山子组。

（3）据关保德研究，在熊耳群中发现少量微古植物化石，主要以个体较小、形态、纹饰、属种均较简单的分子为特征。主要类型为：*Leiominuscula aff. Minuta Naum* 及时间延续较长的 *Trematosphaeridium mintum Sin et Liu*，*T. hotedahlii Tim.* 等，同时还伴生常见于高层位的 *Taentatum Crassum*（*Sin et Liu*）个别分子。总之，其属种比较简单，组合面貌与长城系微古植物基本相似。

（4）区域上赵太平等人（2005）在总结了2001~2004年在熊耳群中获得数

个 SHRIMP 和 LA-ICPMS 锆石 U-Pb 年龄值后，提出熊耳群下限在 1800Ma 左右、上限在 1750Ma 的新认识。2009 年，He 等人（2009）在熊耳群中获得 8 个锆石 SHRIMP 和 LA-ICPMS 年龄值，其中 4 个取自许山组玄武安山岩、英安岩、流纹岩样品年龄值为 1767~1783Ma，3 个取自鸡蛋坪组流纹岩样品中 2 个为 1751~1778Ma，1 个为 1445Ma，1 个取自马家河组安山岩样为 1778Ma，认为火山作用主体在 1780Ma 前后，但可以延续到 1450Ma。综合考虑后，认为熊耳群形成于 1800~1750Ma，时代属早长城世。熊耳群火山岩系相关的高精度锆石年龄见表 2-7。

表 2-7　熊耳群火山岩系相关的高精度锆石年龄

地层/岩性	采样点	年龄/Ma	方法	来源
熊耳群马家河组顶部流纹斑岩	熊耳山	1959	锆石 LA-ICPMS	赵太平等，2001
侵入熊耳群鸡蛋坪组辉石闪长岩	熊耳山	1759	锆石 LA-ICPMS	赵太平等，2001
熊耳群顶部马家河组流纹斑岩	外方山	1776+20/-19	锆石 SHRIMP	赵太平等，2004
侵入到熊耳群的辉绿岩岩墙	熊耳山	1773±37	锆石 SHRIMP	赵太平等，2004
侵入到熊耳群下部许山组的闪长岩	熊耳山	1789+26/-20	锆石 SHRIMP	赵太平等，2004
熊耳群许山组玄武安山岩	中条山	1767±47	锆石 SHRIMP	He 等，2009
熊耳群许山组玄武安山岩	崤山	1783±47	锆石 SHRIMP	He 等，2009
熊耳群许山组英安岩	外方山	1783±13	锆石 SHRIMP	He 等，2009
熊耳群许山组流纹岩	外方山	1778±8	锆石 LA-ICPMS	He 等，2009
熊耳群鸡蛋坪组流纹岩	崤山	1778±5.5	锆石 LA-ICPMS	He 等，2009
熊耳群鸡蛋坪组流纹岩	外方山	1751±14	锆石 LA-ICPMS	He 等，2009
熊耳群鸡蛋坪英安岩	熊耳山	1445±14	锆石 SHRIMP	He 等，2009
熊耳群马家河组下部安山岩	崤山	1778±6.5	锆石 LA-ICPMS	He 等，2009

2.4　中元古界长城系上统高山河组和汝阳群

研究区分布的高山河组及汝阳群均为在熊耳群沉积基底之上形成的浅海相陆源碎屑岩沉积，其中高山河组分布于研究区西南部，地层区划属熊耳山地层小区；汝阳群分布于研究区东北角，地层区划属渑池-确山地层小区。

2.4.1　汝阳群（Pt_2R）

分布于宫前幅东凡乡连家洼一带及李村幅李米庄-塔罗一带。出露总面积约 5km^2，主要为一套碎屑岩-碳酸盐岩组合，厚 269~610m。与下伏熊耳群马家河组平行不整合（见图 2-30）或不整合接触（见图 2-31），与上覆黄连垛组为平行不整合接触。自下而上划分为小沟背组、云梦山组、白草坪组、北大尖组、崔庄组、三教堂组和洛峪口组。

图 2-30　李村乡王营南云梦山组与熊耳群马家河组接触关系

图 2-31　李村乡熊耳山西小沟背组与熊耳群马家河组接触关系

2.4.1.1　剖面描述

（1）陕县李村乡空相寺东小沟背组实测地质剖面（见图 2-32）。剖面位于李村幅李村乡北 1000m 空相寺东熊耳山西北侧，剖面起点坐标：$X = 3838244$，$Y = 19560135$。

上覆：汝阳群云梦山组灰白色石英砂岩

——————————— 整合 ———————————

小沟背组	厚度 30.2m
9. 含砾石英砂岩	13.3m
8. 含砂砾岩	1.8m
7. 含砂质条带砾岩	2.2m
6. 含砂细砾岩	1.8m
5. 含粗砾砂岩与砂岩透镜体互层	4.3m

4. 含细砾砂岩   1.8m

3. 砂砾岩，夹砂岩透镜体   2.2m

2. 含砂细砾岩   1.4m

1. 含砂粗砾岩   1.4m

------------ 平行不整合 ------------

下覆地层：熊耳群马家河组　紫红色安山岩

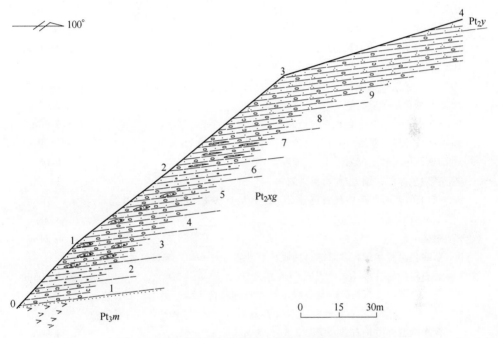

图 2-32　陕县李村乡空相寺东小沟背组实测地质剖面

（2）陕县东凡乡连家洼汝阳群小沟背组－北大尖组实测地层剖面（见图 2-33）。剖面位于陕县东凡乡连家洼，剖面起点坐标：$X = 3837570$，$Y = 19534550$；剖面终点坐标：$X = 3837120$，$Y = 19535550$。

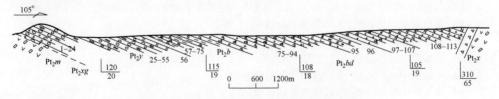

图 2-33　陕县东凡乡连家洼汝阳群实测剖面

是否地层：熊耳群　大斑安山岩

========== 断层 ==========

北大尖组	厚度 >235.62m
113. 灰白色中厚层状细粒长石砂岩	6.79m
112. 灰绿色中厚层状含海绿石中粒石英砂岩	3.22m
111. 灰白色中厚层状细粒长石砂岩	9.30m
110. 灰绿色中厚层状含海绿石中粒石英砂岩	2.22m
109. 灰白色中厚层状细粒长石砂岩	6.92m
108. 灰绿色中厚层状含海绿石中粒石英砂岩	2.56m
107. 灰绿色粉砂质泥岩	0.32m
106. 灰白色纹层状细粒石英砂岩	16.67m
105. 灰绿色粉砂质泥岩	0.48m
104. 灰白色纹层状细粒石英砂岩	10.07m
103. 灰绿色粉砂质泥岩	0.12m
102. 灰白色纹层状细粒长石石英砂岩	7.50m
101. 灰白色厚层状细-中粒石英砂岩，顶部为一厚约 15cm 的紫红色泥岩	25.91m
100. 紫红色粉砂质泥岩	0.05m
99. 灰白色厚层状细-中粒石英砂岩	11.68m
98. 灰白色厚层状细-中粒石英砂岩。石英大于 99%，顶面具透镜状泥岩，具泥裂	8.38m
97. 覆盖	6.71m
96. 灰绿色页片状细粒含海绿石钙质长石砂岩（厚 6cm）与紫红色页片状长石粉砂岩（厚 4cm）组成 67 个层对	15.05m
95. 灰白色薄层长石粉砂岩与灰绿色页片状细粒含海绿石钙质长石砂岩组成 35 个层对。长石粉砂岩层厚 5.7~6.4cm，纹层状构造；页片状细粒含海绿石钙质长石砂岩层厚 3.5~5.5cm	8.96m
94. 覆盖	13.40m
93. 覆盖，以灰白色中细粒石英砂岩为主	9.70m
92. 灰白色薄层状中细粒石英砂岩，具波痕	6.14m
91. 灰白色中厚层状中细粒石英砂岩，具斜层理	6.79m
90. 灰白色薄-中层状中细粒石英砂岩，见有波痕，古流向 180°	6.46m
89. 灰白色中厚层状细-中粒石英砂岩，其中石英含量大于 99%，发育斜层理	3.23m
88. 褐红色中厚层状粗-中粒铁质石英砂岩	2.34m
87. 灰红色中厚层状粗中粒含海绿石石英砂岩	1.00m
86. 褐红色中厚层状粗中粒铁质石英砂岩	2.34m
85. 灰红色中厚层状粗-中粒含海绿石石英砂岩	1.67m
84. 褐红色中厚层状粗-中粒铁质石英砂岩	2.68m
83. 灰红色中厚层状粗-中粒含海绿石石英砂岩	1.67m
82. 褐红色中厚层状粗-中粒铁质石英砂岩	5.02m
81. 灰红色中厚层状粗-中粒含海绿石石英砂岩，底部具泥砾，具斜层理	3.35m
80. 褐色中厚层状铁质粗-中粒石英砂岩	4.02m

79. 灰红色中厚层状粗-中粒石英砂岩，底部含泥砾　　　　　2.68m
78. 褐灰色中厚层状铁质中粗粒石英砂岩，底部含泥砾　　　　4.35m
77. 灰红色中厚层状粗-中粒石英砂岩，具板状斜层理，底界面凹凸不平为
冲刷面　　　　　2.34m
76. 灰白色中厚层状细粒石英砂岩　　　　　12.53m

───────── 整合 ─────────

白草坪组　　　　　17.27m
75. 紫灰色粉砂质铁质泥岩与中细粒石英杂砂岩互层，覆盖　　　　12.53m
74. 紫红色粉砂质铁质泥岩　　　　　0.24m
73. 灰红色纹层状中-细粒石英杂砂岩　　　　　0.25m
72. 灰绿色泥岩，顶面具泥裂　　　　　0.12m
71. 灰红色粉砂质铁质泥岩　　　　　0.25m
70. 灰红色纹层状中细粒石英杂砂岩　　　　　0.25m
69. 紫红色粉砂质铁质泥岩，有波痕　　　　　0.22m
68. 灰红色纹层状中细粒石英杂砂岩，底部含泥砾，有波痕　　　　0.40m
67. 灰绿色泥岩　　　　　0.04m
66. 紫红色粉砂质铁质泥岩　　　　　0.30m
65. 灰红色纹层状中-细粒石英杂砂岩、底部含泥砾　　　　　0.40m
64. 灰绿色粉砂质泥岩，顶面具泥裂　　　　　0.24m
63. 紫红色粉砂质铁质泥岩。具小波痕　　　　　0.30m
62. 灰红色薄层状中-细粒石英杂砂岩，底部含泥砾、具波痕　　　0.20m
61. 灰绿色含粉砂质铁质泥岩，顶面具泥裂　　　　　0.44m
60. 灰红色纹层状中细粒石英杂砂岩，底部含泥砾　　　　　0.34m
59. 灰绿色粉砂质铁质泥岩，顶面具波痕、泥裂　　　　　0.14m
58. 紫红色粉砂质铁质泥岩　　　　　0.30m
57. 灰红色薄层状中-细粒石英杂砂岩，底部含泥砾　　　　　0.30m

───────── 整合 ─────────

云梦山组　　　　　51.55m
56. 灰黄色含砾屑砂质白云岩，砾屑成分为砂岩　　　　　4.4m
55. 灰红色纹层状中粒石英砂岩　　　　　18.52m
54. 紫红色纹层状细粒石英杂砂岩　　　　　0.31m
53. 紫红色中厚层状细粒石英杂砂岩，具斜层理　　　　　2.9m
52. 紫红色纹层状细粒石英杂砂岩　　　　　1.0m
51. 紫红色中厚层状细粒石英杂砂岩，具斜层理　　　　　2.1m
50. 紫红色厚层状中-细粒石英杂砂岩　　　　　3.0m
49. 砖红色纹层状细粒石英杂砂岩　　　　　1.87m
48. 砖红色中厚层状中细粒石英杂砂岩　　　　　1.70m
47. 灰红色薄层状细粒石英杂砂岩，具沙纹层理　　　　　0.35m
46. 灰红色中厚层状中-细粒石英杂砂岩，具波痕、斜层理　　　1.60m

45. 灰红色厚层状中-粗粒石英杂砂岩，含岩屑　　　　　　　　　　　1.3m

44. 灰红色纹层状细粒石英杂砂岩　　　　　　　　　　　　　　　　0.27m

43. 灰红色中粒石英杂砂岩，具斜层理，波痕指示古流向为55°　　　1.50m

42. 灰红色块状粗-中粒石英杂砂岩　　　　　　　　　　　　　　　1.60m

41. 灰红色薄层状细粒石英杂砂岩，具沙纹层理、波痕发育　　　　　0.14m

40. 灰红色中厚层状细粒石英杂砂岩，具板状斜层理　　　　　　　　1.50m

39. 灰红色块状中-细粒石英杂砂岩，底部含约5%的安山岩岩屑　　　1.50m

38. 灰红色薄层状细粒石英杂砂岩，具沙纹层理　　　　　　　　　　1.01m

37. 紫红色中厚层状细粒石英杂砂岩，具大型板状交错层，波痕发育，
    古流向64°　　　　　　　　　　　　　　　　　　　　　　　　2.33m

36. 紫红色中厚层状细粒石英杂砂岩，具水平层理　　　　　　　　　1.42m

35. 紫红色中厚层状中粒石英杂砂岩，底界面为冲刷面　　　　　　　1.32m

34. 灰红色厚层状细粒石英杂砂岩，具水平层理，顶面发育波痕，指
    示水流方向为145°　　　　　　　　　　　　　　　　　　　　1.68m

33. 灰红色细粒石英杂砂岩，具斜层理　　　　　　　　　　　　　　1.68m

32. 灰红色薄层状细粒石英杂砂岩。水平层理发育　　　　　　　　　0.84m

31. 灰红色块状中粒石英杂砂岩，底部为一明显冲刷面，具滞留砾岩，
    砾石呈叶片状，为砂岩、泥岩，砾石扁平面平行层面。底部冲刷
    凹槽深可达20~80cm　　　　　　　　　　　　　　　　　　　0.33m

30. 紫红色中厚层状细粒石英杂砂岩　　　　　　　　　　　　　　　0.10m

29. 紫红色中厚层状中粒石英杂砂岩，底面为冲刷面，底部具滞留砾
    石，砾石呈叶片状　　　　　　　　　　　　　　　　　　　　　0.11m

28. 紫红色中厚层状中-细粒石英杂砂岩，顶面为一明显冲刷面　　　0.29m

27. 灰红色粗-中粒石英杂砂岩，发育斜层理　　　　　　　　　　　0.54m

26. 灰红色薄层状粗-中粒石英杂砂岩　　　　　　　　　　　　　　4.89m

25. 灰红色厚层状粗-中粒石英杂砂岩。底界面为冲刷面，具滞留砾石：
    沙纹层理发育　　　　　　　　　　　　　　　　　　　　　　　4.18m

--------------- 平行不整合 ---------------

小沟背组　　　　　　　　　　　　　　　　　　　　　　　　　　12.61m

24. 灰红色含砾中粗粒石英砂岩　　　　　　　　　　　　　　　　　2.20m

23. 灰红色中厚层状砾岩。顶底均有冲刷现象　　　　　　　　　　　2.20m

22. 灰红色薄层状含砾中粗粒石英砂岩。砾石成分为安山岩、石英岩　1.65m

21. 紫红色中厚层状砾岩，发育槽状交错层理，底界面凹凸不平，具冲刷现象　1.37m

20. 紫红色薄层状含砾粗粒石英砂岩。砾石成分为脉石英、石英岩、
    流纹岩、安山岩　　　　　　　　　　　　　　　　　　　　　　0.51m

19. 紫红色厚层状砾岩　　　　　　　　　　　　　　　　　　　　　0.20m

18. 紫红色薄层状砂砾岩。具交错层理　　　　　　　　　　　　　　0.22m

17. 紫红色中厚层状砾岩　　　　　　　　　　　　　　　　　　　　0.22m

16. 紫红色薄层状砂砾岩　　　　　　　　　　　　　　　　　　　　0.27m

15. 紫红色中厚层状砾岩。砾石成分以安山岩为主，次为脉石英、石英岩　　　　　0.66m

14. 紫红色薄层状砂砾岩。具交错层理。顶面有冲刷现象　　　　　　　　　　　　0.30m

13. 紫红色薄层状细砾岩　　　　　　　　　　　　　　　　　　　　　　　　　　0.08m

12. 紫红色砂砾岩　　　　　　　　　　　　　　　　　　　　　　　　　　　　　0.16m

11. 紫红色薄层状细砾岩　　　　　　　　　　　　　　　　　　　　　　　　　　0.50m

10. 紫红色薄层状砂砾岩　　　　　　　　　　　　　　　　　　　　　　　　　　0.02m

9. 紫红色薄层状细砾岩　　　　　　　　　　　　　　　　　　　　　　　　　　　0.03m

8. 紫红色薄层状砂砾岩　　　　　　　　　　　　　　　　　　　　　　　　　　　0.22m

7. 紫红色砾岩，具交错层理　　　　　　　　　　　　　　　　　　　　　　　　　0.54m

6. 紫红色砂砾岩。呈透镜状延展　　　　　　　　　　　　　　　　　　　　　　　0.01m

5. 紫红色薄层状细砾岩　　　　　　　　　　　　　　　　　　　　　　　　　　　0.05m

4. 紫红色薄层状中砾岩　　　　　　　　　　　　　　　　　　　　　　　　　　　0.05m

3. 紫红色厚层状复成分粗砾岩　　　　　　　　　　　　　　　　　　　　　　　　0.44m

2. 紫红色中砾岩。具交错层理，砾石含量约50%，以脉石英为主，蚀变
   流纹岩个别，砾石为次圆状，混杂堆积　　　　　　　　　　　　　　　　　　0.16m

1. 灰紫色厚层状复成分粗砾岩。砾石含量约70%，成分以安山岩、大斑
   安山岩为主，其次为脉石英、石英岩。砾径一般为5~100mm，最大约
   150mm，次圆状—次棱角状，无分选，杂乱分布　　　　　　　　　　　　　0.55m

-------------- 平行不整合 --------------

下伏地层：熊耳群　大斑安山岩

（3）陕县王营-李米庄汝阳群云梦山组、白草坪组、北大尖组实测剖面，剖
面位于陕县李村乡王营村北300m（见图2-34），剖面起点坐标：$X=3831099$，
$Y=19554734$；剖面终点坐标：$X=3831541$，$Y=19554792$。

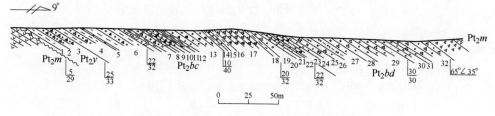

图2-34　陕县王营-李米庄汝阳群实测剖面

上覆地层：熊耳群马家河组　安山岩

======== 断层 ========

北大尖组　　　　　　　　　　　　　　　　　　　　　　　　　　　　　　厚度 >84.65m

32. 灰白-浅灰色中厚-厚层状长石石英砂岩，发育水平层理、斜层理
    及波痕　　　　　　　　　　　　　　　　　　　　　　　　　　　　　　　25.24m

31. 灰白-浅灰色薄层状长石石英砂岩，单层厚2~10cm，层间夹薄层
    泥质粉砂岩、粉砂质页岩　　　　　　　　　　　　　　　　　　　　　　　2.99m

30. 灰白-浅灰色中厚-厚层状长石砂岩，发育水平层理、斜层理及波痕　　　　7.48m

29. 灰白-浅灰色薄层状长石石英砂岩夹薄层状泥质粉砂岩，砂岩层厚 2~
10cm，粉砂岩层厚 1~10cm，层间夹 1~5cm 泥质粉砂岩、粉砂质页岩　　15.46m

28. 灰白-浅灰色中厚层-厚层状长石石英砂岩，发育水平层理、斜层理及
波痕　　　　6.48m

27. 灰白色薄层状泥质粉砂岩与薄层状长石石英砂岩互层，粉砂岩层厚
0.3~1cm，长石石英砂岩层厚 1~5cm　　　　8.75m

26. 灰白色纹层状-薄层状长石石英砂岩，单层厚 0.2~10cm　　　　4.73m

25. 灰白-浅灰红色中厚层状长石石英砂岩，单层厚 0.10~0.30m　　　　4.73m

24. 灰白色纹层状-薄层状长石石英砂岩，单层厚 0.2~10cm　　　　2.93m

23. 浅灰白色中厚层状中粗-中细粒长石石英砂岩　　　　5.86m

————————— 整合 —————————

白草坪组　　　　93.24m

22. 灰白色薄层状泥质粉砂岩，单层厚 0.3~0.5cm，中间夹一层厚为 0.2m
长石石英砂岩　　　　1.26m

21. 灰白-浅灰红色中厚-厚层状长石石英砂岩，单层厚 0.60~0.10m，向上
变薄　　　　2.09m

20. 下部为薄层状泥质粉砂岩与长石石英砂岩互层，泥质粉砂岩下部呈灰红
色，上部呈灰绿色；上部为灰绿色薄层状泥质粉砂岩夹海绿石长石砂
岩，其中海绿石长石砂岩胶结物中含菱铁矿　　　　2.08m

19. 灰白、灰红色薄层状长石石英砂岩，层间有泥膜，发育波浪，见水平
层理和斜层理　　　　3.33m

18. 灰红色薄-中厚层状泥岩与长石石英砂岩互层，泥岩层厚 3~40cm，砂
岩厚 5~50cm　　　　2.50m

17. 灰白、灰红色条带状长石石英砂岩，发育水平层理、交错层理及斜层
理，层面上有泥膜，可见波痕　　　　18.91m

16. 灰白、灰红色薄-中厚层状长石石英砂岩与泥岩互层，层厚 5~20cm　　　　2.26m

15. 浅灰红色中粗粒石英砂岩　　　　2.26m

14. 灰红色中厚层状长石石英砂岩与泥岩互层，泥岩层厚 5~30cm，砂岩
层厚 0.10~0.30m　　　　3.13m

13. 浅灰红色中厚层状长石石英砂岩，单层厚 0.10~0.50m　　　　3.19m

12. 灰红色中厚层状长石石英砂岩与泥岩互层，泥岩层厚 5~30cm，砂岩
层厚 0.1~0.3m　　　　2.34m

11. 灰红色中厚层状泥岩夹薄层状长石石英砂岩，长石石英砂岩厚 1~3cm　　　　3.58m

10. 灰红色薄层状长石砂岩，单层厚 0.1~0.3m　　　　3.83m

9. 浅灰红色中厚层状中粗粒石英砂岩，石英含量 95%，长石等杂质 5%　　　　0.51m

8. 灰红、灰绿色薄层状中粗粒长石石英砂岩与泥岩互层，砂岩层厚 3~
10cm，泥岩层厚 1~5cm　　　　1.79m

7. 浅灰红色中厚层状长石砂岩，单层厚 0.10~0.30m，顶部含砾，砾石

成分为白云岩，呈长条形，无棱角，大小 0.3cm×0.8cm~0.8cm×2cm，

无分选　1.89m

6. 灰红色中厚层状长石石英砂岩与泥岩互层，夹含砾砂岩，单层厚度 0.20~

0.30m，砾石成分为白云岩，呈次棱角状、长条形，长轴平行于层面，

大小 0.3cm×1.6cm~1cm×5cm，分选性差　2.74m

5. 浅灰红色厚层状中粗粒石英砂岩　1.67m

4. 灰红色薄-中厚层状泥岩与长石砂岩互层，泥岩厚 2~20cm，砂岩厚

3~20cm　13.88m

———————— 整合 ————————

云梦山组　17.75m

3. 灰白色厚层状中细粒石英砂岩，底部长石含量高，向上渐少　9.23m

2. 灰红色泥岩，薄层状，硬度较低，地表多风化破碎　5.72m

1. 灰红色中厚层状长石砂岩，层厚 3~20cm　2.80m

-------------- 平行不整合 --------------

下覆地层：熊耳群马家河组　安山岩

（4）陕县王庄汝阳群北大尖组崔庄组实测剖面。剖面位于陕县李村乡王庄村西南（见图 2-35），剖面起点坐标：$X=3830306$，$Y=19557876$；剖面终点坐标：$X=3830632$，$Y=19558015$。

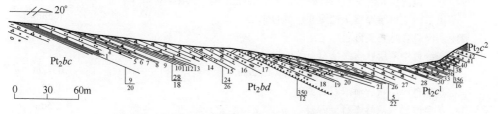

图 2-35　陕县王庄汝阳群北大尖组、崔庄组实测剖面

上覆地层：崔庄组二段　灰绿色页岩

———————— 整合 ————————

崔庄组一段　厚度 36.90m

42. 紫红色厚层状含铁质中厚层状石英砂岩，含赤铁矿、菱铁矿，单层厚

0.70~0.80m　2.91m

41. 灰白色厚层状长石石英砂岩，单层厚 0.50~0.90m，向上变厚　4.10m

40. 灰红色薄层状长石石英砂岩与灰绿色页岩互层，砂岩单层厚 7~8cm，

页岩层厚 3~4cm，页岩风化后呈鳞片状　4.36m

39. 灰红色中厚层状长石石英砂岩，发育 4 个单层，厚度依次为 0.3m、

0.3m、0.5m、0.6m，向上变厚　1.70m

38. 灰绿色页岩与薄层状长石石英砂岩互层，页岩单层厚 0.5cm，成分

主要为粉砂质，砂岩单层厚 5~10cm，石英含量 70%，长石含量 30%　1.91m

37. 灰白色中厚层状长石石英砂岩，2 个单层，厚 0.30m、0.40m，向上

変厚。石英、长石颗粒较均匀，磨圆度一般，粒径 2~8mm　　　　　0.70m

36. 灰白色中厚-厚层状长石石英砂岩夹灰绿色页岩，砂岩厚 0.30~0.80m，
　　向上变薄。页岩为泥砂质成分　　　　　　　　　　　　　　　　2.98m

35. 灰白色中厚层状中粗粒长石石英砂岩，石英含量 70%　　　　　　0.67m

34. 灰绿色页岩夹薄层状长石石英砂岩，页岩主要成分为泥质、粉砂质　0.26m

33. 灰红色中厚层状中粗粒长石石英砂岩，单层厚 10~30cm，向上变厚　1.46m

32. 灰红色薄层状中粗粒长石砂岩，单层厚 1~5cm　　　　　　　　　0.58m

31. 灰黑色泥质页岩，单层厚 5~50mm，中间夹 3~5cm 厚的砂质条带　0.42m

30. 灰白色中厚层状中粗粒长石石英砂岩　　　　　　　　　　　　　0.84m

29. 灰红色中厚层状中粗粒长石石英砂岩夹灰绿色页岩，砂岩厚 0.3~0.8m，
　　向上变厚，页岩厚 1~10cm，向上变薄　　　　　　　　　　　　2.42m

28. 灰红色中薄层状中粗粒长石砂岩　　　　　　　　　　　　　　　1.46m

27. 灰绿色薄层状石英砂岩，单层厚 1~3cm，顶部夹薄层页岩　　　　0.59m

26. 灰绿色泥质页岩，中间夹透镜状、长条状砂质条带。地表风化多呈
　　鳞片状　　　　　　　　　　　　　　　　　　　　　　　　　2.23m

25. 灰黑色含碳质页岩，单层厚 2~5mm，出露较稳定。表层多风化呈砂糖状　0.28m

24. 灰绿色薄层状石英砂岩，单层厚 1~5cm　　　　　　　　　　　　0.63m

23. 灰绿色中薄层状石英砂岩与页岩互层，砂岩厚 1~35cm，向上变厚；
　　页岩厚 0.5~20cm，向上变薄　　　　　　　　　　　　　　　　1.60m

22. 灰绿色薄层状海绿石石英砂岩，水平层理发育，单层厚 0.5~10cm，
　　由下向上单层厚度呈现薄-厚-薄的变化　　　　　　　　　　　　1.58m

21. 灰绿色含砾石英砂岩　　　　　　　　　　　　　　　　　　　　0.30m

20. 灰绿色中薄层状含海绿石石英砂岩夹泥钙质粉砂岩，砂岩单层厚 0.03~
　　0.30m，水平层理发育，粉砂岩厚 1~2cm　　　　　　　　　　　0.72m

19. 灰绿色厚层状含海绿石石英砂岩　　　　　　　　　　　　　　　0.42m

18. 灰色厚层状双峰态石英砂岩　　　　　　　　　　　　　　　　　2.50m

---------------- 整合 ----------------

北大尖组　　　　　　　　　　　　　　　　　　　　　　　　　　25.70m

17. 灰色中厚层状燧石条纹粉晶-微晶白云岩，白云岩呈纹层状，发育同心
　　圆状叠层石　　　　　　　　　　　　　　　　　　　　　　　2.51m

16. 灰白色中厚层状中粗粒含锈斑石英砂岩　　　　　　　　　　　　1.10m

15. 紫红色中厚层状石英砂岩夹灰绿色泥质粉砂岩，石英砂岩单层厚 0.4m，
　　泥质粉砂岩层厚 1~3cm，该层在走向上不稳定，呈断续性出露　　1.47m

14. 灰白色中厚层-厚层状石英砂岩，水平层理发育，单层厚 0.3~0.5m　7.07m

13. 紫红色中厚层状石英砂岩夹薄层泥岩，波痕较发育，砂岩单层厚 0.2~
　　0.3m，向上变薄，泥岩厚 1~2cm　　　　　　　　　　　　　　1.05m

12. 灰红色薄层状石英砂岩，水平层理发育　　　　　　　　　　　　0.42m

11. 紫红色中厚层状石英砂岩，单层厚 0.1~0.2m　　　　　　　　　　0.52m

10. 紫红色薄层状长石石英砂岩，波痕发育　　　　　　　　　　　　0.42m

9. 紫红色中厚层状长石石英砂岩，单层厚 0.2~0.3m，水平层理发育，发育
　　泥砾痕、波痕，波痕左右两侧沿波峰呈对称状，两波峰间距离 7~20cm，

波峰至波谷距离3cm	1.15m
8. 灰红色泥质粉砂岩夹粉砂质泥岩，中部夹0.1m厚含铁质砂岩	0.42m
7. 紫红色中厚层状石英砂岩夹灰绿色薄层状泥质砂岩，砂岩单层厚0.3~0.1m，向上变薄；泥质砂岩厚1~5cm	2.29m
6. 紫红色泥质粉砂岩，上部3cm为粉砂质泥岩	0.12m
5. 紫红色厚-中厚层状石英砂岩，4个单层，单层厚0.28~0.60m，向上变薄，中部夹0.05~0.20m厚的粉砂岩	2.79m
4. 紫红色中薄层状石英砂岩夹粉砂岩，粉砂岩厚0.01~0.3m，向上变厚；石英砂岩厚0.1~0.25m，向上变薄，局部夹含铁质角砾砂岩，角砾呈长条状、次圆状、扁豆状，长轴平行于层理方向排列	3.68m
3. 灰红色中厚层状长石石英砂岩，顶层发育有印模、印痕，呈波浪状	0.10m
2. 浅肉红色薄层状泥质粉砂岩，上部夹0.12m厚红褐色泥岩	0.33m
1. 紫红色中厚层状中粗粒长石石英砂岩	0.26m

——————— 整合 ———————

下覆地层：白草坪组 褐黄色含铁质泥岩与粉砂岩互层

（5）陕县李村乡塔罗村汝阳群崔庄组、三教堂组实测地质剖面。剖面位于陕县李村乡塔罗村西（见图2-36），剖面起点坐标：$X=3829668$，$Y=19561060$；剖面终点坐标：$X=3830200$，$Y=19561052$。

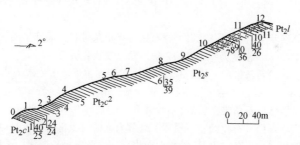

图2-36 陕县李村乡塔罗村洛峪群崔庄组上段、三教堂组实测地质剖面

上覆地层：洛峪口组灰绿色、紫红色页岩

——————— 整合 ———————

三教堂组	厚度87.56m
11. 紫红色条带状含铁质砾石英砂岩	13.4m
10. 淡紫红色中厚层状石英砂岩	18.7m
9. 紫红色条带状含铁锈斑点石英砂岩	7.92m
8. 淡紫红色中厚层状石英砂岩	5.16m
7. 紫红色条纹状粉砂岩	42.38m

——————— 整合 ———————

崔庄组上段（Pt_2c^1）	56.46m
6. 紫红色页岩与灰绿色页岩互层	28.01m
5. 紫红色页岩	8.62m

4. 紫红色页岩与薄层粉砂岩互层   7.19m

3. 灰绿色页岩   5.59m

2. 灰黑色页岩   6.17m

———— 整合 ————

下伏地层：崔庄组下段　含赤铁矿石英砂岩

（6）陕县李村乡龙脖村南洛峪口组、黄连垛组实测地质剖面。剖面位于陕县李村乡龙脖村南 500m（见图 2-37），剖面起点坐标：$X = 3830792$，$Y = 19560336$；剖面终点坐标：$X = 3830619$，$Y = 19560859$。

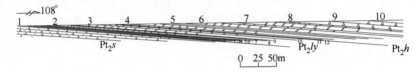

图 2-37　陕县李村乡龙脖村洛峪口组、黄连垛组实测地质剖面

上覆地层：黄连垛组透镜状石英砂岩

———— 整合 ————

洛峪口组   厚度 24.27m

10. 灰白色厚层状白云岩，单层厚 0.50~0.90m，偶见纹层状燧石条带，
　　发育叠层石   1.4m

9. 灰白色中薄层状燧石条带白云岩，燧石条带多呈条带状，局部呈团块状，
　　单条带厚 1~5cm，密度为每米 8~12 条，发育波状叠层石   5.8m

8. 灰白色厚层状燧石条带白云岩，3 个单层，单层厚由下而上依次为 0.50m、
　　0.90m、0.80m，燧石条带呈长条状、眼球状，单条带厚 1~5cm   2.2m

7. 灰白色中厚层状燧石条带白云岩，5 个单层，单层厚 0.10~0.30m   1m

6. 紫红色薄层状弱白云石化鲕粒硅质岩，底部有泥砾，上部有白云石砾 0.4m

5. 灰白色中厚层状硅质条带微晶-粉晶白云岩，硅质条带呈长条状、透镜状、
　　串珠状，单条厚 2~5cm，上下界面多呈凹凸不平状发育于白云岩层面上，
　　成分为硅质白云岩，发育叠层石   7.11m

4. 肉红色凝灰岩，主要由细火山灰、铁质和少量晶屑及正常沉积碎屑组成。
　　火山灰粒径小于 0.005mm，火山灰中含 20% 左右的铁质，有些铁质和少
　　量火山灰组成球形火山灰球分散在火山灰中，直径小于 0.5mm。少量石
　　英晶屑呈尖棱角状或次棱角状。岩石中含少量正常沉积碎屑，为圆状、
　　次圆状、次棱角状石英和硅质岩屑   0.3m

3. 紫红色厚层状含铁质泥晶白云岩，主要由白云石、氧化铁及粉砂质组成。
　　底部含白云质砾，顶部与凝灰岩渐变过渡   1.06m

2. 灰白色厚层状微晶白云岩，底部含砾石，砾石成分为白云岩   1.36m

1. 灰绿色、紫红色页岩，下部灰绿色，上部紫红色，表层风化呈碎屑状 4.64m

———— 整合 ————

下覆地层：三教堂组　紫红色石英砂岩

2.4.1.2 岩性特征及区域变化

A 小沟背组（Pt_2xg）

小沟背组分布于陕县宫前北东凡乡连家洼及李村北熊耳山一带，为一套河流相碎屑岩沉积。主要岩性：下部为紫红色粗、中、细砾岩，夹透镜状砂砾岩，发育交错层理，槽状交错层理，砾岩底部常见冲刷现象，砾石成分以安山岩、大斑安山岩为主，其次为脉石英、石英岩。砾径一般为5~100mm，最大约15cm，次圆状-次棱角状，无分选，胶结物以绢云母-水云母为主，少量氧化铁、硅质；上部为含砾石英砂岩（见图2-38），厚12.61~30.2m。下与熊耳群马家河组安山岩平行不整合接触（见图2-39）。

图 2-38 小沟背组含砾砂岩

B 云梦山组（Pt_2y）

云梦山组分布于陕县宫前北东凡乡连家洼及李村乡王营-王庄及李村北熊耳山一带，为一套陆源碎屑岩沉积，厚17.75~51.99m，由西向东减薄。主要岩性

图 2-39　李村乡熊耳山西小沟背组与云梦山组接触关系

以西部连家洼剖面为代表，下部为灰红色粗-中粒石英杂砂岩与紫红色中、细粒石英杂砂岩互层，杂砂岩底部常见冲刷构造，底部石英杂砂岩中含脉石英、安山岩、流纹岩砾石；中部为灰红色中、细粒石英杂砂岩与紫红色中、细粒石英杂砂岩互层，沉积构造以斜层理、波痕为主（见图 2-40），部分交错层理、砂纹层理、水平层理；上部为灰红色纹层状中粒石英砂岩；顶部为灰黄色含砾屑砂质白云岩，砾屑成分为砂岩。厚 51.99m，与下伏小沟背组灰红色含砾石英砂岩平行不整合接触。

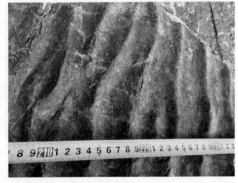

图 2-40　云梦山组石英砂岩中的干涉波痕

由西部连家洼地区向东至王营-王庄地区，云梦山组厚度减薄为 17.75m，下部灰红色、紫红色石英杂砂岩相变为灰红色长石砂岩；中部出现 5.72m 厚的灰红色薄层状泥岩；上部灰红色纹层状中粒石英砂岩相变为灰白色中细粒石英砂岩；顶部缺失灰黄色含砾屑砂质白云岩。但在其上覆白草坪组下部灰红色长石（石英）砂岩中常出现不稳定的透镜状含砾砂岩，砾石成分为白云岩，砾石呈次圆状、棱角状，大小 1~5cm，分选性差（见图 2-41），表明该地区云梦山组顶部白云岩沉积不稳定，在沉积缺失白云岩的地区以云梦山组灰白色石英砂岩（沙坝）顶面为标志的划分方案是正确的。

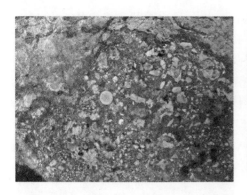

图 2-41 白草坪组下部含白云岩砾砂岩

C 白草坪组（Pt_2b）

白草坪组分布于陕县宫前北东凡乡连家洼及李村乡王营-王庄一带。为一套陆源碎屑岩沉积，厚 17.27~93.24m，由西向东厚度增大。

白草坪组岩性组合在区内变化较大。西部连家洼地区白草坪组厚 17.27m，主要岩性下部为灰红色薄层状中-细粒石英杂砂岩，与紫红色粉砂质铁质泥岩、灰绿色粉砂质铁质泥岩构成 4 个沉积旋回，砂岩底部常含泥砾，灰绿色泥岩顶面常见波痕、泥裂；上部为灰红色薄层状中细粒石英杂砂岩与紫红色粉砂质铁质泥岩互层（见图 2-42），夹灰绿色泥岩，砂岩底部偶含泥砾，灰绿色泥岩顶面见泥裂。下以灰红色薄层状中-细粒含泥砾石英杂砂岩与云梦山组灰黄色含砾砂质白云岩整合接触。

图 2-42 白草坪组泥岩夹薄层砂岩

东部王营-王庄一带白草坪组厚 93.24m，下部由浅灰红色厚层状中粗粒石英砂岩、灰红色（偶见灰绿色）薄-中厚层状长石石英砂岩与泥岩互层构成三个沉积旋回，夹透镜状含砾砂岩，砾石成分为白云岩，呈次圆状、棱角状，大小 1～5cm，分选性差（见图 2-41）；上部为灰白、灰红色薄层状长石石英砂岩与泥质粉砂岩互层，夹灰绿色薄层状泥质粉砂岩及海绿石长石砂岩。砂岩中发育小型波痕（见图 2-43），底部常有下层泥岩冲刷槽的印模。下以灰红色长石石英砂岩与下伏云梦山组灰白色中细粒石英砂岩整合接触。

图 2-43　白草坪组砂岩中小型波痕

D　北大尖组（Pt$_2$bd）

北大尖组分布于陕县宫前北东凡乡连家洼及李村乡王营-王庄一带。为一套陆源碎屑岩沉积，厚 25.70～236.62m，厚度变化趋势为由东向西厚度增大。

北大尖组在区内岩性组合变化较大，在陕县王庄地区主要岩性下部为紫红色中厚层状石英砂岩、灰红色中薄层状石英砂岩，夹紫红色薄-中厚层状长石石英砂岩、浅肉红色、紫红色泥质粉砂岩、粉砂质泥岩及少量含铁质角砾砂岩；上部为灰白色中厚-厚层状石英砂岩、沉积石英岩夹紫红色中厚层状石英砂岩、少量灰绿色泥质粉砂岩；顶部为灰色中厚层状燧石条纹粉晶-微晶白云岩，含同心圆环状叠层石。厚 25.7m。下以紫红色中厚层状沉积石英岩底面与白草坪组褐黄色含铁质泥页岩分界。

含砂白云岩层被挤压成揉皱（见图 2-44）；中部为细-中粒石英砂岩；下部为长石砂岩及含铁质泥砾石英砂岩（见图 2-45），砂岩发育大型不对称波痕（见图 2-46）。

向西至陕县李村乡王营李米庄一带北大尖组未见顶，厚大于 84.65m，主要岩性为灰白色中厚层状与薄层状中粗-中细粒长石石英砂岩互层，灰白色薄层状长石石英砂岩与（夹）泥质粉砂岩互层。下以灰白色中厚层状中粗-中细粒长石石英砂岩为标志与下伏白草坪组灰白色粉砂质泥岩整合接触。再向西至陕县宫前乡连家洼地区，北大尖组未见顶，厚度大于 236.62m，主要岩性自下而上可分为6部分。

图 2-44 北大尖组顶部白云岩夹层及揉皱变形

图 2-45 北大尖组底部含铁质泥砾砂岩

图 2-46 北大尖组砂岩不对称波痕

（1）底部为灰白色中厚层状细粒石英砂岩，之上灰红色中厚层状粗-中粒（含泥砾）（含海绿石）石英砂岩与褐灰色-褐红色中厚层状粗-中粒铁质石英砂岩互层，厚 45.99m。

（2）灰白色中厚层状与薄层状细-中粒石英砂岩互层，厚 32.32m。

（3）下部为灰白色薄层状长石粉砂岩与灰绿色页片状细粒含海绿石钙质长石砂岩互层；上部为灰绿色页片状细粒含海绿石钙质长石砂岩与紫红色页片状长石粉砂岩互层，厚 44.12m。

（4）灰白色厚层状细-中粒石英砂岩夹少量透镜状紫红色泥岩、粉砂质泥岩，厚 46.02m。

（5）灰白色细粒（长石）石英砂岩与（夹）灰绿色粉砂质泥岩互层，厚 35.16m。

（6）灰绿色中厚层状含海绿石中粒长石砂岩与灰白色中厚层状细粒长石砂岩互层，厚 31.01m。下以灰白色中厚层状细粒石英杂砂岩为标志与下伏白草坪组紫灰色粉砂质泥岩整合接触。

E 崔庄组（Pt_2c）

崔庄组仅在李村龙脖水库南王庄-塔罗一带出露，为一套陆源碎屑岩沉积，厚 92.55m，根据岩性组合分为上下两个岩性断。下段：底部为灰色双峰态石英砂岩；下部为灰绿色含海绿石沉积石英岩、石英砂岩、长石石英砂岩夹泥质粉砂岩、页岩、灰绿色含砾砂岩，由下向上页岩增多并出现少量灰黑色含炭质页岩（见图 2-47 和图 2-48）；上部为灰红色、灰白色长石石英砂岩夹灰绿色页岩、灰黑色泥质页岩；顶部为紫红色中厚层状含铁质石英砂岩。厚 36.09m。上段：下部为灰黑色、灰绿色、紫红色页岩（见图 2-49），夹薄层粉砂岩；中部为紫红色页岩与灰绿色页岩互层；上部为紫红色条纹状粉砂岩，厚 56.46m。下以灰色双峰态石英砂岩底面为标志与下伏北大尖组灰色中厚层状燧石条纹白云岩整合接触。

图 2-47 崔庄组下段下部泥页岩、薄层砂岩

图 2-48 崔庄组下段下部炭质页岩

图 2-49 崔庄组上段紫红色灰绿色页岩

F 三教堂组（Pt$_2$s）

三教堂组仅出露在龙脖水库南下断村一带。主要岩性下部为淡紫红色中厚层状石英砂岩夹含铁锈斑点条带状石英砂岩（见图 2-50）；上部为紫红色条带状石英砂岩，顶面含铁质砾石（见图 2-51），厚 87.56m。下以紫红色中厚层状石英砂岩底面为标志与下伏崔庄组紫红色条纹状粉砂岩整合接触。

G 洛峪口组（Pt$_2$ly）

洛峪口组仅出露在龙脖水库南下断村-塔罗一带。底部为灰绿色、紫红色泥岩（见图 2-52）；下部为含砾细晶白云岩（见图 2-53）及紫红色含铁质泥晶白云岩-紫红色凝灰岩（见图 2-54）；上部为含硅质条带、硅质结核白云岩（见图 2-55），发育叠层石（见图 2-56），厚 24.27m。下以灰绿色泥页岩与下伏三教堂组含铁质砾石英砂岩整合接触（见图 2-51）。

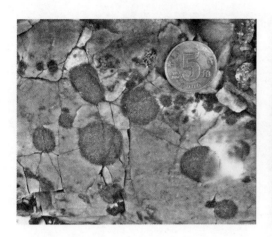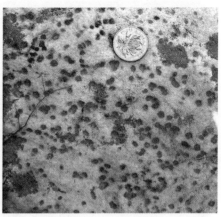

图 2-50　三教堂组石英砂岩中的铁质锈斑

图 2-51　三教堂组顶部铁质角砾

图 2-52　洛峪口组底部泥岩

图 2-53　洛峪口组下部含砾细晶白云岩

图 2-54　洛峪口组下部凝灰岩夹层　　　图 2-55　洛峪口组上部硅质结核

图 2-56　洛峪口组上部白云岩中的叠层石

2.4.1.3　微量元素特征

区内汝阳群微量元素含量值见表 2-8，各组岩石中微量元素丰度分布特征如图 2-57 所示。

表 2-8　汝阳群微量元素特征

地层单元		样品个数	平均值/10^{-6}											
			Cu	Pb	Zn	Cr	Co	Ni	V	Mn	Ti	Sr	Ba	Ca
汝阳群	北大尖组	6	13.5	24.2		11.5		9.7	13.2	256.7	470.0	58.3	238.3	3.8
	白草坪组	1	10.0	20.0	20.0	16.0		3.0	100.0	100.0	100.0	70.0	170.0	26.0
	云梦山组	9	12.6	19.3	22.2	8.9		5.2	16.2	196.7	633.3	126.7	85.6	5.0
克拉克值（维氏，1966）			47	16	83	83	18	58	90	1000	4500	340	650	19

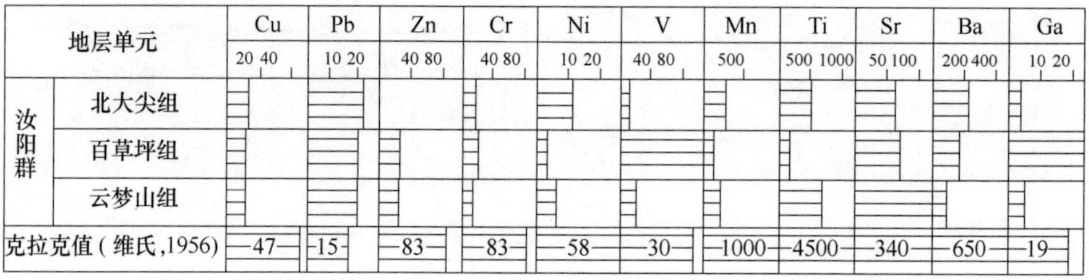

图 2-57　汝阳群微量元素丰值（10^{-6}）

从表 2-8 及图 2-57 可以看出：

（1）研究区汝阳群沉积岩微量元素含量普遍较低。除 Pb 略高于克拉克值（维氏）外，其余元素均显著低于克拉克值。

（2）汝阳群由云梦山组至白草坪组至北大尖组，Sr/Ba 值为 1.48→0.41→0.24，呈变小趋势。

2.4.1.4　基本层序及层序地层划分

研究区汝阳群由连家洼剖面小沟背组-白草坪组+王庄剖面北大尖组-崔庄组下段+塔罗村剖面崔庄组上段-三教堂组+龙脖村剖面洛峪口组构成一个完整的剖面。以这个完整剖面为基础进行了剖面基本层序及层序地层划分。层序地层划分的基本方法为：基本层序划分（Ⅶ～Ⅴ级）—Ⅳ级旋回划分—Ⅲ层序划分—Ⅱ级层序划分。共划分出 42 个基本层序，14 个Ⅳ级旋回，4 个Ⅲ级层序，合并为 1 个Ⅱ级层序（见图 2-58）。

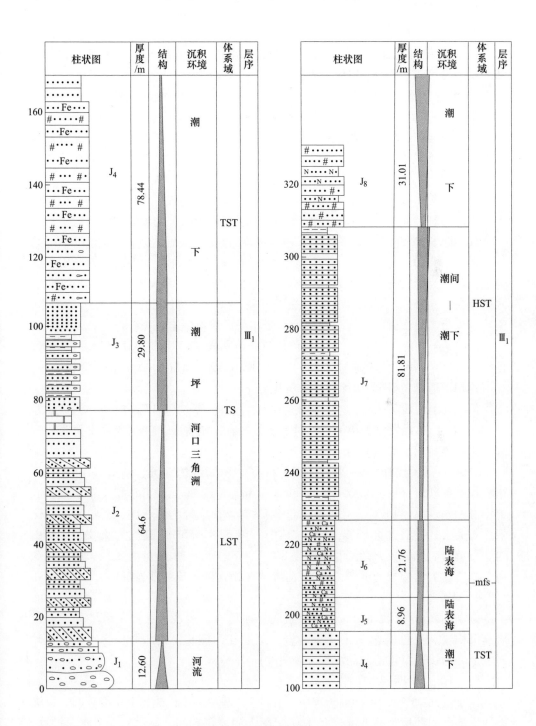

图 2-58 汝阳群层序地层划分

A　Ⅲ1 层序

位于连家洼剖面 1～56 层，与小沟背组+云梦山组+白草坪组一致，厚 95.92m。由 TST、EHS、LHS 三部分组成。

a　SB2

Ⅲ1 层序底界面为小沟背组与下伏熊耳群之间的平行不整合界面，表现为河流相滞留砾岩与下伏熊耳群之间的平行不整合接触。属Ⅱ型不整合。与Ⅱ级旋回 SB2 界面重合。

b　TST

位于剖面 1～24 层，厚 12.61m。由 5 个基本层序构成一个Ⅳ级旋回。由下向上砾岩砾石砾径变小、砂砾岩厚度增大，地层结构为向上变细的退积结构。

J1：见于连家洼剖面 1～2 层。由灰紫色复成分粗砾岩（a）-紫红色中砾岩（b）构成，厚 0.71m。（a）单元砾石含量约 70%，成分以安山岩、大斑安山岩为主，其次为脉石英、石英岩，砾径一般为 5～100mm，最大 150mm，呈次圆状-次棱角状，无分选。（b）单元发育交错层理，砾石含量约 50%，一脉石英为主，流纹岩少量，呈次圆状，无分选。为河流相河道滞留砾岩沉积。

J2：见于剖面 3～6 层，由紫红色复成分粗砾岩（a）-紫红色中砾岩（b）-紫红色细砾岩（c）-紫红色砂砾岩（d）构成，厚 0.55m。（d）单元呈透镜状分布。为河流相河道滞留砾岩-边滩砂砾岩沉积。

J3：见于剖面 7～18 层，由紫红色细砾岩（a）-紫红色砂砾岩（b）构成，厚 3.20m。（a）单元发育交错层理，对下伏地层有冲刷现象。（b）单元发育交错层理。为河流相河道滞留砾岩-边滩砂砾岩沉积。

J4、J5：见于剖面 19～22 层、23～24 层，由紫红色细砾岩（a）-紫红色含砾中粗粒石英砂岩（b）构成，厚 3.73m、4.4m。（a）单元发育槽状交错层理，底界面有冲刷现象。（b）单元砾石含量 2%～20%，成分为脉石英、流纹岩、安山岩、石英岩；砂屑含量 55%～90%，其中石英 52%～85%；其次为流纹岩、安山岩、石英岩、脉石英，杂基及胶结物 8%～14%，以绢-水云母为主，少量氧化铁质、硅质。为河流相河道滞留砾岩-河漫滩亚相含砾石英粗砂岩沉积。

c　mfs 面

位于剖面 25 层底面，与云梦山组底界面重合，表现为在潮下带堆积的高密度流沉积（灰红色粗-中粒石英杂砂岩）上超在河流相河漫滩亚相含砾石英粗砂岩之上。为快速海进造成的沉积环境突变面。

d　EHS（早期高水位体系域）

位于剖面 25～56 层，厚 66.01m。由 10 个基本层序构成 2 个Ⅳ级旋回。Ⅳ级旋回下部沉积环境为潮下带，上部为潮间带-封闭泻湖相，显示为一个海退过程，地层结构为进积结构。

（1）Ⅳ1旋回。

位于剖面25~41层，由4个基本层序组成，厚23.86m。基本层序下部单元砂岩的粒度由下向上变细，沉积环境为潮下带；上部为潮间带，地层结构为加积-进积结构。

J6：见于连家洼剖面25~28层。由灰红色粗-中粒石英杂砂岩（a）-中-细粒石英杂砂岩（b）组成，厚9.90m。（a）单元底面为冲刷面，底部含滞留砾石，砾石呈叶片状，成分为安山岩等。主要矿物成分：砂屑约65%，其中石英60%~63%，少量安山岩、流纹岩、脉石英，杂基及胶结物35%，其中硅质少量为30%，绢云母2%~33%，高岭石小于2%，氧化铁质1%。再生长式胶结。（b）单元常见斜层理。为在潮下带-潮间带堆积的高密度流沉积。

J7、J8：见于剖面29~34层、35~38层。由紫红色、灰红色中粒石英杂砂岩（a）-细粒石英杂砂岩（b）构成，厚4.74m、6.08m。（a）单元底面常见冲刷面，冲刷凹槽深度最深可达20~80cm，底部含叶片状砾石，砾石成分为砂岩、泥岩。（b）单元发育水平层理、斜层理、波痕。为在潮下带上部-潮间带堆积的高密度流沉积。

J9：见于剖面39~41层。由灰红色中-细粒石英杂砂岩（a）-灰红色细粒石英杂砂岩（b）构成，厚3.14m。（a）单元底面冲刷面不明显，局部可见含5%的安山岩岩屑。（b）单元发育板状斜层理、砂纹层理、波痕。为在潮下带上部-潮间带堆积的高密度流沉积。

（2）Ⅳ2旋回。

位于剖面42~56层，厚42.15m。由6个基本层序构成。基本层序下部单元砂岩的粒度由下向上变细，沉积环境为潮下带；上部为潮间带-封闭泻湖相，显示为一个海退过程，地层结构为进积。

J10、J11：见于连家洼剖面42~44层、45~47层。由灰红色粗-中粒石英杂砂岩（a）-中粒石英杂砂岩（b）-细粒石英杂砂岩（c）组成，厚3.37m、3.25m。（a）单元砂屑约65%，其中石英60%~63%，少量安山岩、流纹岩、脉石英。杂基及胶结物35%，其中硅质少量为30%，绢云母2%~33%，高岭石小于2%，氧化铁质1%。再生长式胶结。（b）单元常见斜层理。（c）单元发育纹层状构造。为在潮下带-潮间带堆积的高密度流沉积。

J12、J13：见于剖面48~49层、50~52层。由砖红色、紫红色中-细粒石英杂砂岩（a）-砖红色、紫红色细粒石英杂砂岩（b）构成，厚3.57m、6.10m。（a）单元砂屑65%，其中石英63%，流纹岩、安山岩等约2%，胶结物：硅质30%，水云母3%，氧化铁质2%。（b）单元发育斜层理、砂纹层理。为在潮下带-潮间带堆积的高密度流沉积。

J14：见于剖面53~54层，由紫红色细粒石英杂砂岩（a）-紫红色细粒石英杂砂岩（b）构成，厚 3.21m。（a）单元斜层理。（b）单元发育砂纹层理。为在潮间带堆积的高密度流沉积。

位于剖面 55～56 层，由 1 个基本层序类型组成，厚 22.92m。

J15：见于 55～56 层，由灰红色纹层状中粒石英砂岩（a）-灰黄色含砾屑砂质白云岩（b）构成，厚 22.92m。（b）单元砾屑成分为砂岩。为潮间带石英砂岩-封闭泻湖相白云岩沉积。

e　LHS（晚期高水位体系域）

位于剖面 57～75 层，与白草坪组一致，厚 17.30m。由 3 个基本层序组成一个Ⅳ级旋回。沉积环境稳定在泻湖相-潮上带，地层结构为加积-进积。

J16：见于连家洼剖面 57～64 层。由灰红色中-细粒石英杂砂岩（a）-紫红含粉砂质铁质泥岩（b）-灰绿色粉砂质铁质泥岩（c）组成，厚 2.26m。（a）单元底部含泥砾，见波痕，主要矿物成分：砂屑 65%，其中石英 63%～64%，长石约 1%；杂基及胶结物 35%，其中硅质 15%～20%，氧化铁 10%～15%，海绿石 3%～5%，绢-水云母 1%。（b）单元层面见小型波痕。（b）单元发育小型波痕，水-绢云母 60%，长石 3%～4%，粉末状氧化铁 25%，石英 10%。（c）单元顶面常见泥裂、波痕。为泻湖中堆积的高密度流杂砂岩-紫红色粉砂质铁质泥岩-干枯泻湖相灰绿色粉砂质铁质泥岩沉积，顶面暴露。

J17：见于连家洼剖面 65～72 层。由灰红色中-细粒石英杂砂岩（a）-紫红色、灰红色粉砂质铁质泥岩（b）-灰绿色泥岩（c）组成，厚 2.02m。（a）单元底部含泥砾。（b）单元发育波痕。（c）单元顶面发育泥裂。为在泻湖中堆积的高密度流杂砂岩-粉砂质铁质泥岩-干枯泻湖相灰绿色泥岩沉积，顶面暴露。

J18：见于连家洼剖面 73～75 层。由灰红色中-细粒石英杂砂岩（a）-紫红色含粉砂质铁质泥岩（b）互层组成，厚 13.02m。为在潮上带洼地中堆积的高密度流杂砂岩-粉砂质铁质泥岩。

B　Ⅲ2 层序

位于王庄剖面 1～17 层，与北大尖组一致，厚 25.7m。

a　SB2

SB2 位于剖面王庄剖面 2 层底面，与北大尖组底界面重合。表现为在潮下带堆积的高密度流砂岩上超在泻湖相褐黄色含铁质泥岩沉积之上，为快速海进造成的沉积环境突变面。Ⅲ3 层序只发育 HST，因此 SB2 界面与 TS 面、mfs 重合。HST 进一步划分为 EHS 和 LHS。

b　EHS（早期高水位体系域）

位于剖面 2～8 层，由 4 个基本层序类型构成一个Ⅳ级旋回，厚 9.89m。基本层序下部单元沉积环境由潮下带-潮间带沙坪，向上变浅，地层结构为进积结构。

J19：见于剖面 1～2 层，由紫红色长石砂岩（a）-浅肉红色泥质粉砂岩（b）-

红褐色泥岩（c）-浅肉红色泥质粉砂岩（b）组成，厚0.59m。（a）单元主要矿物成分：长石35%，大小1~3mm，石英65%，粒度1~4mm，磨圆度较好，分选性差。（c）单元厚0.12m。为在潮下带堆积的高密度流砂岩-潮间带泥坪沉积。

J20：见于剖面3~4层，由灰红色长石石英砂岩（a）-紫红色石英砂岩（b）与粉砂岩（c）互层组成，厚3.78m。（a）单元顶面呈波浪状，发育印模、印痕，主要矿物成分：石英85%，长石15%。（b）单元厚0.25~0.10m，向上变薄；局部夹含铁质角砾砂岩，角砾呈长条状、次圆状、扁豆状，长轴平行层面方向排列，为潮汐通道沉积。（c）单元厚0.01~0.30m，向上变厚。为在潮下带上部（浪基面附近）堆积的高密度流砂岩-潮间带沙坪沉积。

J21：见于剖面5~6层，由紫红色石英砂岩（a）-紫红色粉砂岩（b）-紫红色石英砂岩（a）-紫红色泥质粉砂岩（c）-紫红色粉砂质泥岩（d）组成，厚2.91m。（d）单元厚3cm。为潮间带沙坪-泥坪沉积。

J22：见于剖面7~8层，由紫红色石英砂岩（a）-灰绿色泥质砂岩（b）-紫红色石英砂岩（a）-灰红色泥质粉砂岩（c）-紫红色含铁质砂岩（d）-灰红色泥质粉砂岩（c）-灰红色粉砂质泥岩（e）组成，厚2.71m。为潮间带沙坪-泥坪沉积。

c LHS（晚期高水位体系域）

位于剖面9~17层，厚14.71m。由3个基本层序组成一个Ⅳ级旋回。基本层序下部单元沉积环境为潮下带-潮间带；上部为潮上带-海岸平原-封闭泻湖，地层结构为进积。

J23：见于剖面9~10层，由紫红色长石石英砂岩（a）-灰红色长石石英砂岩（b）组成，厚1.57m。（a）单元发育水平层理，层面见泥砾痕及大型对称波痕发育。（b）单元波痕发育。为潮下带上部浪基面附近堆积的高密度流砂岩-潮间带沙坪沉积。为LHS早期短时海进沉积。

J24：见于剖面11~14层，由紫红色石英砂岩（a）-灰红色石英砂岩（b）-紫红色石英砂岩（c）-紫红色泥岩（d）-紫红色石英砂岩（c）-灰白色石英砂岩（e）组成，厚9.06m。（a）单元水平层理、波痕发育，石英含量大于90%。（c）单元波痕发育，厚0.20~0.30m，向上变薄。（d）单元厚1~2cm。（e）单元发育水平层理，石英含量大于95%。为潮间带沙坪-潮间带泥坪-潮上带石英砂岩沉积。

J25：见于剖面15~17层，由紫红色石英砂岩（a）-灰绿色泥质粉砂岩（b）-紫红色石英砂岩（a）-灰白色石英砂岩（c）-灰色燧石条纹粉晶-微晶白云岩（d）组成，厚5.08m。（b）单元厚1~3cm，在走向上断续分布。（c）单元含铁锈斑点，石英含量90%，粒径0.5~3mm。（d）单元发育有同心圆状叠层石。为潮间带沙坪、泥坪-海岸平原沙丘（沙坝）-封闭泻湖相白云岩沉积。

C Ⅲ3层序

位于王庄剖面18~42层+塔罗村剖面2~11层，与崔庄组+三教堂组一致，厚

176.04m。由 TST、EHS、LHS 三部分组成。

　　a　SB2

　　SB2 位于剖面王庄剖面 18 层底面，与崔庄组底界面重合。表现为在风暴浊积岩（双峰态石英砂岩）上超在封闭泻湖相白云岩之上，为沉积环境突变面。

　　b　TST（海侵体系域）

　　位于剖面 18~42 层，厚 21.21m。由 11 个基本层序类型构成 3 个Ⅳ级旋回。TST 以出现大量风暴沉积为特点，Ⅳ级旋回下部单元沉积环境为潮上带-潮下带，地层结构为退积结构。其中Ⅳ级旋回上部（J28）灰黑色含炭质页岩沉积的底面为次级 mfs 面。

　　（1）Ⅳ1 旋回。

　　位于剖面 18~27 层，由 3 个基本层序组成，厚 10.85m。基本层序沉积环境由潮上带-潮下带，向上变深，地层结构为退积结构。

　　J26：见于王庄剖面 18~20 层，由灰色双峰态石英砂岩（a）-灰绿色含海绿石石英砂岩（b）-灰绿色泥钙质粉砂岩（c）-灰绿色含海绿石石英砂岩（b）组成，厚 3.64m。（a）单元石英磨圆度好，分选性差。其中中粗粒石英磨圆度较好，呈圆形、次圆形；细粒石英磨圆度较差，多为棱角状、次棱角状，胶结物主要为铁质，少量水云母，空隙式胶结。（b）单元石英含量 85%~90%，粒径 0.5~2mm，鱼子状海绿石 10%，粒径 0.5~3mm，其他 0~5%。（c）单元厚 1~2cm。为堆积在潮上带洼地中的风暴浊积砂岩-泥钙质粉砂岩沉积。

　　J27：见于剖面 21~23 层，由灰绿色含砾砂岩（a）-灰绿色含海绿石石英砂岩（b）-灰绿色石英砂岩（c）-灰绿色页岩（d）-灰绿色石英砂岩（c）组成。厚 3.48m。（a）单元角砾含量 70%，粒径 9~12cm，呈次圆状、扁球状、长带状，分选性较差，砾石成分为砂岩，磨圆度良好，基质主要为石英，含量 30%，粒径 2~6mm，磨圆度良好，基底式胶结。（b）单元水平层理发育。（d）单元厚 0.5~20cm，向上变薄。为堆积在潮下带的风暴浊积砂砾岩-潮下带灰绿色页岩沉积。

　　J28：见于剖面 24~27 层，由灰绿色石英砂岩（a）-灰黑色含炭质页岩（b）-灰绿色泥质页岩（c）-灰绿色石英砂岩（a）组成。厚 3.73m。（a）单元石英含量大于 90%。（c）单元中夹透镜状、长条状砂质条带。为堆积在潮下带的风暴浊积砂岩-潮下带灰黑色含炭质页岩-灰绿色泥质页岩沉积。其中灰黑色含炭质页岩底面为次级 mfs 面。

　　（2）Ⅳ2 旋回。

　　位于剖面 28~31 层，厚 5.14m。由 2 个基本层序组成 1 个Ⅳ级旋回。基本层序下部单元沉积环境为潮下带，上部为潮下带灰绿色页岩-灰黑色泥质页岩，向上变深，地层结构为退积结构。

　　J29：见于剖面 28~29 层，由灰红色长石砂岩（a）-灰红色长石石英砂岩

(b)-灰绿色页岩（c）-灰红色长石石英砂岩（b）组成。厚3.88m。（a）单元石英含量65%，粒径0.5~3mm，长石35%，粒径0.5~4mm，磨圆度一般，分选性差。（c）单元厚1~10cm，向上变薄。为堆积在潮下带的风暴浊积砂岩-灰绿色页岩沉积。

J30：见于剖面30~31层。由灰白色长石石英砂岩（a）-灰黑色泥质页岩（b）组成。厚1.26m。（a）单元石英含量75%，长石25%，粒径3~5mm，磨圆度良好，分选性一般。为堆积在潮下带的风暴浊积石英砂岩-灰黑色泥质页岩沉积。

（3）Ⅳ3旋回。

位于剖面32~42层，厚21.63m。由4个基本层序组成1个Ⅳ级旋回。沉积环境稳定在潮下带，地层结构为加积。

J31：见于剖面32~34层，由灰红色长石砂岩（a）-灰红色长石石英砂岩（b）-灰绿色页岩（c）组成。厚2.30m。（a）单元石英含量65%，粒径0.5~3mm，长石35%，粒径0.5~4mm，磨圆度一般，分选性差。为堆积在潮下带的风暴浊积砂岩-灰绿色页岩沉积。

J32、J33：剖面35~36层、37~38层。由灰白色长石石英砂岩（a）-灰绿色页岩（b）-灰白色长石石英砂岩（a）组成。厚3.65m、2.61m。（a）单元石英含量70%~75%，粒径1~8mm，长石25%~30%，磨圆度良好，分选性差。为堆积在潮下带的风暴浊积砂岩-灰绿色页岩沉积。

J34：见于剖面39~40层，由灰红色长石砂岩（a）-灰红色长石石英砂岩（b）与灰绿色页岩（c）互层-灰红色长石石英砂岩（b）组成。厚6.06m。（a）单元石英含量75%，粒径1~3mm，长石25%，磨圆度一般，分选性差。为堆积在潮下带的风暴浊积砂岩-灰绿色页岩沉积。

J35：见于剖面41~42层。由灰白色长石石英砂岩（a）-紫红色含赤铁矿、菱铁矿石英砂岩（b）组成。厚7.01m。（a）单元石英含量75%，长石25%。为堆积在潮下带的长石石英砂岩-含铁石英砂岩沉积。

c mfs面及饥饿段（SS）

位于塔罗村剖面1层底界面，与崔庄组二段底界面重合。岩性为快速海进形成的缺氧事件沉积-灰黑色页岩，与TST为连续过渡关系。该界面与Ⅱ级旋回mfs面重合。饥饿段（SS）沉积由J36下部（塔罗村剖面2层）厚6.17m的灰黑色页岩为代表。

d EHS

见于塔罗村剖面2~4层，厚18.95m。由1个基本层序构成1个Ⅳ级旋回组成。由潮下带沉积的颜色（由黑变红）、岩性（由页岩-粉砂岩）变化显示为海退过程，地层结构为进积结构。

J36：由灰黑色页岩（a)-灰绿色页岩（b)-紫红色粉砂岩（c）组成。厚18.95m。为快速海进形成的潮下带灰黑色页岩-潮下带下部灰绿色页岩-潮下带上部粉砂岩沉积。

e　LHS

见于塔罗村剖面5~11层，厚124.19m。由2个基本层序组成2个Ⅳ级旋回。Ⅳ级旋回下部单元沉积环境由潮下带-潮间带，沉积环境向上变浅，地层结构为进积结构。

（1）Ⅳ1旋回。

位于塔罗村剖面5~9层。厚92.09m。由1个基本层序组成1个Ⅳ级旋回。沉积环境向上变浅，地层结构为进积结构。

J37：见于塔罗村剖面5~9层。由紫红色页岩（a)-灰绿色页岩（b）与紫红色页岩（a）互层-紫红色条纹状粉砂岩（c)-淡紫红色石英砂岩（c)-紫红色含铁锈斑点条带状石英砂岩（c）组成。厚92.09m。为潮下带上部紫红色页岩-灰绿色页岩-粉砂岩-潮间带石英砂岩-潮上带海岸沙丘石英砂岩沉积。

（2）Ⅳ2旋回。

位于塔罗村剖面10~11层。厚32.10m。由1个基本层序组成1个Ⅳ级旋回。沉积环境向上变浅，地层结构为进积结构。

J38：见于塔罗村剖面10~11层。由淡紫红色石英砂岩（a)-紫红色含铁锈斑点条带状石英砂岩（b）组成，厚32.10m。（b）单元顶部见铁锈斑点和铁质砂砾石。为潮间带石英砂岩-潮上带海岸沙丘石英砂岩沉积。

D　Ⅲ4层序

位于龙脖村剖面1~10层，与洛峪口组一致，厚24.27m。由TST、EHS、LHS三部分组成。

a　SB2

SB2位于龙脖村剖面1层底界面，与洛峪口组底面重合。表现为潮下带灰绿色页岩上超在海岸沙丘砂岩之上。为沉积环境突变面。

b　TST（海侵体系域）

位于剖面1层，厚4.64m。由1个基本层序构成1个Ⅳ级旋回，沉积环境由潟湖相深湖亚相-浅湖亚相，向上变浅，地层结构为进积结构。

J39：见于龙脖村剖面1层。由灰绿色页岩（a)-紫红色页岩（b）组成，厚4.64m。为潟湖相深湖亚相灰绿色页岩-浅湖亚相紫红色页岩沉积。

c　mfs

位于龙脖村剖面2层底面，表现由碎屑岩滨浅海转变为碳酸盐岩台地沉积的地层结构转换面。

d　EHS

位于剖面2~5层，厚10.23m。由2个基本层序组成1个Ⅳ级旋回。基本层序下部单元由含白云岩砾石-含硅质条带，显示沉积环境向上变浅，地层结构为进积结构。

J40：见于剖面2~4层。由灰白色含砾微晶白云岩（a）-紫红色含砾含铁质泥晶白云岩（b）-肉红色凝灰岩（c）组成。厚2.72m。（a）单元底部含白云岩砾石。（b）单元底部含白云岩砾石，顶部与（c）单元渐变过渡。（c）单元主要由细火山灰、铁质和少量晶屑及正常沉积碎屑组成。火山灰粒径小于0.005mm，火山灰中含20%左右的铁质，有些铁质和少量火山灰组成球形火山灰球分散在火山灰中，直径小于0.5mm。少量石英晶屑呈尖棱角状或次棱角状。岩石中含少量正常沉积碎屑，为圆状、次圆状、次棱角状石英和硅质岩屑。为局限台地白云石灰泥流-局限台地池沼亚相凝灰岩沉积。

J41：见于剖面5~6层。由灰白色硅质条带、团块微晶-粉晶白云岩（a）-紫红色弱白云石化鲕粒硅质岩（b）组成。厚7.51m。（a）单元上下层面多为凹凸不平状，产波状叠层石。（b）单元底部有泥砾，上部有白云岩砾。为局限台地潮坪亚相白云岩-局限台地池沼亚相硅质岩沉积。

e　LHS

位于剖面7~10层，厚10.30m。由1个基本层序构成1个Ⅳ级。由白云岩-叠层石白云岩沉积显示向上变浅，地层结构为进积结构。

J42：见于剖面7~10层。由灰白色燧石条带、团块白云岩（a）-灰白色叠层石白云岩（b）组成。厚10.30m。为局限台地潮坪亚相白云岩沉积。

Ⅲ4层序顶界面位于剖面10层顶部，与黄连垛组底界面重合，表现为黄连垛组底部砂岩上超不整合在叠层石白云岩之上。为SB2界面，与Ⅱ级旋回SB2界面重合。

2.4.1.5　地层划分对比及时代归属

A　地层划分对比

1956~1958年，原地质部西北地质局区域地质测量队（I-49-(16) 洛宁幅）将分布于崤山东部李村幅李米庄-塔罗村一带熊耳群之上的一套碎屑岩和碳酸盐岩划分为高山河组和官道口群龙家园组，本书认为该套碎屑岩及碳酸盐岩的下部与汝阳群在岩石组合、地层结构上完全可以对比，因此改划为汝阳群，并进一步划分为小沟背组、云梦山组、白草坪组、北大尖组、崔庄组、三教堂组、洛峪口组。上部的碳酸盐岩进一步划分为蓟县系黄连垛组、寒武系罗圈组、辛集组、朱砂洞组和馒头组。

B　时代归属

（1）汝阳群与下伏熊耳群呈角度或平行不整合接触，其上被黄连垛组不整合覆盖，上下界限清楚。

（2）苏文博等人（2012）在临汝市寄料剖面汝阳群洛峪口组上部凝灰岩夹层中获得锆石 LA-MC-ICPMSU-Pb 年龄值（1611±8）Ma，推测汝阳群形成于1780～1600Ma，属晚长城世。本地区龙脖剖面洛峪口组也发育有凝灰岩层位（剖面第4层），表明洛峪口组晚期的火山凝灰岩分布稳定，可以作为地层划分对比及时代确定依据。

2.4.2　高山河组（Pt_2g）

高山河组分布于寺河幅西南的大凹、木匠沟一带，向西、向南延入邻幅，出露面积 1.049km²，内分上下两个段。

2.4.2.1　剖面描述

灵宝市苏村乡固水高山河组实测剖面如图 2-59 所示。剖面位于灵宝市苏村乡固水，剖面终点在南邻官道口幅。剖面起点坐标：$X=3801120$，$Y=19502840$；剖面终点坐标：$X=3800710$，$Y=19502860$。

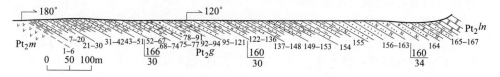

图 2-59　灵宝市苏村乡固水高山河群实测剖面

（数据来源：河南地矿局地调一队，1996，略加修改）

上覆地层：官道口群龙家园组　褐红色含硅质团块、条带叠层石白云岩

————————　整合　————————

高山河组	厚度 345.3m
上段	270.72m
167. 肉红色细粒含海绿石长石砂岩、紫红色-灰绿色粉砂质页岩互层	5.0m
166. 肉红色细粒含海绿石长石砂岩，具水平层理，夹2层厚1～2cm灰绿色粉砂质页岩	4.8m
165. 紫灰色细粒石英砂岩，具水平层理、斜层理，顶部夹1～2cm灰绿色页岩	1.0m
164. 下部灰白色，上部渐变为灰褐色细粒海绿石长石石英砂岩，夹灰绿色粉砂质页岩	45.0m
163. 第四系覆盖	1.8m
162. 肉红色细粒长石砂岩	2.4m
161. 灰紫色厚层状细粒石英砂岩	4.0m
160. 第四系覆盖	4.0m

159. 紫红色厚层状不等粒石英砂岩   4.0m

158. 第四系覆盖   8.4m

157. 紫红-紫灰色厚层状不等粒石英砂岩,层面具波痕   10.5m

156. 浅肉红色厚层状细粒石英砂岩,顶部具波痕   9.3m

155. 褐灰色钙质细粒长石砂岩,具水平层理,夹灰绿色粉砂质页岩   25.0m

154. 浅肉红色厚层状中细粒石英砂岩、斑点状中粒石英砂岩,具波痕   8.8m

153. 褐灰色钙质海绿石长石砂岩,具水平层理,夹灰绿色粉砂质页岩,由下
向上砂岩厚度变小,页岩厚度增大   10.0m

152. 浅肉红色中细粒石英砂岩、紫红色泥岩互层,单层厚 5~20cm,尖波痕   2.0m

151. 紫红色泥岩,夹两层厚 10~20cm 中细粒石英砂岩   1.5m

150. 浅肉红色夹紫红色中细粒石英砂岩,具波痕   1.5m

149. 浅灰白色-白色厚层状细粒石英砂岩,具波痕(沙坝沉积)   2.0m

148. 紫红色中粗粒石英砂岩、紫红色泥岩互层,单层厚 20~30cm,具波痕   1.4m

147. 浅肉红色细粒石英砂岩,具波痕、泥裂   1.0m

146. 紫红色中粗粒石英砂岩,具斜层理,顶部夹 10cm 紫红色泥岩,顶面
具波痕   0.6m

145. 浅肉红色中细粒石英砂岩,具波痕,下部夹一层 10cm 紫红色泥岩   0.4m

144. 紫红色泥岩、浅肉红色中细粒石英砂岩互层,石英单层厚 2~10cm,
由下向上厚度增大   2.5m

143. 浅肉红色中细粒石英砂岩、紫红色泥岩互层,泥岩单层厚 10~15cm,
砂岩层面见波痕   3.2m

142. 灰紫色中细粒石英砂岩,具斜层理,顶面见波痕   1.6m

141. 紫红色泥岩、浅肉红色中细粒石英砂岩互层,单层厚 15~30cm,
层面见波痕、泥裂   2.0m

140. 灰紫色夹浅肉红色细粒石英砂岩,具水平层理、斜层理   1.5m

139. 紫红色泥岩   1.5m

138. 紫红色含泥砾粗粒石英砂岩与肉红色细粒石英砂岩互层,夹灰绿色泥岩、
紫红色泥岩   1.4m

137. 紫红色泥岩   2.0m

136. 灰紫色细粒石英砂岩   7.3m

135. 紫红色泥岩   3.7m

134. 浅肉红色细粒石英砂岩   11.2m

133. 紫红色泥岩   0.48m

132. 灰白色细粒石英砂岩   0.40m

131. 灰绿色泥岩   0.55m

130. 灰白色细粒石英砂岩   0.30m

129. 灰绿色泥岩   0.20m

128. 灰白色含泥砾细粒石英砂岩   0.50m

127. 灰绿色泥岩   0.70m

126. 灰白色细粒石英砂岩，含 3%~5% 的海绿石　　　　　　　　　　0.80m

125. 灰绿色泥岩　　　　　　　　　　　　　　　　　　　　　　　　0.70m

124. 灰白色细粒石英砂岩，含磁铁矿、海绿石约 3%　　　　　　　　0.30m

123. 灰绿色泥岩，底部夹厚 2~3cm 宽的细粒石英砂岩　　　　　　　0.50m

122. 浅肉红色细粒含砾石英砂岩，含石英质砾石 3%~10%，砾径 2~3mm，
发育有泥裂　　　　　　　　　　　　　　　　　　　　　　　　0.80m

121. 紫红色泥岩，含灰绿色脱水斑　　　　　　　　　　　　　　　　5.40m

120. 灰绿色泥岩　　　　　　　　　　　　　　　　　　　　　　　　1.15m

119. 淡红色粉砂质泥岩，粉砂含量约 15%~20%　　　　　　　　　　1.00m

118. 紫红色泥岩　　　　　　　　　　　　　　　　　　　　　　　　0.85m

117. 浅肉红色细粒石英砂岩　　　　　　　　　　　　　　　　　　　0.30m

116. 紫红色泥岩　　　　　　　　　　　　　　　　　　　　　　　　0.42m

115. 浅肉红色细粒石英砂岩　　　　　　　　　　　　　　　　　　　0.20m

114. 紫红色泥岩夹厚 0.5~3cm 厚的砂岩条带　　　　　　　　　　　0.90m

113. 浅肉红色细粒石英砂岩夹厚 1~2cm 的泥质条带，波痕发育　　　0.75m

112. 紫红色泥岩　　　　　　　　　　　　　　　　　　　　　　　　0.10m

111. 浅肉红色细粒石英砂岩，含泥砾，顶面有波痕　　　　　　　　　0.23m

110. 紫红色泥岩，含灰绿色脱水斑　　　　　　　　　　　　　　　　0.37m

109. 灰色细粒石英砂岩夹厚 1~2cm 的泥岩条带，顶面具泥砾　　　　0.45m

108. 紫红色泥岩夹紫红色细粒石英砂岩条带　　　　　　　　　　　　0.47m

107. 浅肉红色含泥砾细粒石英砂岩，砾石在底部发育，顶部夹紫红色泥岩条带　0.26m

106. 紫红色泥岩，含灰绿色脱水斑　　　　　　　　　　　　　　　　0.32m

105. 浅肉红色细粒石英砂岩，层面处夹 1~2cm 紫红色泥岩　　　　　0.7m

104. 紫红色泥岩，上部 0.2m 夹 2 层薄层状浅肉红色细粒石英砂岩　　1.2m

103. 浅肉红色中细粒石英砂岩，顶部具波痕　　　　　　　　　　　　0.4m

102. 紫红色泥岩　　　　　　　　　　　　　　　　　　　　　　　　0.4m

101. 浅肉红色细粒石英砂岩，局部见泥砾，顶面见波痕　　　　　　　0.4m

100. 下部灰绿色，上部紫红色泥岩　　　　　　　　　　　　　　　　0.6m

99. 浅肉红色细粒石英砂岩　　　　　　　　　　　　　　　　　　　1.5m

98. 紫红色泥岩，含脱水斑　　　　　　　　　　　　　　　　　　　1.0m

97. 第四系覆盖　　　　　　　　　　　　　　　　　　　　　　　　6.0m

96. 紫红色砾屑泥岩夹条带状、薄层状浅肉红色细粒石英砂岩，石英夹层向
上增多，含脱水斑及黑色磁铁矿条纹。岩石为铁质泥岩原地破碎后为泥
砂质胶结而成，含脱水斑　　　　　　　　　　　　　　　　　　1.2m

95. 浅肉红色细粒石英砂岩，夹薄层不稳定紫红色泥岩　　　　　　　0.9m

94. 紫红色泥岩　　　　　　　　　　　　　　　　　　　　　　　　3.0m

93. 紫红色-浅肉红色含砾细粒石英砂岩，夹薄层紫红色-灰绿色泥岩，砾石
成分为紫红色泥岩、铁泥质白云岩，砾径 0.5cm，呈不规则状、长条状、
次棱角状　　　　　　　　　　　　　　　　　　　　　　　　　1.1m

92. 紫红色泥岩　　　　　　　　　　　　　　　　　　　　　　　　　　0.6m

91. 紫红色-浅肉红色含泥砾中粗粒石英砂岩，夹薄层（10~20cm）紫红色
泥岩，砾石成分以紫红色泥岩为主，砾径 0.3~0.5cm　　　　　　　15.0m

90. 紫红色泥岩　　　　　　　　　　　　　　　　　　　　　　　　　　0.25m

89. 紫红色中粗粒含泥砾石英砂岩，砾石成分以紫红色泥岩为主，顶面具波痕　0.7m

88. 紫红色泥岩　　　　　　　　　　　　　　　　　　　　　　　　　　0.2m

87. 紫红色中粗粒含泥砾石英砂岩，砾石成分以紫红色泥岩为主，顶面具波痕　0.7m

86. 紫红色泥岩　　　　　　　　　　　　　　　　　　　　　　　　　　0.25m

85. 紫红色夹浅肉红色中粗粒含泥砾石英砂岩，砾石成分以紫红色泥岩为主，
顶面具波痕　　　　　　　　　　　　　　　　　　　　　　　　　　1.0m

84. 紫红色泥岩　　　　　　　　　　　　　　　　　　　　　　　　　　0.4m

83. 紫红色夹灰色白色中粗粒含泥砾石英砂岩，砾石成分以紫红色泥岩为主，
砾径 0.3~0.5cm　　　　　　　　　　　　　　　　　　　　　　　0.6m

82. 紫红色砾岩，砾石成分以紫红色泥岩为主，砾径 0.3~0.5cm　　　　　0.4m

81. 紫红色泥岩　　　　　　　　　　　　　　　　　　　　　　　　　　0.4m

80. 紫红色中粗粒含泥砾石英砂岩，砾石成分以紫红色泥岩为主，砾径
0.2~2.0cm　　　　　　　　　　　　　　　　　　　　　　　　　0.6m

79. 紫红色泥岩　　　　　　　　　　　　　　　　　　　　　　　　　　0.4m

78. 浅肉红色中细粒石英砂岩　　　　　　　　　　　　　　　　　　　　1.2m

77. 紫红色薄层状含砾粗粒石英砂岩与石英砂岩互层，具水平层理，砾石
成分为流纹岩、安山岩和结晶白云岩，砾径 2~3mm　　　　　　　　2.0m

76. 紫红色砾岩，磨圆度好，砾径 0.3~0.8cm　　　　　　　　　　　　0.1m

75. 浅肉红色中粒含泥砾石英砂岩，具水平层理、斜层理，砾石成分以紫
红色泥岩为主，砾径 0.3~6.5cm　　　　　　　　　　　　　　　　1.0m

74. 紫红色微-薄层状含砾含砂质结晶白云岩团块中细粒石英砂岩，砾径
0.3~0.5cm　　　　　　　　　　　　　　　　　　　　　　　　　1.5m

73. 紫红色中细粒石英砂岩，具水平层理　　　　　　　　　　　　　　2.5m

72. 浅肉红色中细粒石英砂岩　　　　　　　　　　　　　　　　　　　　2.4m

71. 灰紫色夹灰白色砂质砾岩　　　　　　　　　　　　　　　　　　　　1.2m

70. 灰紫色砂质砾岩　　　　　　　　　　　　　　　　　　　　　　　　1.2m

69. 灰紫色夹灰白色砂质砾岩，具水平层理，砾径 0.3~15cm　　　　　　0.8m

68. 灰紫色砂质砾岩，与下伏地层冲刷接触，砾石成分主要为脉石英、石英
及流纹岩、安山岩、泥岩等，定向排列，砾径 0.3~15cm，为滞留砾岩　1.6m

下段　　　　　　　　　　　　　　　　　　　　　　　　　　　　　74.58m

67. 紫红色、肉红色中细粒石英砂岩互层，局部含泥砾，顶部为透镜状紫
红色泥岩　　　　　　　　　　　　　　　　　　　　　　　　　　2.5m

66. 紫红色泥岩　　　　　　　　　　　　　　　　　　　　　　　　　　0.5m

65. 浅肉红色中粗粒石英砂岩，顶面具波痕　　　　　　　　　　　　　　0.6m

64. 紫红色中粗粒石英砂岩，具水平层理，顶面具波痕　　　　　　　　　0.4m

63. 紫红色厚层状中粗粒石英砂岩，顶面具波痕　　　　　　　　　　1.0m

62. 紫红色中粗粒石英砂岩，具水平层理、斜层理，顶面具波痕　　1.0m

61. 紫红色厚层状中粗粒石英砂岩，具水平层理　　　　　　　　　　1.8m

60. 紫红色中-中粗粒石英砂岩，具水平层理，顶面具波痕　　　　　0.80m

59. 紫红色中粗粒石英砂岩，具水平层理、斜层理，顶面具波痕　　1.0m

58. 浅肉红色中粗粒石英砂岩，顶面具波痕　　　　　　　　　　　　0.6m

57. 紫红色中粗粒石英砂岩，具斜层理，顶面具雨痕　　　　　　　　0.25m

56. 浅肉红色中粗粒石英砂岩，具水平层理　　　　　　　　　　　　0.17m

55. 紫红色中粗粒石英砂岩，具斜层理，顶面具波痕　　　　　　　　0.28m

54. 紫红色夹浅肉红色中粗粒石英砂岩，顶面具波痕　　　　　　　　0.50m

53. 浅肉红色粗-中粒石英砂岩，顶面具波痕　　　　　　　　　　　　0.5m

52. 紫红色中粗粒石英砂岩，具水平层理，顶面具波痕　　　　　　　0.5m

51. 紫红色粉砂质铁质泥岩　　　　　　　　　　　　　　　　　　　0.9m

50. 浅肉红色中粒石英砂岩　　　　　　　　　　　　　　　　　　　0.3m

49. 紫红色粉砂质铁质泥岩　　　　　　　　　　　　　　　　　　　0.9m

48. 肉红色中细粒石英砂岩，具水平层理　　　　　　　　　　　　　0.5m

47. 紫红色粉砂质铁质泥岩　　　　　　　　　　　　　　　　　　　1.5m

46. 浅肉红色中细粒石英砂岩，具水平层理，顶面具波痕　　　　　　0.3m

45. 浅肉红色中细粒石英砂岩，具水平层理，顶面具泥裂　　　　　　0.4m

44. 浅内红色中细粒石英砂岩，下部具斜层理，上部水平层理，顶面具波痕　0.4m

43. 紫红色粉砂质铁质泥岩　　　　　　　　　　　　　　　　　　　0.6m

42. 浅肉红色中粗粒石英砂岩，夹紫红色中粗粒石英砂岩，具水平层理、斜层
　　理，层面具波痕　　　　　　　　　　　　　　　　　　　　　2.2m

41. 紫红色粉砂质铁质泥岩　　　　　　　　　　　　　　　　　　　4.0m

40. 肉红色中细粒石英砂岩，顶面具波痕　　　　　　　　　　　　　0.2m

39. 红色粉砂质铁质泥岩　　　　　　　　　　　　　　　　　　　　3.3m

38. 浅灰白色厚层状细粒石英砂岩，顶面具波痕　　　　　　　　　　0.8m

37. 紫红色粉砂质铁质泥岩　　　　　　　　　　　　　　　　　　　0.2m

36. 浅灰白色细粒石英砂岩，顶面具波痕　　　　　　　　　　　　　0.6m

35. 紫红色粉砂质铁质泥岩　　　　　　　　　　　　　　　　　　　0.05m

34. 浅灰白色细粒石英砂岩，顶面具波痕、泥裂　　　　　　　　　　0.5m

33. 紫红色粉砂质铁质泥岩　　　　　　　　　　　　　　　　　　　0.1m

32. 浅灰白色夹紫色细粒石英砂岩，顶面具泥裂　　　　　　　　　　0.6m

31. 浅灰白色细粒石英砂岩，顶面具泥裂　　　　　　　　　　　　　0.2m

30. 紫红色粉砂质铁质泥岩　　　　　　　　　　　　　　　　　　　10.0m

29. 浅肉红色中粗粒石英砂岩，顶面具波痕　　　　　　　　　　　　0.3m

28. 紫红色粉砂质铁质泥岩　　　　　　　　　　　　　　　　　　　0.7m

27. 浅灰白色-浅肉红色中粗粒石英砂岩，具水平层理　　　　　　　0.6m

26. 紫红色粉砂质铁质泥岩　　　　　　　　　　　　　　　　　　　0.2m

25. 浅肉红色中粗粒石英砂岩，具水平层理，顶面具波痕　　　　　　0.2m

24. 紫红色粉砂质铁质泥岩　　　　　　　　　　　　　　　　　　　1.1m

23. 紫红色夹肉红色中粗粒石英砂岩，具水平层理、斜层理，顶面具波痕　0.6m

22. 紫红色粉砂质铁质泥岩　　　　　　　　　　　　　　　　　　　0.59m

21. 紫红色夹浅肉红色中粗粒石英砂岩，具水平层理、斜层理，顶面具波痕　0.5m

20. 紫红色粉砂质铁质泥岩　　　　　　　　　　　　　　　　　　　17.0m

19. 浅肉红色粗粒石英砂岩　　　　　　　　　　　　　　　　　　　0.4m

18. 紫红色粉砂质铁质泥岩，水平层理　　　　　　　　　　　　　　1.6m

17. 紫红色中粗粒石英砂岩，具水平层理　　　　　　　　　　　　　0.4m

16. 紫红色粉砂质铁质泥岩　　　　　　　　　　　　　　　　　　　1.4m

15. 肉红色粗粒石英砂岩　　　　　　　　　　　　　　　　　　　　0.6m

14. 紫红色粉砂质铁质泥岩，夹透镜状石英砂岩　　　　　　　　　　1.5m

13. 肉红色中粗粒石英砂岩，具斜层理　　　　　　　　　　　　　　0.3m

12. 紫红色粉砂质铁质泥岩，含脱水斑　　　　　　　　　　　　　　0.6m

11. 紫红色中粗粒石英砂岩，具斜层理　　　　　　　　　　　　　　0.55m

10. 紫红色粉砂质铁质泥岩　　　　　　　　　　　　　　　　　　　0.15m

9. 紫红色中粗粒石英砂岩，具斜层理　　　　　　　　　　　　　　0.15m

8. 紫红色粉砂质铁质泥岩　　　　　　　　　　　　　　　　　　　0.6m

7. 肉红色中粗粒含砾石英砂岩，具斜层理，砾石成分为安山岩，磨圆度
中等，分选性差，长轴平行层面分布　　　　　　　　　　　　　0.25m

6. 紫红色粉砂质铁质泥岩，含脱水斑　　　　　　　　　　　　　　1.6m

5. 肉红色中粗粒石英砂岩，具斜层理　　　　　　　　　　　　　　0.25m

4. 紫红色粉砂质铁质泥岩　　　　　　　　　　　　　　　　　　　1.4m

3. 肉红色中细粒含岩屑石英砂岩，泥质胶结　　　　　　　　　　　0.15m

2. 浅灰白色细粒含岩屑石英砂岩，硅质胶结　　　　　　　　　　　0.25m

1. 紫红色含砾泥质粉砂岩，砾石成分为安山岩，磨圆度中等，分选差，长轴
平行层面排列　　　　　　　　　　　　　　　　　　　　　　　0.8m

———————— 平行不整合 ————————

下伏：下长城统熊耳群马家河组　杏仁状安山岩

2.4.2.2 岩性特征及区域变化

　　区内高山河组主要为一套陆源碎屑岩沉积组合，出露厚度345.3m。主要岩性为石英砂岩、粉砂质铁质泥岩、泥岩，夹含砾石英砂岩、砂质砾岩、结晶白云岩、含海绿石长石砂岩等。与下伏熊耳群马家河组或龙脖组呈平行不整合（或超覆）接触（见图2-59和图2-60），与上覆官道口群龙家园组平行不整合接触。

　　根据岩性组合及基本层序发育特征，划分为上、下两个岩性段。

　　下段厚74.58m，主要岩性底部为紫红色含砾泥质粉砂岩，砾石成分为安山岩，与下伏熊耳群马家河组杏仁状安山岩平行不整合接触，之上为浅灰白色、肉

图 2-60　熊耳群马家河组与上覆高山河组接触关系

红色细粒含岩屑石英砂岩；下部为紫红色粉砂质铁质泥岩与肉红色中粗粒石英砂岩互层；中部为紫红色粉砂质铁质泥岩与细粒石英砂岩互层；上部为紫红色中粗粒石英砂岩与浅肉红色中-粗粒石英砂岩互层；顶部为紫红色、肉红色中细粒石英砂岩互层，夹紫红色泥岩。砂岩中沉积构造发育，下部以水平层理、斜层理、波痕为主；中部以泥裂、波痕为主，少量斜层理；上部以波痕、斜层理、水平层理为主，偶见雨痕。

　　上段厚 270.72m，底部为灰紫色夹灰白色砂质砾岩，砾径 0.3~15cm，砾石成分为脉石英，岩屑成分为流纹岩、安山岩、泥岩等，磨圆度较差-中等，分选性较差，砾石定向排列，与下伏地层呈冲刷接触，为水下泥石流沉积。该砂质砾岩层在研究区内稳定，是上下段的划分标志层。之上为浅肉红色、紫红色中细粒石英砂岩和含砾含砂质结晶白云岩团块中细粒石英砂岩（发育由紫红色含粗砂含砾石英砂岩、中细粒石英砂岩与细晶白云岩互层构成微-薄层状构造）；下部为浅肉红色中粗粒含泥砾石英砂岩与紫红色泥岩互层，夹紫红色砾岩，中细粒含砾石英砂岩，砂岩中沉积构造以波痕为主，偶见泥裂；中部为灰绿色泥岩与灰白色细粒石英砂岩与互层；中上部为浅肉红色细粒石英砂岩与紫红色泥岩互层，砂岩中沉积构造以波痕为主，偶见泥裂；上部为褐灰色、肉红色（钙质）（海绿石）细粒长石砂岩、细粒石英砂岩夹灰绿色粉砂质页岩，砂岩中沉积构造见水平层理、斜层理、波痕等。

2.4.2.3 微量元素特征

区内高山河组微量元素含量值见表 2-9，各组岩石中微量元素丰度分布特征如图 2-61 所示。

表 2-9 高山河组微量元素特征

地层单元		样品个数	平均值/10^{-6}											
			Cu	Pb	Zn	Cr	Co	Ni	V	Mn	Ti	Sr	Ba	Ca
高山河组	上段	15	14.7	21.8		11.3		5.5	19.6	502.7	412.0	59.8	164.7	7.2
	下段	6	12.5	26.3	30.0	20.0		8.2	46.7	101.7	1091.7	28.5	265.0	8.3
克拉克值（维氏，1966）			47	16	83	83	18	58	90	1000	4500	340	650	19

地层单元		Cu	Pb	Zn	Cr	Ni	V	Mn	Ti	Sr	Ba	Ga
		20 40	10 20	40 80	40 80	10 20	40 80	500	500 1000	50 100	200 400	10 20
高山河组	上段											
	下段											
克拉克值（维氏，1956）		47	16	83	83	58	90	1000	4500	340	650	19

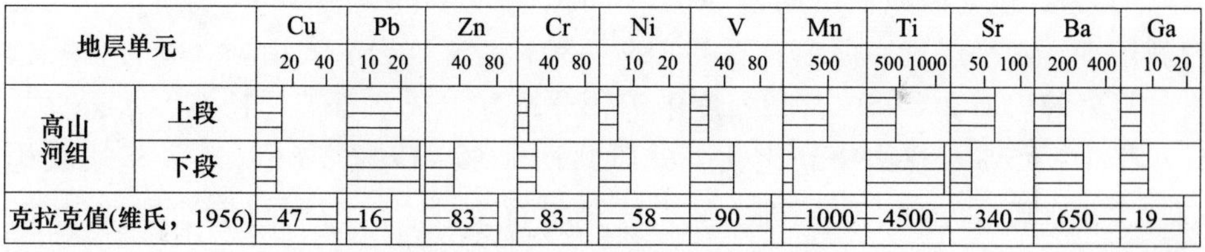

图 2-61 高山河组微量元素丰值（10^{-6}）

从表 2-9 及图 2-61 可看出，研究区高山河组微量元素含量普遍较低。除 Pb 略高于克拉克值（维氏）外，其余元素均显著低于克拉克值。

2.4.2.4 基本层序及层序地层划分

以固水剖面为基础进行了层序地层划分研究，共划分 41 个基本层序，9 个 Ⅳ级旋回，3 个 Ⅲ级层序（未见顶），合并为 1 个 Ⅱ级层序（未见顶）。

A Ⅲ1 层序

位于剖面 1~77 层，厚 90.09m。

a SB2

位于剖面 1 层底面。表现为快速海进在潮下带堆积的高密度流沉积（紫红色含砾泥质粉砂岩）与下伏熊耳群火山岩之间的上超平行不整合界面。苏村乡固水剖面位于高山河组沉积盆地的西北部边缘地区，因此Ⅲ1 层序 TST 不发育，SD2

界面、TS 界面、mfs 三个界面相重合，HST 可进一步划分为 EHS 和 LHS 两部分。

b　EHS（早期高水位体系域）

位于剖面 1~38 层，厚 47.69m。由 7 个基本层序组成 2 个Ⅵ级旋回。Ⅳ级旋回下部沉积环境由潮下带-潮间带沙坪；上部由潮间带泥坪-潮上带，显示一个海退过程，地层结构为进积结构。

（1）Ⅳ1 旋回。

位于剖面 1~20 层，由 3 个基本层序组成，厚 29.95m，基本层序下部单元石英砂岩粒度向上变细，沉积环境由潮下带-潮间带沙坪，向上变浅，显示一个海退过程，地层结构为进积结构。

J1：见于剖面 1~4 层。由紫红色含砾泥质粉砂岩（a）-浅灰白色含岩屑石英砂岩（b）-肉红色含岩屑石英砂岩（c）-紫红色粉砂质铁质泥岩（d）组成，厚 2.60m。（a）单元砾石成分为安山岩，磨圆度中等，分选性差，长轴平行层面分布。（b）单元硅质胶结。（c）单元泥质胶结。（d）单元呈块状构造，含脱水斑，水云母 65%，粉末状氧化铁 15%~20%，石英 10%~15%，绢云母、长石 3%。为在潮下带堆积高密度流-潮间带沙坪-泥坪沉积。向上变浅。

J2、J3：见于剖面 5~10 层、11~20 层，由肉红色、紫红色中粗粒石英砂岩（a）-紫红色粉砂质铁质泥岩（b）组成，厚 3.00m、24.35m。（a）单元发育斜层理、水平层理，波痕；石英 78%~80%，流纹岩、安山岩、杏仁体、长石、泥岩等岩屑 2%~5%，磨圆度中等，分选好，杂基石英、长石、水云母共计小于 1%~5%，胶结物氧化铁、硅质共计 15%~17%。（b）单元呈块状构造，含脱水斑、发育水平层理，偶夹透镜状石英砂岩。为潮间带沙坪-泥坪沉积。向上变浅。

（2）Ⅳ2 旋回。

位于剖面 21~38 层，由 4 个基本层序组成，厚 17.74m。基本层序上部沉积环境由潮间带泥坪-潮上带，向上变浅，显示一个海退过程，地层结构为进积结构。

J4、J5：见于剖面 21~26 层、27~28 层，由肉红色、紫红色中粗粒石英砂岩（a）-紫红色粉砂质铁质泥岩（b）组成，厚 3.09m、1.30m。（a）单元发育斜层理、水平层理，波痕。（b）单元呈块状构造，发育水平层理。为潮间带沙坪-泥坪沉积。向上变浅。

J6：见于剖面 29~32 层，由浅肉红色中粗粒石英砂岩（a）-紫红色粉砂质铁质泥岩（b）-浅灰白色细粒石英砂岩（c）-浅灰白色夹紫色细粒石英砂岩（d）组成，厚 11.10m。（a）单元顶面发育波痕。（c）、（d）单元顶面发育波痕、泥裂。为潮间带沙坪-泥坪-潮上带砂岩沉积。向上变浅。

J7：见于剖面 33~38 层，由紫红色粉砂质铁质泥岩（a）-浅灰白色夹紫色细粒石英砂岩（b）组成，厚2.25m。（a）单元顶面发育波痕。（b）单元厚0.10m、0.05m、0.20m，向上厚度增加。为潮间带泥坪-潮上带砂岩沉积。向上变浅。

c LHS（晚期高水位体系域）

位于剖面39~77层，由7个基本层序组成2个Ⅳ级旋回，厚42.40m。

（1）Ⅳ1旋回。

位于剖面39~51层，由3个基本层序组成，厚15.70m。基本层序下部沉积环境为潮下带-潮间带，向上变浅；基本层序J9~J10下部石英砂岩粒度向上变细，地层结构为进积结构。

J8：见于剖面39~41层。由红色粉砂质铁质泥岩（a）-肉红色中细粒石英砂岩（b）-紫红色粉砂质铁质泥岩（a）组成，厚7.50m。（b）单元厚0.20m，顶面发育波痕。为堆积在潮下带的浊积泥岩-潮间带沙坪-泥坪沉积。向上变浅。为EHS早期短期海进沉积。

J9：见于剖面42~45层。由浅肉红色夹紫红色中粗粒石英砂岩（a）-紫红色粉砂质铁质泥岩（b）-浅肉红色中细粒石英砂岩（c）组成，厚3.80m。（c）单元下部发育斜层理，上部水平层理，顶面发育波痕，局部见泥裂。为潮间带沙坪-泥坪-沙坪沉积，顶面暴露。向上变浅。

J10：见于剖面46~51层。由浅肉红色中细粒石英砂岩（a）-紫红色粉砂质铁质泥岩（b）组成，厚4.40m。（a）单元发育斜层理，顶面发育波痕。为潮间带沙坪-泥坪沉积。地层结构为加积。

（2）Ⅳ2旋回。

位于剖面52~77层，由4个基本层序组成，厚26.70m。基本层序下部石英砂岩粒度向上变细；上部沉积环境由潮间带泥坪-潮上带海岸沙丘-封闭泻湖相浅湖亚相，向上变浅。地层结构为加积-进积。

J11：见于剖面52~66层，由紫红色中粗粒石英砂岩（a）与浅肉红色中粗粒石英砂岩（b）互层-紫红色泥岩（c）组成，厚15.41m。（a）单元发育水平层理、斜层理、波痕，部分见雨痕，石英78%，流纹岩、安山岩、杏仁体、长石、泥岩等岩屑2%，磨圆度中等，分选性好，杂基石英、长石、水云母共计3%~5%，胶结物氧化铁、硅质共计15%~17%。（b）单元发育波痕，石英80%，流纹岩、安山岩、杏仁体、长石、泥岩等岩屑5%，磨圆度中等，分选好，杂基：水云母小于1%，胶结物：硅质15%~20%。为潮间带沙坪-泥坪沉积。向上变浅。

J12：见于剖面67层，由紫红色中细粒石英砂岩（a）-浅肉红色中细粒石英砂岩（b）-紫红色泥岩（c）组成，厚2.5m。下部为（a）、（b）单元互层，（a）单元局部含泥砾。为潮间带沙坪-泥坪沉积。向上变浅。

J13：见于剖面 68~74 层。由灰紫色、灰白色砂质砾岩（a）-紫红色中细粒石英砂岩（b）-紫红色含砾含砂质结晶白云岩团块中细粒石英砂岩（c）组成，厚 11.2m。（a）单元底面为冲刷面，主要矿物成分：砾石：脉石英、石英共计 45%~50%，流纹岩、安山岩、泥岩等岩屑共计 10%~15%，磨圆度较差-中等，分选性较差，砾径 0.3~15cm，长轴定向排列；砂屑：石英 25%~27%，长石 2%，流纹岩、安山岩、杏仁体、泥岩等岩屑 3%~5%，磨圆度中等，分选性好；胶结物：硅质 7%~8%。（c）单元呈微-薄层状，由三个薄层组成：①层含粗砂含砾白云岩，砾石成分以微晶粉晶白云岩为主，少量英安岩岩屑，砾径 0.3~0.5cm；砂屑以石英为主，磨圆度较好，多为粗砂，在砂粒周围包裹有一圈微晶白云岩；②层含细砂白云岩，细砂以石英为主，磨圆度差，含少量粗砂和微晶白云岩岩屑；③层为细晶白云岩，含少量石英细砂，磨圆度中等。为在潮上带堆积的风暴浊积砾岩-海岸沙丘石英砂岩-封闭泻湖相浅湖亚相白云岩沉积。向上变浅。

J14：见于剖面 75~77 层。由浅肉红色含砾中粒石英砂岩（a）-紫红色砾岩（b）-紫红色含砾中细粒石英砂岩（c）组成，厚 3.10m。（a）单元发育水平层理、斜层理，砾石成分以紫红色泥岩为主，砾径 0.3~0.5cm。（b）单元砾石磨圆度好，砾径 0.3~0.8cm。（c）单元呈薄层状，水平层理，主要矿物成分：砾石 6%~7%，砾径 2~3mm，砾石成分为流纹岩、安山岩和结晶白云岩；砂屑 5%~6%，砂屑成分以石英为主，流纹岩、安山岩、泥质白云岩、泥岩次之，石英粗砂磨圆度好，岩屑磨圆度较差，粗砂之间为磨圆度较差的石英，胶结物为粉晶白云石，基底式胶结。为潮间带砂岩-潮上带砾岩-在封闭泻湖中堆积的风暴浊积岩。向上变浅。

B　Ⅲ2 层序

位于剖面 78~145 层，厚 97.30m。

a　SB2

位于剖面 78 层底面。表现为快速海进在潮间带沉积（浅肉红色中细粒石英砂岩）与在封闭泻湖中堆积的风暴浊积岩之间的上超平行不整合界面。Ⅲ2 层序 TST 不发育，SD2 界面、TS 界面、mfs 三个界面相重合，HST 可进一步划分为 EHS 和 LHS 两部分。

b　EHS（早期高水位体系域）

位于剖面 78~137 层，由 15 个基本层序组成 4 个Ⅳ级旋回，厚 83.10m。Ⅳ级旋回上部沉积环境由潮间带泥坪-泻湖相，向上变浅。地层结构为进积。

（1）Ⅳ1 旋回。

位于剖面 78~92 层，由 4 个基本层序组成，厚 21.10m。沉积环境稳定在潮间带，地层结构为加积。

J15：见于剖面 78~79 层。由浅肉红色中细粒石英砂岩（a）-紫红色泥岩（b）组成，厚 1.60m。为潮间带沙坪-泥坪沉积。向上变浅。

J16、J17、J18：见于剖面 80~84 层、85~90 层、91~92 层。由紫红色含砾中粗粒石英砂岩（a）与紫红色泥岩（b）互层组成，厚 2.40m、3.10m、15.60m。（a）单元砾石成分为下伏紫红色泥岩，砾径 0.2~3cm，顶面发育波痕。（b）单元发育透镜状、脉状层理。为堆积在潮间带的高密度流砂岩-潮间带泥坪沉积。向上变浅。

（2）Ⅳ2 旋回。

位于剖面 93~100 层，由 3 个基本层序组成，厚 15.30m。沉积环境为泻湖相，地层结构为加积。

J19、J20、J21：见于剖面 93~94 层、95~98 层、99~100 层。由紫红色（含砾）细粒石英砂岩（a）-灰绿色泥岩（b）-紫红色泥岩（c）组成，厚 4.10m、9.10m、2.10m。（a）单元砾石成分为紫红色泥岩、铁泥质白云岩，砾径 0.5cm，呈不规则状、长条状、次棱角状；砂屑以石英为主，少量铁泥质白云岩、泥质白云岩、结晶白云岩、安山岩等，石英粗砂磨圆度好，岩屑磨圆度差，胶结物为粉-细晶白云岩（8%~10%），接触式胶结。为在封闭泻湖中堆积的风暴浊积岩-浅湖亚相泥岩沉积。推测 97 层第四系覆盖之下岩性为灰绿色泥岩。向上变浅。

（3）Ⅳ3 旋回。

位于剖面 101~118 层，由 3 个基本层序组成，厚 8.72m。沉积环境稳定在潮间带，地层结构为加积。

J22、J23、J24：见于剖面 101~106 层、107~110 层、111~118 层，由浅肉红色（含砾）细粒石英砂岩（a）与紫红色泥岩（b）互层组成，厚 3.42m、1.55m、3.75m。（a）单元底部局部含紫红色泥岩砾石，局部夹紫红色泥岩条带，顶面发育波痕，局部发育泥裂。（b）单元偶含脱水斑，局部夹细粒石英砂岩条带。为潮间带沙坪-泥坪沉积，有短时暴露。向上变浅。

（4）Ⅳ4 旋回。

位于剖面 119~137 层，由 5 个基本层序组成，厚 37.98m。沉积环境为泻湖相，地层结构为加积结构。

J25：见于剖面 119~122 层。由淡红色粉砂质泥岩（a）-灰绿色泥岩（b）-紫红色泥岩（c）-浅肉红色含砾细粒石英砂岩（d）组成，厚 8.35m。（c）单元含脱水斑。（d）单元砾石成分为石英，含量 3%~10%，砾径 2~3mm，顶面发育泥裂。为泻湖相浅湖亚相泥岩-干枯泻湖砂岩沉积。地层结构为加积。

J26、J27：见于剖面 123～127 层、128～133 层，由灰白色细粒石英砂岩（a）-灰绿色泥岩（b）组成。厚 3.00m、2.43m。（a）单元局部含磁铁矿、海绿石共计 3%～5%，局部含泥岩砾石。为泻湖相高密度流石英砂岩-深湖亚相泥岩沉积。地层结构为加积。

J28、J29：见于剖面 134～135 层、136～137 层。由浅肉红色、灰紫色细粒石英砂岩（a）-紫红色泥岩（b）组成。厚 14.90m、9.30m。为泻湖相高密度流砂岩-泻湖相浅湖亚相泥岩沉积。地层结构为加积。

　　c　LHS（晚期高水位体系域）

位于剖面 138～145 层，由 2 个基本层序组成一个Ⅳ级旋回，厚 14.20m。沉积环境为潮下带-潮间带-暴露，地层结构为进积结构。

J30：见于剖面 138～139 层。由紫红色含泥砾粗粒石英砂岩（a）-肉红色细粒石英砂岩（b）-灰绿色泥岩（c）-紫红色含泥砾粗粒石英砂岩（a）-肉红色细粒石英砂岩（b）-紫红色含泥砾粗粒石英砂岩（a）-紫红色泥岩（d）-紫红色含泥砾粗粒石英砂岩（a）-肉红色细粒石英砂岩（b）-紫灰色泥岩（d）组成。厚 3.00m。为潮下带高密度流砂岩-灰绿色泥岩-潮间带沙坪-泥坪沉积。向上变浅。为 EHS 早期短期海进沉积。

J31：见于剖面 140～145 层。由浅肉红色、灰紫色中细粒石英砂岩（a）与紫红色泥岩（b）互层组成，厚 11.2m。（a）单元发育水平层理、斜层理、波痕、泥裂。为潮间带沙坪-泥坪-暴露沉积。向上变浅。

　　C　Ⅲ3 层序

位于剖面 146～167 层，厚 154.00m。Ⅲ3 层序未见顶，只保留有 TST。

　　a　SD2 界面

位于剖面 146 层底面，表现为潮间带沉积（紫红色中粗粒石英砂岩）与潮上带砂岩（浅肉红色细粒石英砂岩）之间的界面。

　　b　TST

位于剖面 146～167 层，厚 154.00m。由 10 个基本层序组成，基本层序下部沉积环境由潮间带-潮下带，地层结构为退积。由于剖面多处被第四系覆盖，没有进行Ⅳ级旋回划分。

J32：见于剖面 146～147 层。由紫红色中粗粒石英砂岩（a）-浅肉红色细粒石英砂岩（b）组成，厚 1.60m。（a）单元发育斜层理、波痕，顶部夹 10cm 紫红色泥岩，（b）单元发育波痕、泥裂。为潮间带沙坪沉积，顶面暴露。向上变浅。

J33：见于剖面 148～149 层。由紫红色中粗粒石英砂岩（a）与紫红色泥岩（b）互层-浅灰白色-白色细粒石英砂岩（c）组成，厚 3.40m。（a）单元发育波痕，（c）单元发育波痕，石英 95%，长石 2%～3%，绢云母、氧化铁、流纹岩少量。为潮间带砂坪、泥坪-潮上带砂岩沉积。向上变浅。

J34：见于剖面150～152层，由浅肉红色夹紫红色中细粒石英砂岩（a）-紫红色泥岩（b）互层组成，厚5.00m。（a）单元发育波痕。为潮间带沙坪-泥坪沉积。向上变浅。

J35、J36：见于剖面153～154层、155～156层。由褐灰色钙质海绿石长石砂岩（a）与灰绿色粉砂质页岩（b）互层-浅肉红色中细粒石英砂岩（c）-斑点状中粒石英砂岩（d）互层组成。厚18.80m、34.30m。（a）单元具水平层理、波痕，长石40%～50%，次棱角状石英15%～30%，肾状、卵状海绿石共计小于1%～10%，胶结物方解石、白云石20%～30%，绢云母小于2%，基底式胶结。（c）单元具波痕。（b）单元厚度向上变大。（d）单元顶面发育波痕，石英87%，长石7%～8%，流纹岩少量，胶结物氧化铁3%、绢云母2%～3%。（e）单元主要矿物成分：石英95%～97%，长石、氧化铁、流纹岩少量，胶结物斑点状铁染方解石3%，不均匀分布。为堆积在泻湖中的风暴浊积岩-浅湖亚相粉砂质页岩-干枯泻湖砂岩-海岸平原沙丘沉积。向上变浅。

J37：见于剖面157～160层，其中157层、159层岩性为紫红色-紫灰色不等粒石英砂岩（a），层面具波痕，石英90%，长石1%，流纹岩、泥岩少量，胶结物：氧化铁5%，绢云母-水云母3%，基底式胶结。为在静水环境下堆积的风暴浊积岩沉积。158层、160层为第四系覆盖。结合其上下基本层序特征推测覆盖层之下的岩性可能为浅肉红色细粒石英砂岩，与不等粒石英砂岩组成两个向上变浅的基本层序。沉积环境为在泻湖中堆积的风暴浊积砂岩-干枯泻湖砂岩。向上变浅。

J38：见于剖面161～162层由灰紫色细粒石英砂岩（a）-肉红色长石砂岩（b）组成，厚6.40m。（a）单元含紫红色泥岩砾石，石英95%，长石1%，流纹岩、泥岩少量，胶结物氧化铁3%。（b）单元长石25%～30%，石英70%～75%，泥岩、海绿石少量，胶结物：绢云母、水云母。为堆积在潮下带的高密度流砂岩-风暴浊积砂岩沉积。向上变深。

J39：见于剖面163～164层。推测163层第四系覆盖之下岩性为紫灰色细粒石英砂岩。基本层序由紫灰色细粒石英砂岩（a）-灰白色-灰褐色海绿石长石石英砂岩（b）-灰绿色粉砂质页岩（c）-灰褐色海绿石长石石英砂岩（b）组成，厚46.80m。（b）单元下部呈灰白色，向上渐变为灰褐色，长石15%，石英55%～60%，肾状、卵状海绿石20%，胶结物：氧化铁5%。为在潮间带堆积的风暴浊积砂岩-潮下带粉砂质页岩沉积。向上变深。

J40：见于剖面165～166层，由紫灰色石英砂岩（a）-灰绿色粉砂质页岩（b）-紫灰色石英砂岩（a）-肉红色含海绿石长石砂岩（c）-灰绿色粉砂质页岩（b）-肉红色含海绿石长石砂岩（c）组成，厚5.80m。（a）单元发育水平层理，斜层理。（a）单元发育水平纹理，长石30%，石英60%，海绿石5%~7%，胶结物：绢云母、水云母1%。（b）单元厚1~2cm。为潮间带砂岩-潮下带粉砂质页岩-堆积在潮下带的风暴浊积砂岩沉积。向上变深。

J41：见于剖面167层。由肉红色含海绿石长石砂岩（a）与灰绿色粉砂质页岩（b）-紫红色粉砂质页岩（c）互层组成，厚5.00m。为在潮下带堆积的风暴浊积砂岩-灰绿色粉砂质页岩-紫红色粉砂质页岩沉积。向上变深。

c　SB2

Ⅲ3层序上部剥蚀缺失，以龙家园组叠层石白云岩与高山河组砂岩之间的上超平行不整合界面作为Ⅲ3层序的顶界面。

2.4.2.5　地层划分、对比及时代归属

A　地层划分、对比

1956~1958年，原地质部西北地质局区域地质测量队（I-49-（16）洛宁幅）将分布于寺河幅西南部地区熊耳群之上的一套碎屑岩和碳酸盐岩划分为高山河组和官道口群龙家园组，河南省地矿局第一地质调查队（1：50000张村幅、宫前幅、寺河幅和长水幅，1995）及本次工作均沿用该成果。

高山河组主要分布于熊耳古陆以西的陕西省洛南-豫西灵宝、卢氏、栾川地区。为一套陆棚碎屑岩无障壁海岸前滨、临滨相碎屑岩-碳酸盐岩台地局限台地相白云岩沉积组合，陕西洛南地区厚3707m，河南省内剥蚀残余厚148~387m，局部剥蚀缺失。

邱树玉、刘洪福（1982）将高山河组升级为群，内分鳖盖子组、二道河组、陈家涧组，在河南境内长期沿用高山河组，没有升级。

B　时代归属

高山河组（群）与下伏熊耳群平行不整合-不整合接触，与上覆龙家园组平行不整合接触。含微古植物，在陕西省境内高山河群二道河组含叠层石 *Kussiellacf. tuanshanziensis*，石庄组含叠层石 *luoyukouella* 等。与高山河群呈沉积接触的小河岩体锆石 U-Pb 年龄（1748±25）Ma（武警黄金部队，1997）。因此高山河群形成时代晚于早长城世。

武铁山等人（1988）将尹凤娟等人（1987）建立的石庄组改称洛峪口组并置于高山河群顶部，认为高山河群与汝阳群对比，张兴辽等人（2008）同意该对比意见，本书通过汝阳群、高山河组多重地层划分（见表2-10）对比认为二者层序地层划分方案一致，喻示二剖面所在地海平面升降特征基本一致，为同时代产物。连家洼-王庄剖面汝阳群云梦山组-崔庄组下段与固水剖面高山河组对比。

表 2-10 汝阳群、高山河组多重划分对比

汝阳群						高山河组						
岩石地层划分	层序地层划分			厚度/m		岩石地层划分		层序地层划分			厚度/m	
	Ⅱ	Ⅲ	体系域					Ⅱ	Ⅲ	体系域		
洛峪口组	Ⅱ	Ⅲ4	LHS	20.53	10.30	高山河组		Ⅱ				
			EHS		10.23							
三教堂组		Ⅲ3	LHS	176.35	124.19							
崔庄组			EHS		18.95							
			TST		33.21		上段		Ⅲ3	TST	154	154.00
北大尖组		Ⅲ2	LHS	24.4	14.41				Ⅲ2	LHS	97.3	14.40
			EHS		9.99					EHS		83.10
白草坪组		Ⅲ1	LHS		17.30				Ⅲ1	LHS	90.9	42.40
云梦山组			EHS	95.92	66.01		下段					
小沟背组			TST		12.61					EHS		47.69

苏文博等人（2012）在汝阳群洛峪口组上部凝灰岩夹层中获得 LA-MC-ICPMS 锆石 U-Pb 年龄值（1611±8）Ma，推测汝阳群形成于 1780~1600Ma，属晚长城世。因此，推测与汝阳群可以对比的高山河组形成时代为晚长城世。

2.5 中元古界蓟县系官道口群和黄连垛组

研究区分布的蓟县系官道口群龙家园组及黄连垛组分别属熊耳山地层小区和渑池-确山地层小区。

2.5.1 官道口群龙家园组（$Pt_2 ln$）

区内仅在灵宝卫家磨附近断裂旁侧零星出露。为一套灰-灰白色结晶白云岩。分布面积数十平方米。与下伏高山河组呈整合接触（见图 2-62）。未进行剖面研究。

2.5.2 黄连垛组（$Pt_2 h$）

黄连垛组分布于陕县下段村-塔罗村永昌河东水渠边，出露面积约 0.1km^2。

2.5.2.1 剖面描述

陕县李村乡龙脖村南洛峪口组、黄连垛组实测地质剖面位于陕县李村乡龙脖

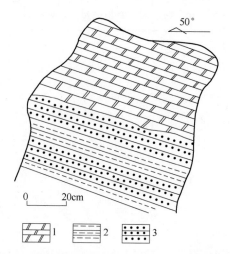

图 2-62　龙家园组结晶白云岩与高山河组碎屑岩整合接触素描图（苏村固水）

1—结晶白云岩；2—泥岩；3—石英砂岩

村南 500m，剖面起点坐标：$X = 3830792$，$Y = 19560336$；剖面终点坐标：$X = 3830619$，$Y = 19560859$。

　　上覆地层：寒武系罗圈组　　紫红色含砂屑砾屑白云岩

-------------- 平行不整合 --------------

黄连垛组	厚度 31. 36m
20. 灰白色中厚层状粉-微晶白云岩	0. 25m
19. 灰白色中厚层状含燧石条带粉-微晶叠层石白云岩，叠层石呈丘状、波状和层状。燧石条带呈灰黄色、灰褐色、灰色，少量黑色，宽 2~3cm，密度为 2~4 条/米，主要沿藻纹层连续或断续分布	2. 15m
18. 紫红色薄层状白云石质燧石岩，石英大于 90%，长石及其他矿物 10%，底部含少量砾石，砾径 1~3mm，呈混圆状、次棱角状，成分主要为白云质，少量砂岩	0. 3m
17. 灰白色中厚层状纹层状细-微晶白云岩，上部含少量由透镜状、长条状灰色石英砂岩构成的燧石条带，发育卷心菜叠层石（*Cryptozoon*）、波状叠层石（*Stratfera? Undata komar*）和硅化假裸枝叠层石（*Pseudogymnosolen*）	6. 0m
16. 灰白色中薄层状纹层状细-微晶白云岩，含少量燧石条带	0. 32m
15. 灰白色薄层状纹层状细-微晶白云岩	0. 14m
14. 灰白色中厚层状含燧石条带粉-微晶白云岩，夹含砾石英砂岩团块、条带。燧石条带风化后呈灰黄色、灰褐色，沿藻纹层不均匀分布；含砾石英砂岩呈灰色、灰白色，多与燧石条带伴生。发育波状叠层石（*Stratfera? Undata komar*）、卷心菜叠层石（*Cryptozoon*）	13. 27m
13. 灰白色中厚层状纹层状粉-微晶白云岩，发育波状叠层石（*Stratfera? Undata komar*）、卷心菜叠层石（*Cryptozoon*）	2. 89m

12. 浅肉红色中厚层状条纹条带状粉-微晶白云岩，夹少量风暴角砾岩　　0.83m

11. 灰色中细粒石英砂岩，呈透镜状、长条状分布　　0.21m

　　-------------- 平行不整合 --------------

下伏地层：洛峪口组　灰白色中厚层状白云岩，偶见纹层状燧石条带，发育波状叠层石

2.5.2.2　岩性特征及区域变化

　　黄连垛组底部为不稳定的砂岩，下部为浅肉色中厚层白云岩；上部为灰白色含燧石条带、条纹白云岩（见图2-63），夹紫红色薄层状白云质燧石岩，产假裸枝叠层石（见图2-64）和卷心菜叠层石（见图2-65）等（见图2-66）；顶部为灰白色中厚层状白云岩。厚31.36m。与下伏洛峪口组平行不整合接触。

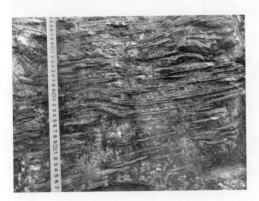

图 2-63　黄连垛组硅质条带白云岩

图 2-64　黄连垛组中的假裸枝叠层石

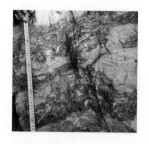
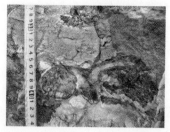

图 2-65　黄连垛组中的卷心菜叠层石

图 2-66　黄连垛组中的叠层石

2.5.2.3　主要岩石学特征

（1）（含燧石条纹、条带）粉-微晶白云岩，粉晶-微晶结构，白云石多呈半自形-他形晶，含量 90%~99%，粒度一般为 0.06~0.04mm。由白云石与微-隐晶质石英平行分布构成条纹状构造，普遍发育层状、波状、丘状、同心圆状等形态的叠层石。燧石条带不均匀分布，常集中出现在一个沉积旋回的上部，按其特征和成因可划分为：

1）燧石条带呈灰黄色、灰褐色，多沿藻纹层、纹层分布，常呈断续状延伸，连续性较差，条带边界不规则，与寄主岩（白云岩）之间没有清晰平直的界线。燧石条带的形态、分布与叠层石形态、分布紧密相关：分布于层状叠层石附近的燧石条带连续性较好，分布于丘状、波状叠层石附近的燧石条带呈断续带状分布；在叠层石不发育的区间燧石条带也不发育，风化后形成燧石条带之间的分层或不规则空洞。因此这类燧石条带是藻纹层或叠层石吸附的陆源碎屑石英再生长形成。

2）燧石条带呈灰色、灰白色，沿藻纹层、纹层呈长条形或团块状分布，条带长一般数厘米至数十厘米，与寄主岩（燧石条带①或白云岩）之间有清晰的边界。该类燧石条带由含砾石英砂岩组成，颗粒支撑结构、空隙式胶结，砾屑成分为硅质岩，呈棱角状、次棱角状，砾径 2～12mm；砂屑成分为硅质岩、石英，少量钾长石、流纹岩，粒径呈双峰态，粗粒者呈次棱角状、次圆状，细粒者呈棱角状、次棱角状。硅质胶结。燧石条带②多与燧石条带①伴生，少量单独产出，因此这类燧石条带是由快速海侵搬运的碎屑岩沿叠层石顶面形成。

3）燧石条带、条纹呈黑色，沿藻纹层不均匀分布，或交代叠层石形成硅化叠层石。推测是与火山凝灰质有关的硅质交代产物。

（2）紫红色薄层状白云石质燧石岩，见于黄连垛组上部。岩石具球粒结构。球粒为圆形或近圆形，直径 0.1～0.3mm，由微粒-隐晶质石英及微晶白云石、氧化铁等组成，在岩石中均匀分布。球粒间隙充填物为粉-微粒白云石及少量微粒-隐晶质石英。推测是与火山凝灰质有关的燧石岩。

（3）灰色中细粒石英砂岩，呈透镜状、长条状分布于黄连垛组底部。岩石具双峰态结构，空隙式胶结，其中中粗粒石英磨圆度较好，呈圆形、次圆形；细粒石英磨圆度较差，多为棱角状、次棱角状，胶结物主要为铁质，少量水云母。为快速海侵形成浊积砂岩沉积。

2.5.2.4　地层划分、对比及时代归属

A　地层划分、对比

1956～1958 年，原地质部西北地质局区域地质测量队在 I-49-（16）洛宁幅1：200000区域地质调查工作，将分布于崤山东部李村幅龙脖南至塔罗一带的碳酸盐岩划分为官道口群，本次工作将该套碳酸盐岩进行了解体，自下而上分别划归汝阳群洛峪口组、蓟县系黄连垛组及寒武系罗圈组、辛集组、朱砂洞组和馒头组。

黄连垛组为关保德、潘泽成等人（1980）在《东秦岭北坡震旦亚界》中于鲁山县下汤乡黄连垛创名，时代属震旦纪。潘泽成（1980）归汝阳群，改属蓟县纪。龙家园组、巡检司组为阎廉泉（1959）在《秦岭区域地质测量及普查工作的基本成就》中于陕西省洛南县石门龙家园村、巡检司村创名，在河南省以卢氏县官道口乡龙台西寨上剖面为代表。陕县李村乡龙脖黄连垛组与鲁山县下汤乡九女洞黄连垛组及卢氏县杜关乡龙台西寨上龙家园组剖面对比见表2-11。

由表2-11可以看出：

（1）三剖面底部均发育有不稳定的砂砾岩，构成与下伏洛峪口组或高山河群之间平行不整合接触。

（2）主要岩性均以燧石条纹（带）白云岩、白云岩为主，龙台地区以厚-巨厚层状为主、九女洞地区以厚层状为主、龙脖地区为中厚-中薄层状，其层厚变化趋势与三剖面黄连垛组、龙家园组厚度变化趋势一致，龙脖地区厚度最薄。

表 2-11　鲁山县下汤九女洞黄连垛组、陕县李村龙脖黄连垛组及
卢氏县杜关龙台西寨上龙家园组剖面对比

鲁山九女洞剖面	李村龙脖剖面	卢氏龙台西寨上剖面	
上覆：董家组砂砾岩	上覆：罗圈组白云质砾岩	上覆：栾川群	
			白术沟组
			冯家湾组
			杜关组
黄连垛组：以灰白色厚层状硅质条带白云岩为主，夹淡黄色砂砾岩、灰白色石英砂岩。底部为砂砾岩，顶部为黑灰色、灰白色硅化钙质风化壳（硅质岩） 产波状、层状叠层石、锥叠层石、小柱叠层石、硅化叠层石 厚 134.2m	黄连垛组：以灰白色中厚层状燧石条纹（条带）白云岩为主，夹中薄层状白云岩，上部夹紫红色薄层状白云石质燧石岩。底部为透镜状、扁豆状、长条状石英砂岩 产波状、层状叠层石、卷心菜叠层石、硅化假裸枝叠层石 厚 31.36m	官道口群	巡检司组：灰、灰白、青灰色中厚层状燧石条带白云岩、条纹状白云质白云岩，夹蜂窝状燧石岩。底部为砂砾岩 产锥叠层石、层状叠层石 厚 435m
			龙家园组：以灰白色厚-巨厚层状燧石条纹（条带）白云岩为主，夹燧石砾岩，含砂砾条带白云岩，底部含砂砾白云岩、含砾杂砂岩 产波状、层状叠层石，假裸枝叠层石、卷心菜叠层石、圆柱叠层石、长柱状叠层石等，硅化叠层石 厚 1038m
下伏：洛峪口组白云岩	下伏：洛峪口组白云岩		
		下伏：高山河组石英砂岩	

（3）三剖面叠层石均发育，以层状、波状为主，龙脖及龙台剖面见假裸枝叠层石。沉积岩建造组合均为碳酸盐岩滨浅海潮坪碳酸盐潮间带-潮上带白云岩组合，沉积盆地均属同沉降盆地。

（4）与九女洞剖面、龙台剖面对比，龙脖剖面出现更多的陆源碎屑，表明龙脖剖面更接近物源区。

（5）九女洞剖面顶部出现厚 30~40m 的黑色、黑灰色燧石岩（硅化钙质风化壳），龙脖剖面上部出现紫红色白云质燧石岩，巡检司组夹大量黑色宽燧石条带，这些燧石的成因都与火山凝灰质有关，表明三剖面都处于火山喷发活动频繁发育期，进一步证明九女洞剖面顶部、龙脖剖面上部与官道口群巡检司组可以对比。

综上所述，李村龙脖剖面黄连垛组可与鲁山九女洞剖面黄连垛组对比，剖面 11~17 层、18~20 层可与卢氏龙台-高稍一带官道口群龙家园组和巡检司组对比。表明黄连垛组与官道口群为被熊耳古陆隔断的两个沉积盆地中的同时沉积。

B　时代归属

官道口群含丰富的叠层石 *Pseudogymnosolen*、*Conophyton*、*Chihsiennella*、*Tiel-*

inggell 等。官道口群底部白术沟组含炭板岩 Rb-Sr 等时线年龄（902±48）Ma（李钦仲等人，1985），碎屑锆石最年轻年龄为（1550±68）Ma（何玉良等人，2016），推测官道口群形成于蓟县纪（1600~1400Ma）。本次工作在黄连垛组发现 *Pseudogymnosolen* 表明黄连垛组与官道口群叠层石面貌可以对比。*Pseudogymnosolen*、*Conophyton* 是蓟县剖面蓟县系杨庄组-雾迷山组叠层石组合中的重要分子，因此官道口群、黄连垛组在岩石组合、叠层石组合上可以与蓟县剖面蓟县系对比。

苏文博等人（2012）在寄料剖面汝阳群洛峪口组上部凝灰岩夹层中获得 LA-MC-ICPMS 锆石 U-Pb 年龄（1611±8）Ma，时代为晚长城世，因此位于上长城统洛峪口组平行不整合界面之上的黄连垛组形成时代为蓟县纪。

2.6 下古生界寒武系

下古生界寒武系仅出露在陕县李村乡下段村-塔罗一带永昌河两岸，出露面积不足 1km²，划分为下统罗圈组、辛集组、朱砂洞组及下-中统馒头组。

2.6.1 剖面描述

（1）陕县李村乡塔罗村寒武系罗圈组-辛集组实测剖面。剖面位于陕县李村乡塔罗村西永昌河南岸水渠边（见图 2-67），剖面起点坐标：$X = 3830406$，$Y = 19561207$；剖面终点坐标：$X = 3830332$，$Y = 19561569$。

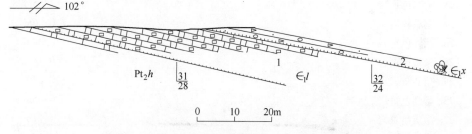

图 2-67　陕县塔罗寒武系罗圈组、辛集组实测剖面

辛集组（未见顶）	>0.76m
2. 灰色含磷砂质硅质角砾岩	厚度0.76m

------------ 平行不整合 ------------

罗圈组	7.58m
1. 紫红色含砂屑砾屑白云岩	7.58m

------------ 平行不整合 ------------

下覆地层：黄连垛组　灰白色含硅质团块中厚层状白云岩

（2）陕县李村乡塔罗村寒武系朱砂洞组-馒头组实测剖面。剖面位于塔罗村北 1000m（见图 2-68），剖面起点坐标：$X = 3830438$，$Y = 19561589$；剖面终点坐标：$X = 3831233$，$Y = 19561706$。

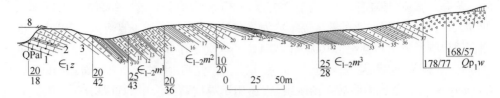

图 2-68　陕县塔罗村寒武系朱砂洞组-馒头组实测剖面

上覆地层：熊耳群马家河组　安山岩

$=\!\!=\!\!=$ 断层 $=\!\!=\!\!=$

馒头组三段	厚度 >76.92m
37. 中厚层状鲕粒灰岩	7.17m
36. 紫红色页岩夹薄层鲕粒灰岩	15.59m
35. 中厚层状鲕粒灰岩	3.02m
34. 灰色页岩夹薄层灰岩	9.08m
33. 泥晶灰岩	2.54m
32. 紫红色页岩	26.40m
31. 鲕粒灰岩	0.61m
30. 紫红色页岩	1.83m
29. 亮晶灰岩	0.14m
28. 紫红色页岩	2.55m
27. 亮晶灰岩	0.06m
26. 紫红色页岩	0.38m
25. 深灰色页岩	0.18m
24. 亮晶灰岩	0.03m
23. 紫红色页岩	0.85m
22. 深灰色页岩	1.21m
21. 灰绿色页岩	5.29m

—————— 整合 ——————

馒头组二段	24.85m
20. 鲕粒灰岩	6.55m
19. 紫红色页岩	1.88m
18. 泥质灰岩	5.02m
17. 暗紫色石英粉砂岩	4.79m
16. 紫红色页岩	6.61m

—————— 整合 ——————

馒头组一段	27.81m
15. 薄层状泥质条带灰岩	9.32m
14. 紫红色粉砂质页岩	2.88m

13. 薄层状泥质条带灰岩   4.29m

12. 紫红色页岩   1.20m

11. 薄层状泥质条带灰岩   3.02m

10. 紫红色页岩   0.38m

9. 薄层状泥质条带灰岩   0.28m

8. 紫红色页岩   3.38m

7. 砂质灰岩   0.83m

6. 紫红色页岩   1.20m

5. 砂质灰岩   0.97m

4. 紫红色页岩   0.05m

——————— 整合 ———————

朱砂洞组   >41.22m

3. 白云质灰岩   35.68m

2. 中薄层燧石条带灰岩   4.62m

1. 含燧石团块泥质灰岩   0.92m

第四系覆盖未见底

2.6.2 岩性特征及区域变化

2.6.2.1 罗圈组

罗圈组在走向上和倾向上延长均不足百米，出露面积仅数百平方米。主要岩性为紫红色含碎屑砾屑白云岩，岩石具砂屑砾屑结构，块状构造；砾屑45%~55%，呈棱角状、次棱角状、偶有次圆状，砾径2~30mm，个别可达10~20cm，主要成分为微晶白云岩（见图2-69），少量泥晶白云岩、硅质团块，偶见石英砂岩和花岗岩类（见图2-70），不均匀分布；砂屑15%~25%，多呈尖棱角状、次棱角状、次圆状，粒径2~0.06mm，以微晶白云岩碎屑为主，其次为石英和硅质岩岩屑，充填在砾屑颗粒之间。胶结物约30%，主要为粒度小于0.03mm的微晶白云岩及少量氧化铁、石英等，基底式胶结。厚7.58m。下与黄连垛组灰白色含硅质团块白云岩平行不整合接触（见图2-29）。

图 2-69 罗圈组白云岩中的角砾

图 2-70　罗圈组白云岩中的花岗岩和砂岩角砾

2.6.2.2　辛集组

辛集组出露面积约十几平方米。主要岩性为灰色含磷砂质硅质角砾岩沉积，角砾状结构，粗碎屑含量在 70% 左右，其中 70% 以上呈棱角状、次棱角状，30% 呈圆状或次圆状；自然粒径为 2 ~ 60mm，以中-粗粒角砾为主，角砾成分以硅质岩为主，少量微晶白云岩、石英砂岩（见图 2-71）；可见罗圈组砾屑白云岩角砾（见图 2-72）胶结物为方解石和胶磷矿，孔隙式胶结。下与罗圈组紫红色含砾屑砂屑白云岩呈平行不整合接触，上未见顶。厚 0.76m。

图 2-71　辛集组砾岩

图 2-72　辛集组砾岩中的罗圈组砾屑白云岩角砾

2.6.2.3　朱砂洞组

朱砂洞组出露面积约 0.892km²。主要岩性下部为含燧石团块泥质灰岩，中部为中薄层含燧石条带、燧石团块灰岩（见图 2-73）；上部为白云质灰岩，未见底，厚度大于 41.22m。

2.6.2.4　馒头组

馒头组出露面积约 0.555km²。为一套浅海相碎屑岩-碳酸盐岩沉积，厚129.58m。未见顶，下以紫红色页岩与朱砂洞组白云质灰岩整合接触。根据岩性组合分为三个岩性段。

下段厚 27.81m，下部紫红色页岩（见图 2-74）与砂质灰岩互层；中部为紫红色页岩与薄层状泥质条带灰岩互层；上部为紫红色粉砂质页岩-薄层状泥质条带灰岩。

图 2-73　朱砂洞组中的燧石团块

图 2-74　馒头组紫红色页岩

中段厚 24.85m，下部为紫红色页岩、暗紫色石英粉砂岩、泥质灰岩；上部为紫红色页岩、鲕粒灰岩。粉砂岩及泥灰岩。

上段厚度大于 76.92m，底部为灰绿色页岩；下部为（深灰色页岩）、紫红色页岩与亮晶灰岩或鲕粒灰岩构成 4 个沉积旋回；中部为紫红色页岩、泥晶灰岩构成 1 个沉积旋回；上部以中厚层状鲕粒灰岩为主，夹紫红色页岩、灰色页岩。

2.6.3　地层划分、对比及时代归属

1956~1958 年，原地质部西北地质局区域地质测量队在 I-49-（16）洛宁幅1：200000区域地质调查工作中，将分布于嵩山东部李村幅龙脖南至塔罗一带的碳酸盐岩划分为官道口群，本书将该套碳酸盐岩进行了解体，自下而上分别划归汝阳群洛峪口组、蓟县系黄连垛组及寒武系罗圈组、辛集组、朱砂洞组和馒头组。

2.6.3.1 罗圈组

区域上罗圈组主要岩性为一套冰碛泥砂质砾岩、泥钙质砾岩、含砾砂岩夹砂岩、页岩、泥质白云岩组合，下部夹沉凝灰岩。本地区罗圈组夹持在黄连垛组与辛集组之间，在砾石表面可见冰川划痕（见图 2-75），属罗圈组无疑。但本区罗圈组由紫红色含砂屑砾屑白云岩组成，推测其成因为冰碛砾石被搬运到标高较低、气候温暖的局限浅海中形成的沉积，进一步说明罗圈组为山岳冰川沉积。

图 2-75　罗圈组的砾石冰碛划痕

2.6.3.2 辛集组

区域上辛集组为一套陆源碎屑滨海无障壁海岸临滨-前滨碎屑岩沉积，在距研究区最近的灵宝市朱阳镇地区辛集组主要岩性为含磷砾岩、砂岩、泥岩、含磷砂质白云岩与含磷白云质石英砂岩等，厚 106.8m。本地区辛集组为一套角砾岩沉积，厚仅 0.76m，在角砾岩胶结物中出现方解石和胶磷矿，与以含磷砂砾岩为特征的辛集组底部特征一致。区域上辛集组与下伏东坡组或罗圈组为平行不整合接触，本地区辛集组中含下伏罗圈组紫红色含砂屑砾屑白云岩砾石（见图2-72），鉴于本地区辛集组角砾岩成因为对下伏地层有刨蚀作用的水下冲积扇，因此判断本地区辛集组与下伏罗圈组仍为平行不整合接触。

区域上在确山县胡庙地区辛集组磷砾岩之下的东坡组含磷泥质粉砂岩中含小壳化石 *Parakolilthes ~ Sterotheca drepanoida ~ Auriculaspira adunca ~ pojetaia runnegari* 组合带（$\in_1^{2-1}$），时代属早寒武世早期南皋阶晚期早时。因此推测与东坡组呈同时异相沉积的罗圈组时代属早寒武世早期南皋阶晚期早时。

区域上辛集组在叶县地区含三叶虫 *Hsuaspis* 带，小壳动物 *Parakolilithes ~ Sterotheca ~ Auriculaspira ~ Pojetaia* 带（$\in_1^{2-1}$）（裴放，2008），时代属早寒武世南皋阶晚期晚时。

2.6.3.3 朱砂洞组

区域上朱砂洞组是指辛集组或关口组碎屑岩之上、馒头组泥质白云岩之下的一套碳酸盐岩沉积，主要岩性：下部为厚层状（含）砂质灰岩与泥质灰岩互层；中部为粉晶白云岩、灰质白云岩、砂屑（细晶）（含）白云质灰岩；上部为豹皮状灰岩；顶部为白云质灰岩、（含燧石团块）白云岩。厚度一般为 20~64m。含三叶虫 *Hsuaspis* 带及 *Redlichia noetlingi* 带（ $\in_1^{2\text{-}1}$ ），时代属早寒武世南皋阶晚期晚时。研究区划分的朱砂洞组未见底，主要岩性与区域上划分的朱砂洞组岩石组合特征基本一致，区别是本区以含燧石团块泥质灰岩、含燧石条带、团块灰岩及白云质灰岩为主，白云岩不发育，说明本地区朱砂洞期海平面相对较高。

2.6.3.4 馒头组

区域上馒头组指朱砂洞组之上、张夏组碳酸盐岩之下的一套细碎屑岩夹碳酸盐岩沉积，主要岩性为紫红色、灰绿色、暗紫色页岩、粉砂质页岩夹灰岩、鲕粒灰岩，并以其中二层厚度较大、区域上相对稳定的灰岩顶面为标志将其划分为三段。一段含三叶虫 *Redlichia chinensis* 延限带（ $\in_1^{2\text{-}2}$ ），属早寒武世。二段含三叶虫，下部为 *Yaojiayuella* 延限带，上部为 *Shantungaspis* 延限带，顶部为 *Hsuchuangia~Ruichengella* 共存延限带（ $\in_2^{2\text{-}1}$ ），时代属中寒武世。三段含三叶虫，自下而上为 *Hsuchuangia~Ruichengella* 共存延限带，*Pagetia~Ruichengaspis* 共存延限带，黄河以南顶部为 *Sunaspis* 延限带—*Metagraulos~Inouyops~Poriagraulos* 共存延限带，时代属中寒武世。

研究区划分的馒头组岩石组合与区域上划分的馒头组基本一致，与距离研究区最近的渑池县任村北砥坞寒武系剖面相比较，本区一段厚度由 102.4m 减薄为 27.81m，紫红色、灰紫色、紫色及灰黄色页岩相变为紫红色页岩，白云质灰岩、泥灰岩、核形石灰岩相变为泥质条带灰岩，顶部的分段灰岩由 4.59m 厚的灰绿色泥晶灰岩、微晶灰岩、砾屑灰岩相变为 9.32m 的灰色薄层状泥质条带灰岩；二段厚度由 41.93m 减薄为 24.85m，紫色页岩相变为紫红色页岩，并出现暗紫色石英粉砂岩，顶部的分段灰岩由 17.45m 厚的深灰色厚层状含鲕粒砂屑灰岩相变为 6.55m 厚的灰色厚层状鲕粒灰岩；本区三段未见顶，其中石英砂岩、长石石英砂岩等粗碎屑岩沉积消失，页岩颜色由紫色、紫红色、灰紫色、灰绿色变为紫红色、灰绿色、深灰色。上述岩石组合变化表明本区划分的馒头组与渑池县任村北砥坞寒武系剖面基本一致，但本区更远离物源区。

2.7 白垩系上统南朝组

白垩系上统南朝组主要分布于灵宝市阳店乡城烟-凤凰峪一带的沟谷中，出露面积约 1.5km²。划分为上白垩统南朝组。

2.7.1 剖面描述

灵宝市阳店乡凤凰峪上白垩统南朝组实测剖面（见图 2-76）。

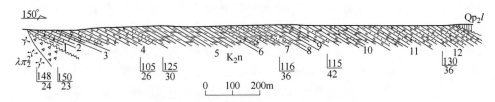

图 2-76　灵宝市阳店乡凤凰峪上白恶统南朝组实测剖面

（数据来源：河南地矿局地调一队，1996）

上覆地层：中更新统 离石组

~~~~~~~~~ 不整合 ~~~~~~~~~

南朝组（k_2n）	厚度 >788.0m
12. 灰红色厚层状砾岩为主夹少量含砾泥质砂岩	134.3m
11. 灰红色厚层状砾岩与褐红色中厚层状泥质砂岩互层	97.5m
10. 灰红色厚层状砾岩、褐红色中厚层状泥质砂岩及浅灰色微晶白云岩互层	139.3m
9. 灰红色厚层状砾岩与褐红色中厚层状泥质砂岩互层	35.8m

8. 灰红色厚层状砾岩、褐红色砂质泥岩与褐红色中厚层状泥质微晶白云岩、
　浅灰白色微晶白云岩层　　　　　　　　　　　　　　　　　　　29.4m

7. 浅灰色厚层状砾岩、灰红色粗中粒岩屑砂岩与褐红色泥质粉砂岩互层，
　岩屑砂岩局部可见粒序层理，泥质粉砂岩中水平层理、板状交错层理较
　为发育　　　　　　　　　　　　　　　　　　　　　　　　　102.3m

6. 褐红色厚层状泥质粉砂岩与浅灰红色中厚层状泥质微晶白云岩组成4个
　沉积旋回，泥质粉砂岩发育水平层理、板状交错层理、波状层理　11.5m

5. 紫红色块状黏土岩与浅灰白色厚层状微晶白云岩互层　　　　101.7m

4. 浅灰色厚层状砾岩、细粒含砾杂砂岩、紫红色块状黏土岩及浅灰红色中
　厚层状含粉砂质微晶灰岩互层，浅灰色砾岩砾石磨圆度较好，呈次浑圆
　状-次棱角状；分选性较差，大者2~3cm，小者0.3cm，砾石成
　分主要为硅质团块　　　　　　　　　　　　　　　　　　　　83.6m

3. 紫红色块状黏土岩、灰红色中厚层状含粉砂质微晶灰岩、浅灰白色中厚
　层状微晶灰岩组成3个沉积旋回　　　　　　　　　　　　　　17.0m

2. 灰红色中厚层状含粉砂质微晶灰岩与浅灰色中厚层状微晶灰岩组成5个
　沉积旋回　　　　　　　　　　　　　　　　　　　　　　　　16.0m

1. 紫红色块状黏土岩、灰红色中厚层状含粉砂质微晶灰岩及浅灰色中厚层
　状微晶灰岩组成3个沉积旋回，黏土岩岩石易风化，多呈小碎块状　19.6m

————————— 平行不整合 —————————

下伏地层：早长城世次火山相流纹斑岩及构造角砾岩

2.7.2　岩性特征及区域变化

　　南朝组主要岩性下部为紫红色黏土岩与灰红色含粉砂质微晶灰岩、浅灰色微

晶灰岩互层，以灰岩为主，夹浅灰色砾岩、细粒含砾杂砂岩；中部为紫红色黏土岩与浅灰色厚层状白云岩互层、褐红色泥质粉砂岩与浅灰红色泥质微晶白云岩互层；上部为浅灰色、灰红色砾岩、褐红色砂砾岩与褐红色泥质粉砂岩–（褐红色泥质微晶白云岩、浅灰白色微晶白云岩）互层；顶部为灰红色砾岩夹少量含砾泥质砂岩，未见顶，厚大于788.0m，与下伏熊耳群角度不整合接触。

2.7.3　地层对比及时代归属

　　1∶200000洛南幅（1965）将灵宝-五亩盆地内出露一套陆相盆地红色碎屑岩夹碳酸盐岩沉积划分为侏罗系、古近系和新近系。20世纪60年代后期，河南省地质科研所在灵宝五亩一带发现了白垩纪常见的介形类化石，因而肯定了五亩盆地中白垩系的存在。1979年童永生、王景文在灵宝县川口乡南朝村西北山梁及杨坡沟口等地采获瑶屯巨形蛋 *Macrootitnes Yaotunesis* 等恐龙蛋化石，故在该地建立南朝组，时代划归晚白垩世。

　　研究区南朝组分布于城烟、凤凰峪、下庄、赵家峪一带，与童永生、王景文建组地点紧邻，岩石组合大致可以对比，因此1∶50000张村幅等4幅联测（1995）将其划分对比为上白垩统南朝组。本书认为五亩盆地上白垩统南朝组与古近系项城组为连续沉积，主要岩性均由紫红色黏土岩、（含）粉砂质微晶灰岩、砂砾岩、岩屑砂岩中两种或两种以上岩性构成的互层状产出，沉积环境均为浅湖相，二者不易划分。因此现划分的上白垩统南朝组中是否含有古近系项城组，有待进一步专题研究。由于本书没有获得新的年代学资料，故延用前人划分及时代归属意见。

2.7.4　基本层序类型划分

　　凤凰峪剖面南朝组为一套河湖相沉积，可划分为七个基本层序类型（见图2-77）。

　　A型：见于剖面1~3层，由紫红色黏土岩（a）—灰红色粉砂质微晶灰岩（b）-浅灰色微晶灰岩（c）组成，厚52.6m。（a）单元（黏土岩）呈泥质结构，块状构造，岩石易风化，多呈小碎块状，为快速堆积的浅湖相沉积。（b）单元（灰红色粉砂质微晶灰岩）含粉砂质微晶结构、亮晶结构、块状构造。方解石90%~92%，石英、长石等7%~8%。为少量、没有陆源物质供给期的浅湖相沉积。因此A型基本层序为浅湖

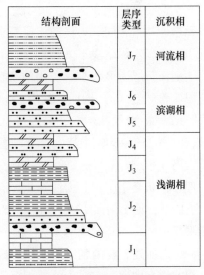

图2-77　上白垩统南朝组沉积层序
（数据来源：河南地矿局地调一队，1996）

相浊流泥岩-碳酸盐岩沉积。

剖面 5 层为 A 型基本层序变种，由紫红色黏土岩-浅灰白色微晶白云岩构成，为快速堆积的浅湖相沉积，没有陆源物质供给期的浅湖相沉积。为浅湖相浊流泥岩-碳酸盐岩沉积。

剖面 6 层为 A 型基本层序变种，由褐红色泥质粉砂岩-浅灰红色泥质微晶白云岩构成。泥质粉砂岩呈粉砂质结构，块状构造，岩石中水平层理、板状交错层理、波状层理十分发育，为快速堆积的浅湖相沉积，仅有少量陆源物质供给期的浅湖相沉积。但此时入湖水量较大，携带的碎屑颗粒稍粗，为浅湖相泥质粉砂岩-碳酸盐岩沉积。

剖面 8 层、10 层为 A 型基本层序变种，由灰红色砾岩-褐红色砂质泥岩-褐红色泥质微晶白云岩-浅灰白色微晶白云岩构成。灰红色砾岩具砾状结构、块状构造，砾石磨圆度较差，多呈次棱角状，基本不具分选性，大者 15cm，小者 0.5cm，砾石成分以安山岩、流纹斑岩为主，见少量石英砂岩，胶结物为泥砂质。为浅湖相泥石流砾岩-浊流砂质泥岩-碳酸盐岩沉积。

剖面 9 层、11 层为 A 型基本层序变种，由灰红色砾岩-褐红色砂质泥岩构成，为浅湖相泥石流砾岩-浊流砂质泥岩沉积。

B 型：见于剖面 4 层，由浅灰色砾岩（a）-细粒含砾杂砂岩（b）-紫红色黏土岩（c）-灰红色含粉砂质微晶灰岩（d）构成。（a）单元（砾岩）呈砾状结构，块状构造，砾石磨圆度较好，呈次浑圆状-次棱角状；分选性较差，大者 2~3cm，小者 0.3cm，砾石成分主要为硅质团块，为泥石流沉积。（b）单元（含砾杂砂岩）为高密度流沉积。（c）单元、（d）单元与 A 型基本层序中（a）单元、（b）单元岩性基本相同。为浅湖相泥石流砾岩-高密度流杂砂岩-浊流泥岩-碳酸盐岩沉积，浅湖水深略浅于 A。

剖面 7 层为 B 型变种，由浅灰色砾岩（a）-灰红色粗中粒岩屑砂岩（b）-褐红色泥质粉砂岩（c）构成。其中（b）单元（岩屑砂岩）粗-中粒砂状结构，孔隙式胶结，微-薄层状构造，局部可见粒序层理。流纹岩、安山岩、石英岩砾屑少量；砂屑 75%~80%，其中安山岩屑 30%，黏土岩屑 10%，石英 30%~35%，硅质岩屑 3%，长石 2%~3%；胶结物主要为钙质，达 15%~20%。粉砂岩发育水平层理、板状交错层理。为浅湖相泥石流砾岩-高密度流杂砂岩-泥质粉砂岩沉积。

C 型：见于剖面 12 层，由灰红色砾岩-含砾泥质砂岩组成，厚 134.3m。为冲洪积扇。

综上所述，在南朝组沉积物形成早期，主要为浅湖相沉积，处于相对封闭的沉积盆地；中期，主要为滨湖相沉积，沉积盆地相对开放；晚期，灵宝盆地上升至较高位置且完全开放，接受一套河流相冲洪积扇沉积。

2.8 古近系项城组

古近系项城组主要分布于灵宝市大王乡下庄-赵家岭一带的沟谷中，出露面积约 1km²。划分为古近系项城组。

2.8.1 剖面描述

灵宝市大王乡赵家岭上白垩统项城组实测剖面如图 2-78 所示。

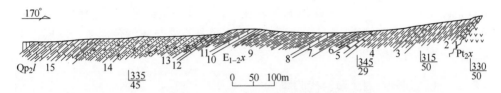

图 2-78 灵宝市大王乡赵家岭古近系项城组实测剖面

（数据来源：河南地矿局地调一队，1996）

上覆地层：中更新统离石组

~~~~~~~~~~~ 不整合 ~~~~~~~~~~~

项城组（$E_{1-2}x$）	厚度 564.9m
15. 紫红色厚层状黏土岩与灰绿色泥灰岩组成 21 个沉积旋回	90.2m
14. 褐灰色中厚层状细粒含岩屑钙质石英砂岩与褐红色中厚-厚层状泥质粉砂岩组成 60 个沉积旋回，石英砂岩单层厚 0.1~0.5m，粉砂岩单层厚 0.15~0.6m	159.7m
13. 褐红色泥质粉砂岩	14.4m
12. 浅灰色厚层状砾岩	0.9m
11. 紫红色厚层状黏土岩	43.3m
10. 浅灰绿色厚层状泥灰岩	3.4m
9. 紫红色厚层状黏土岩	94.1m
8. 浅灰绿色厚层状泥灰岩	6.7m
7. 紫红色厚层状黏土岩	17.6m
6. 紫红色中厚层状黏土岩与浅灰白色中厚层状微晶白云岩组成 10 个沉积旋回	20.0m
5. 浅灰白色中厚-厚层状微晶白云岩，单层厚 0.2~7.0m	8.8m
4. 紫红色中厚-巨厚层状黏土岩，单层厚 0.3~3.0m	54.8m
3. 紫红色中厚层状砾岩与紫红色巨厚层状黏土岩互层，砾岩单层厚 0.5m 左右，砾石成分主要为安山岩、流纹岩、硅质岩、黏土岩，浑圆状-次浑圆状，砾径 0.5~1.0cm，分选性较好；黏土岩单层厚 1.6~4.0m	8.2m
2. 紫红色巨厚层状黏土岩	33.8m
1. 紫红色中厚-巨厚层状砾岩与紫红色巨厚层状粉砂质灰岩互层，砾岩单层厚 0.2~2.0m，砾石成分以安山岩、流纹岩、凝灰岩为主，次浑圆状，砾	

径 0.5~6.0cm，略具分选性；粉砂质灰岩单层厚 1.4~2.5m 　　　　　　　　9.0m

〜〜〜〜〜〜〜　　不整合　　〜〜〜〜〜〜〜

下伏地层：熊耳群许山组　火山角砾岩

2.8.2　岩性特征及区域变化

主要岩性：底部为紫红色砾岩与紫红色粉砂质灰岩互层；下部为紫红色黏土岩夹紫红色砾岩；中下部为紫红色黏土岩与浅灰白色微晶白云岩互层；中上部为紫红色黏土岩与（夹）浅灰绿色泥灰岩互层；上部为褐红色泥质粉砂岩与褐灰色细粒含岩屑钙质石英砂岩互层；顶部为紫红色黏土岩与灰绿色泥灰岩互层，未见顶，厚度大于 564.90m。

2.8.3　地层划分、对比及时代归属

1:50000 张村幅等 4 幅联测（1995）将分布于下庄、赵家岭一带沟谷中，与下伏熊耳群呈角度不整合接触的一套红色碎屑岩夹白云岩沉积划分对比为古近系小安组，同时也提出该组可能与灵宝盆地项城组相当的意见。本书认为该套沉积应划分对比为古近系古-中始新统项城组，主要依据为：

（1）二剖面均位于五亩断陷盆地之内，平面位置相距仅 5~7km。

（2）五亩盆地与三门峡-平陆盆地发育史不相同，前者为自白垩纪开始形成结束于始新世晚期，其沉积自下而上划分为下白垩统枣窳组、上白垩统南朝组、古新世-中始新统项城组及上始新统川口组；后者自古近纪早期开始结束于古近纪晚期。

（3）小安组为平陆盆地划分的岩石单层单位，与下伏坡底组整合接触，区域上未见与下伏熊耳群超覆不整合接触的报道。

（4）小安组主要岩性以紫红、灰绿色泥岩为主，与赵家峪剖面有一定的相似度，但其下部和中部紫红色泥岩中以夹薄层状和网脉状石膏为特征，与赵家峪剖面岩性组合差别较大。

（5）报告以下庄地区局部夹炭质泥岩为依据划分对比为小安组，炭质泥岩在项城组中也同样发育。

凤凰峪南朝组剖面与赵家峪项城组剖面平面距离相距约 7km，与凤凰峪剖面划分的南朝组相比较，赵家峪剖面底部为紫红色砾岩与紫红色粉砂质灰岩互层，凤凰峪剖面为紫红色黏土岩与灰红色含粉砂质灰岩、浅灰色微晶灰岩互层；之上的沉积中项城组中的碳酸盐岩沉积以白云岩为主，不再出现灰岩沉积，但发育有浅湖相的灰绿色泥灰岩；紫红色黏土岩厚度增大，但层数减少。表明两剖面沉积环境均为浅湖相，但凤凰峪地区湖水深度明显偏大，为湖盆中心附近沉积，赵家峪地区相对靠近湖盆边缘。可能由于后期剥蚀的原因，赵家峪剖面缺失凤凰峪剖

面上部发育的砾岩、砂砾岩、泥质砂岩互层的一套湖泊发育晚期沉积。因此赵家峪剖面大致可与凤凰峪剖面的中部对比，进一步说明现划分的上白垩统南朝组中可能含有古近系项城组。

2.8.4 基本层序类型划分

赵家峪剖面项城组为一套湖相沉积，可划分为五种基本层序类型（见图 2-79）。

A 型：见于剖面 1~2 层，由紫红色砾岩（a）-紫红色粉砂质灰岩（b）-紫红色黏土岩（c）组成。（a）单元（砾岩）单层厚度为 0.2~2.0m，平均厚度 1.1m；灰岩单层厚度 1.4~2.5m，平均厚度 1.95m；黏土岩厚 33.8m。（a）单元（砾岩）砾石磨圆度较好，多呈次浑圆状，具一定分选性，粒径 0.5~6cm，成分以安山岩、流纹岩、凝灰岩为主。为滨湖相沉积。（b）单元（粉砂质灰岩）呈粉砂、粉晶结构，微层状构造，由方解石（55%）、石英（30%）、长石（7%~8%）、氧化铁（7%~8%）组成。为浅湖相沉积。（c）单元（黏土岩）单层厚度相对较大，为 1.6~4.0m。为浅湖

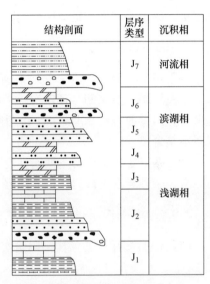

结构剖面	层序类型	沉积相
	J₇	河流相
	J₆	滨湖相
	J₅	
	J₄	浅湖相
	J₃	
	J₂	
	J₁	

图 2-79 古近系项城组沉积层序
（数据来源：河南地矿局地调一队，1996）

相沉积。为滨湖相砾岩-碳酸盐岩-浊流泥岩沉积。

B 型：见于剖面 3~7 层，由紫红色砾岩（a）-紫红色黏土岩（b）-浅灰白色微晶白云岩（c）-紫红色黏土岩（d）组成。其中（a）单元（砾岩）单层厚度一般为 0.5m 左右，具较好的磨圆度及分选性，呈浑圆状-次浑圆状，粒径 0.5~1.0cm，成分主要为安山岩、流纹岩、硅质岩和黏土岩。为滨湖相沉积。（c）单元（白云岩）呈微粒结构，块状构造，白云石 92%，长石、石英 2%~3%，方解石 5%~7%。白云岩单层厚度 0.2~7.0m，黏土岩单层厚度 0.3~30m。为浅湖相滨湖砾岩-浊流泥岩-碳酸盐岩-浊流泥岩沉积。

C 型：见于剖面 8~11 层，15 层，由浅灰绿色泥灰岩（a）-紫红色泥岩（b）组成，（a）单元厚 6.7~3.4m，（b）单元厚 94.1~43.3m，为较深水湖-浅湖相浊流沉积。

D 型：见于剖面 12~14 层，由浅灰色砾岩（a）-褐灰色细粒钙质石英砂岩（b）-褐红色泥质粉砂岩（c）组成。（a）单元厚 0.9m，（b）单元（钙质石英砂岩）呈细粒砂状结构，微层状构造，具弱水平层理，单层厚度为 0.1~0.5m。

（c）单元（泥质粉砂岩）单层厚度为 0.15~0.6m，为滨湖相砾岩-浅湖相石英砂岩-泥质粉砂岩沉积。

2.9　新近系

新近系主要分布于洛宁盆地洛河以北的沟谷中，另在三门峡盆地兀家洼一带有零星出露，出露面积约 20km²。划分为新近系洛阳组（N_1l）和静乐组（N_2j）。

2.9.1　洛阳组（N_1l）

洛阳组主要分布于洛宁盆地洛河以北长水、庙坡根、石门、白水涧、张村、磨沟、槐树塬、卫家凹、孙家沟一带的沟谷中，另在三门峡盆地兀家洼一带有零星出露，出露面积约 20km²。下以角度不整合覆于熊耳群之上，上被静洛组和第四系不整合覆盖。

该组在洛宁盆地北部东西岩性有所差异。西部为灰色、棕红色复成砾岩、岩屑砂岩、杂砂岩、粉砂岩、砂质泥岩、泥岩及含砾泥灰岩。实测剖面四条。

2.9.1.1　剖面描述

（1）陕县张汴乡兀家洼洛阳组实测剖面如图 2-80 所示。

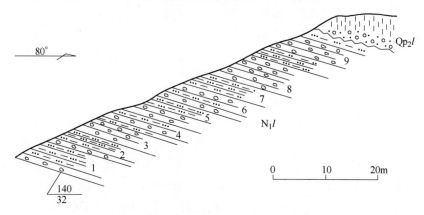

图 2-80　陕县张汴乡兀家洼洛阳组实测剖面

（数据来源：河南地矿局地调一队，1996）

上覆地层：中更新统离石组

～～～～～～　不整合　～～～～～～

洛阳组（N_1l）	厚度 >30.2m
9. 下部浅灰色砾岩，上部棕红色含黏土质杂砂岩	4.2m
8. 下部浅灰色砾岩，上部棕红色含黏土质杂砂岩	6.2m
7. 下部浅灰色砾岩，上部棕红色含黏土质杂砂岩	2.8m

6. 下部浅灰色砾岩，上部棕红色含黏土质杂砂岩   1.4m

5. 下部浅灰色砾岩，上部棕红色含黏土质杂砂岩   3.2m

4. 下部浅灰色砾岩，上部棕红色含黏土质杂砂岩   1.6m

3. 下部浅灰色砾岩，上部棕红色含黏土质杂砂岩   4.2m

2. 下部浅灰色砾岩，上部棕红色含黏土质杂砂岩   3.1m

1. 下部浅灰色砾岩，上部棕红色含黏土质杂砂岩   3.5m

（未见底）

（2）洛宁县长水乡毛岗河洛阳组实测剖面如图 2-81 所示。

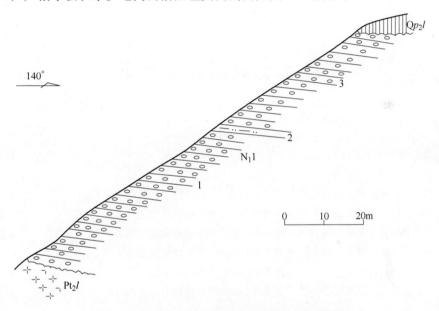

图 2-81　洛宁县长水乡毛岗河洛阳组实测剖面

（数据来源：河南地矿局地调一队，1995）

上覆地层：中更新统离石组

～～～～～　　不整合　　～～～～～

洛阳组（N_1l）	厚度 44.3m
3. 棕红色、灰黄色砾岩	8.5m
2. 棕红色砂质黏土岩	1.5m
1. 灰黄色、浅灰色、棕红色砾岩	34.3m

～～～～～　　不整合　　～～～～～

下伏地层：熊耳群龙脖组　流纹斑岩

　　洛宁县长水乡毛岗河主要岩性为灰黄色、浅灰色、棕红色砾岩夹棕红色砂质黏土岩。

（3）洛宁县马店乡中石门洛阳组实测剖面图（见图 2-82）。剖面位于洛宁县马店乡北石门一带，剖面起点坐标：$X=3808.685$，$Y=19546.960$。

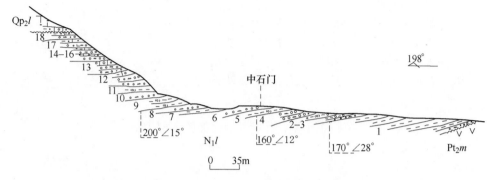

图 2-82   洛宁县马店乡中石门洛阳组下部（N_1l）实测剖面

（数据来源：河南地矿局区域地质调查队，2000）

上覆地层：中更新统离石组（Qp_2l）

～～～～～～～ 不整合 ～～～～～～～

洛阳组下部（N_1l）	厚度 159.6m
18. 下部灰杂色复成分砾岩，上部 1.4m 为灰白色砾砂质泥晶灰岩	5.0m
17. 下部灰杂色复成分钙质砾岩，上部 2.1m 为灰白色砾砂质泥晶灰岩	3.5m
16. 下部灰杂色复成分砾岩，上部 0.7m 为灰白色砾砂质泥晶灰岩	2.1m
15. 下部灰色复成分砾岩，上部 0.7m 为灰白色砾砂质泥晶灰岩	4.2m
14. 下部灰色复成分砾岩，上部 0.7m 为灰白色砾砂质泥晶灰岩	4.2m
13. 下部灰色复成分砾岩，上部 5m 为灰白色砾砂质泥晶灰岩	19.1m
12. 下部灰红色复成分砾岩，上部 3.5m 为灰白色砾砂质泥晶灰岩	21.2m
11. 砖红色含砾黏土岩	4.7m
10. 灰杂色复成分砾岩	16.5m
9. 砖红色含砾黏土岩	19.1m
8. 灰杂色复成分砾岩	7.8m
7. 砖红色含砾黏土岩	3.9m
6. 灰杂色复成分砾岩	13.4m
5. 砖红色含砾黏土岩	7.5m
4. 灰杂色复成分砾岩	7.8m
3. 砖红色砾质黏土岩	4.8m
2. 灰色复成分砾岩	0.5m
1. 灰红色钙质淋滤含砾黏土岩，底部 0.3m 为灰红色细砾复成分砂岩	21.6m

～～～～～～～ 不整合 ～～～～～～～

下伏地层：熊耳群马家河组   灰绿色安山岩

（4）洛宁县孙家沟中新统洛阳组上部（N_1l）实测剖面（见图 2-83）。剖面位于洛宁县东宋乡官庄塬北西沟孙家沟北一带，剖面起点坐标：$X = 3818.790$，$Y = 19566.425$。

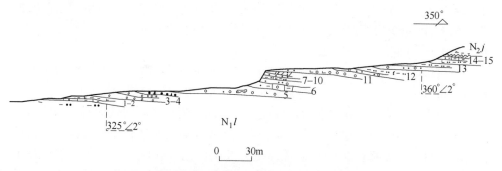

图 2-83　洛宁县孙家沟中新统洛阳组上部（N_1l）

（数据来源：河南地矿局区域地质调查队，2000）

上覆：上新统静乐组（N_2j）深红色黏土（岩）。

～～～～～　角度不整合　～～～～～

洛阳组上部（N_1l）	厚度 >61.20m
15. 褐色粉砂质黏土岩	1.0m
14. 下部灰红色钙化含粉砂黏土岩，上部灰白色砂质泥灰岩	6.8m
13. 下部浅灰色砂泥质复成分砾岩，上部灰白色含灰质团块、条带砂质黏土岩	14.7m
12. 下部浅褐色复成分砾岩，上部灰白色含灰质团块、条带砂质黏土岩	10.1m
11. 灰杂色钙质复成分砾岩	0.5m
10. 下部浅褐色泥砂质复成分砾岩，上部橘红色含砾砂质黏土岩，可见由砾岩、砂岩构成的板状斜层理	4.3m
9. 下部灰色复成分砾岩，上部不等粒岩屑砂岩	2.0m
8. 褐黄色钙质结核含粉砂黏土岩	1.1m
7. 灰杂色复成分砾岩	2.0m
6. 浅灰红色含砾泥晶灰岩，底面弯曲	2.6m
5. 灰色复成分砾岩，上部夹泥灰岩透镜体	13.8m
4. 灰杂色粗粒岩屑砂岩	0.8m
3. 灰杂色钙质复成分砾岩	2.3m
2. 红色含砾泥灰质团块粉砂钙质黏土岩	2.1m
1. 浅灰白色含砾粉砂泥晶灰岩	3.1m

（未见底）

2.9.1.2　岩石特征及区域变化

（1）三门峡盆地兀家洼一带分布的洛阳组主要岩性为成岩度较差的一套棕红色黏土质杂砂岩与浅灰色砾岩互层，未见顶底，厚度大于30.2m。

（2）洛宁盆地北侧边缘一带分布的洛阳组由中石门和孙家沟两条剖面控制：

1）中石门剖面洛阳组底部为灰红色细砾复成分砂岩、钙质淋滤含砾泥岩；下部为灰色复成分砾岩、砖红色砂质黏土岩；中部为灰杂色复成分砾岩与砖红色含砾黏土岩互层；上部为灰红色复成分砾岩与灰白色砾砂质泥晶灰岩互层，未见顶，厚159.60m。

2）孙家沟剖面洛阳组底部为浅灰白色含砾粉砂质泥晶灰岩、红色含砾泥灰质团块粉砂钙质黏土岩；下部为灰杂色（钙质）复成分砾岩由下向上分别与灰杂色粗粒岩屑砂岩、浅灰红色含砾泥晶灰岩、褐黄色含钙质结核含粉砂砂质黏土岩、不等粒岩屑砂岩互层，复成分砾岩中偶夹泥灰岩透镜体；中部为浅褐色泥砂质复成分砾岩，夹橘红色含砾砂质黏土岩及灰白色含灰质团块、条带砂质黏土岩；上部为浅灰色砂泥质复成分砾岩-灰白色含灰质团块、条带砂质黏土岩，浅红色含粉砂黏土岩-灰白色砂泥质灰岩；顶部为褐色粉砂质黏土岩，厚度大于61.2m。

由上述两条剖面可以看出，孙家沟剖面底部岩性（含砾粉砂质泥晶灰岩）与中石门剖面顶部岩性（砾砂质泥晶灰岩）基本相同，表明前者反映洛宁盆地洛阳组下部岩石组合特征，后者反映洛阳组上部岩石组合特征，两剖面大体可以拼合成一条完整的剖面。

（3）洛宁盆地西部长水一带分布的洛阳组主要岩性为灰黄色、浅灰色、棕红色砾岩夹棕红色砂质黏土岩，砾岩成岩较差的砾岩，砾石磨圆度差，多呈棱角状，微具分选性，略显递变韵律层理（见图2-84），为冲洪积扇沉积，厚44.3m。

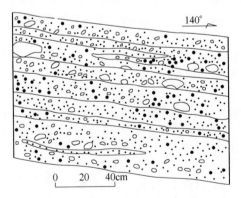

图2-84　新近系砾岩特征素描图（长水乡毛岗河）

（数据来源：河南地矿局地调一队，1995）

2.9.1.3　基本层序类型划分

中石门-孙家沟剖面洛阳组可划分出四种基本层序类型。

A型：见于中石门剖面1~11层，厚5.3~26.9m。基本层序间为突变接触。由灰色、灰杂色复成分砾岩（a）-砖红色含砾黏土岩（b）组成。（a）单元（复成分砾岩）主要矿物成分为：砾石含量30%~80%，砾石成分以安山（斑）岩为主，部分粗安岩、脉石英、流纹岩，次棱角状-次圆状，分选性差-中等；砂屑、粉砂以次棱角状岩屑为主，泥质分布不均匀，含量小于50%，杂基-颗粒支撑，部分为钙质胶结，对下伏地层均有冲刷现象，与上覆（b）单元（含砾黏土岩）大多数地段为过渡关系。（b）单元（含砾黏土岩）砾石含量小于30%，不均匀分布，砂屑较少，胶结极为松散，成层性差，部分地段有钙质结核，为浅湖相水下冲洪积扇沉积-泛滥平原含流水黏土岩沉积。

B型：见于中石门剖面12~18层，孙家沟剖面1~2层、5~6层、12层、13层，厚2.1~21.2m。基本层序间为突变接触。由灰色、灰杂色复成分砾岩（c）-灰白色砾砂质泥晶灰岩（d）-红色含砾泥灰质团块粉砂质黏土岩（e）组成，（c）单元特征与A型基本层序（a）单元特征基本一致，对下伏地层有冲刷现象，与上覆（d）单元（砾砂质泥晶灰岩）大多数地段为过渡关系。（d）单元（砾砂质泥晶灰岩）块状-层状构造，泥晶结构，砾石含量6%~30%，呈次棱角状，砂屑含量10%，以次棱角状岩屑为主，泥质含量15%。（e）单元（含砾泥灰质团块粉砂质黏土岩）仅见于最后1个基本层序上部，厚2.1m。为浅湖相水下冲洪积扇-碳酸盐岩-泛滥平原含砾泥灰质团块粉砂质黏土岩沉积。

C型：见于孙家沟剖面3~4层，9层，由灰杂色钙质复成分砾岩（f）-灰杂色粗粒岩屑砂岩（g）组成，为浅湖相水下冲积扇-高密度流沉积。

D型：见于孙家沟剖面10层，由浅褐色泥砂质复成分砾岩-橘红色含砾砂质黏土岩构成，发育由砾岩、砂岩构成的板状斜层理，为冲洪积扇-泛滥平原沉积。

综上所述，洛阳组沉积环境为冲洪积扇-浅湖-洪泛平原。

2.9.2 静乐组（N₂j）

静乐组零星出露于洛河以北的槐树塬、孙家沟一带的沟谷上部，出露面积小于3km²。与下伏洛阳组平行不整合接触。

2.9.2.1 剖面描述

洛宁县槐树塬上新统静乐组实测剖面如图2-85所示。剖面位于洛宁县王村乡槐树塬东沟东坡，剖面起点坐标：$X=3818.490$，$Y=19561.490$。

上覆地层：下更新统午城组（Qp₁w）

$\sim\sim\sim\sim$ 不整合 $\sim\sim\sim\sim$

静乐组（N₂j）   厚度16.1m

5. 深红色粉砂质黏土（岩）   2.0m

4. 深红色含粉砂黏土（岩），含钙质结核　　　　　　　　　　10.8m

3. 浅肉红色不等砾钙质复成分砾岩　　　　　　　　　　　　　1.0m

2. 棕黄色砾质黏土质粉砂（岩），含钙质结核　　　　　　　　0.7m

1. 灰杂色不等砾钙质复成分砾岩　　　　　　　　　　　　　　1.6m

　　　　　　　〰〰〰〰　不整合　〰〰〰〰

下伏地层：洛阳组　紫红色泥质粉砂岩

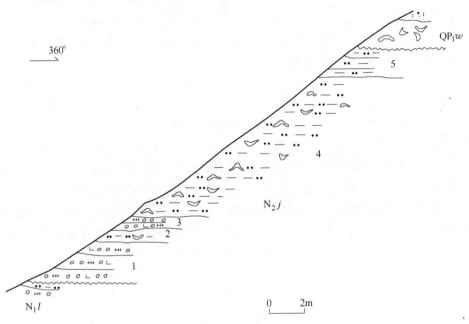

图 2-85　洛宁县槐树塬上新统静乐组（N$_2$j）实测剖面

（数据来源：河南地矿局区域地质调查队，2000）

2.9.2.2　岩性特征及区域变化

　　静乐组为一套亚热带气候下河湖相沉积。主要岩性底部为灰杂色复成分砾岩，砾岩对于下伏地层有冲刷，与上覆地层呈过渡关系，横向上不稳定，部分地段有缺失，砾石成分为安山岩、流纹岩、泥晶灰岩，次圆状，略具分选，颗粒支撑，钙质胶结，为河流边滩沉积；之上为深红色含粉砂黏土岩，夹浅肉红色不等砾钙质复成分砾岩，棕黄色砾质黏土质粉砂岩。厚 16.1m。含粉砂黏土岩主要矿物成分为黏土 90%，少量粉砂，含钙质结核，大小在 1~30cm 不等，杂乱分布于黏土中，为洪泛平原沉积。粉砂岩中粉砂含量 60%，为次棱角状石英，含砾石，含钙质结核，为河漫滩沉积。

　　静乐组在洛宁盆地横向上岩性变化不大，但厚度变化较大，最薄处仅为几厘米，最大厚度可达 16.1m，大部分地段没有出露。

该套砾岩、含粉砂黏土岩不整合于洛阳组之上，上被午城组覆盖，暂划归静乐组。

2.10 第四系

第四系松散堆积物在研究区广泛分布，在海拔800m高山上可见到，洛宁盆地钻探800m深处还可见到。总面积达800余km^2，占研究区总面积1/3。是陕县、灵宝、洛宁等县工农业生产重要基地。

根据分布范围、厚度、岩性组合、接触关系、黄土成分、色调、成因类型、地貌特征、古文化层及区域对比，研究区第四系划分为：下更新统午城组（Qp_1w）、中更新统离石组（Qp_2l）、上更新统马兰组（Qp_3m）、全新统下部及上部洪冲积物。

2.10.1 下更新统午城组（Qp_1w）

下更新统午城组主要分布于崤山南坡的上戈、罗岭及洛宁盆地西北侧边缘长水、马店、庙坡根、石门、白水涧、张村、磨沟、槐树塬、卫家凹、孙家沟一带的沟谷中，在崤山北坡张村东沟、唐山村及张湾黄土冲沟中亦零星出露，出露总面积约283.977km^2。与下伏地层不整合接触，上被离石组、马兰组覆盖。出露高程在800m以下。

2.10.1.1 剖面描述

（1）洛宁长水庙沟午城组实测剖面图（见图2-86）。可见厚度为72.8m。

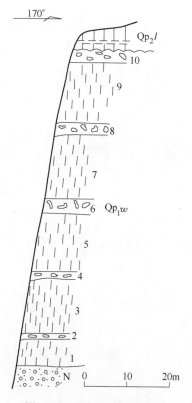

图2-86 洛宁县长水庙沟下更新统午城组实测剖面

（数据来源：河南地矿局地调一队，1995）

上覆地层：中更新统离石组（土黄色亚砂土夹灰红色亚黏土薄层）

———————— 整合 ————————

午城组（Qp_1w）	厚度 72.8m
10. 钙质结核层	2.46m
9. 红色黏土层	14.28m
8. 钙质结核层	2.95m
7. 红色黏土层	14.28m

6. 钙质结核层　　　　　　　　　　　　　　　　　　　　　　　3.94m

5. 红色黏土层　　　　　　　　　　　　　　　　　　　　　　　3.00m

4. 钙质结核层，充填有少量黏土　　　　　　　　　　　　　　　1.92m

3. 红色黏土层，含少量钙质结核　　　　　　　　　　　　　　　12.9m

2. 钙质结核层　　　　　　　　　　　　　　　　　　　　　　　1.08m

1. 红色黏土层　　　　　　　　　　　　　　　　　　　　　　　6.01m

～～～～～～　不整合　～～～～～～

下伏地层：洛阳组　紫红色砂质砾岩

（2）洛宁县王村北下更新统午城组（Qp_1w）实测剖面图（见图2-87）。剖面位于洛宁县王村北沟南坡，剖面起点坐标：$X=3813580$，$Y=19557880$。

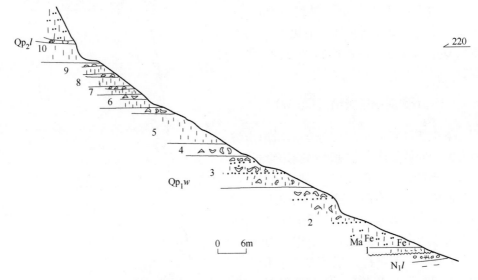

图2-87　洛宁县王村北下更新统午城组（Qp_1w）实测剖面

（数据来源：河南地矿局区域地质调查队，2000）

上覆地层：中更新统离石组（Qp_2l）粉砂质黏土

～～～～～～　不整合　～～～～～～

午城组（Qp_1w）　　　　　　　　　　　　　　　　　　厚度47.6m

10. 褐红色黏土，顶部有薄风化壳　　　　　　　　　　　　　　3.1m

9. 褐红色黏土，顶部钙质结核薄层　　　　　　　　　　　　　　2.3m

8. 褐红色黏土，顶部富集钙质结核薄层　　　　　　　　　　　　3.3m

7. 褐红色黏土，顶部为钙质结核薄层　　　　　　　　　　　　　2.2m

6. 褐红色黏土，顶部为钙质结核富集层　　　　　　　　　　　　4.1m

5. 褐红色黏土，顶部为钙质结核富集层　　　　　　　　　　　　8.4m

4. 浅褐红色钙质富集层，由下向上钙质结核富集程度增高　　　　2.5m

3. 下部橘红色钙质结核黏土，中部 4m 为钙质结核富集层，上部 1m 为钙质
　　风化壳，三者间为过渡关系　　　　　　　　　　　　　　　　　　　7.3m

2. 下部褐红色含铁锰膜钙质黏土，中部 4m 为钙质结核富集层，上部 1.5m
　　为风化壳，三者间为过渡关系　　　　　　　　　　　　　　　　　　13.9m

1. 褐红色含砂钙质黏土　　　　　　　　　　　　　　　　　　　　　　0.5m

～～～～～～～　不整合　～～～～～～～

下伏地层：洛阳组　砂质细砾岩。

2.10.1.2　岩性特征及区域变化

午城组为属冷干和温湿交替变化气候下的风尘-残坡积堆积。主要岩性为 9
层褐红、棕红色略具水平节理的黏土（古土壤）夹 8 层厚 0.5～4m 的钙质结核
层，厚 47.6～72.8m。其中下部 2 层钙质结核层顶部发育钙质风化壳，钙质结核
层由下向上变薄。洛宁地区午城组顶部发育有薄风化壳，底部普遍发育由砂泥质
灰岩构成的风化壳。

午城黄土为刘东生、张宗祜（1962 年）
在《中国的黄土》一文中于山西省隰县午城镇
柳树沟创名，时代属早更新世，孙维汉
（1964）改称午城组。本书沿用午城组代表研
究区下更新统以古土壤为主的黄土堆积。

2.10.1.3　时代归属

区域上，山西隰县午城镇柳树沟产哺乳动
物 *Proboscidipparion sinense*，*Nyctereutes sinensis*，
Sus lydekkeri，*Hypolagus brachypus* 等。古地磁
年龄为 2.58～1.36Ma（肖华国等，1998）。时
代属早更新世。

2.10.2　中更新统离石组（Qp$_2l$）

中更新统离石组主要分布于陕县张汴、张
村、李村和洛宁盆地北部，构成广阔平坦的黄
土塬区，出露面积约 993.44km^2，出露高程不
超过 700m，与下伏前第四系不整合接触，与
下伏午城组平行不整合接触。

2.10.2.1　剖面描述

（1）陕县张湾乡崔庄中更新统离石组实测
剖面如图 2-88 所示。

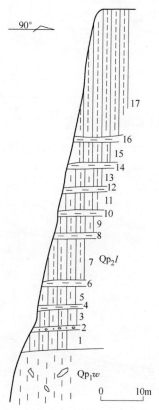

图 2-88　陕县张湾乡崔庄中
更新统离石组实测剖面
（数据来源：河南地矿局地调一队，1995）

离石组（Qp₂l）（未见顶）   厚度>72.9m

17. 土黄色亚砂土	26.7m
16. 棕红色亚黏土	0.5m
15. 土黄色亚砂土	6.4m
14. 棕红色亚黏土	0.5m
13. 土黄色亚砂土	3.9m
12. 棕红色亚黏土，顶部有一薄层钙质结核层	1.0m
11. 土黄色亚砂土	4.4m
10. 棕红色亚黏土	0.5m
9. 土黄色亚砂土	4.4m
8. 棕红色亚黏土	0.4m
7. 土黄色亚砂土	8.7m
6. 棕红色亚黏土	1.0m
5. 土黄色亚砂土	4.4m
4. 棕红色亚黏土	0.5m
3. 土黄色亚砂土	3.9m
2. 砂砾石层	1.0m
1. 土黄色亚砂土	4.7m

～～～～～～～～ 不整合 ～～～～～～～～

下覆地层：午城组

（2）洛宁县大宋实测剖面（见图 2-89）。剖面位于洛宁县东宋乡大宋村北，剖面起点坐标：$X=3815540$，$Y=19564130$。

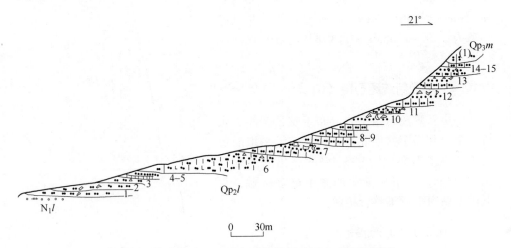

图 2-89 洛宁县大宋北中更新统离石组 Qp₂l 实测剖面

（数据来源：河南地矿局区域地质调查队，2000）

上覆地层：马兰组

～～～～～　不整合　～～～～～

离石组	厚度 >99.8m
15. 橘红色黏土质粉砂	0.8m
14. 下部1m为橘红色黏土质粉砂，上部橘黄色含钙质结核粉砂质黏土，比例1：3，顶部钙质结核富集	3.0m
13. 下部橘红色黏土质粉砂，上部灰黄色黏土质粉砂，比例3：4，顶部过渡到钙质结核富集层	7.3m
12. 下部橘红色黏土质粉砂，中部橘黄色黏土质粉砂，上部含钙质结核黏土质粉砂，比例1：1：3，顶部钙质结核富集	17.8m
11. 下部橘红色黏土质粉砂，上部橘黄色黏土质粉砂，比例1：3.5，顶部钙质结核富集	5.5m
10. 下部浅橘红色黏土质粉砂，上部灰白色含钙质结核黏土质粉砂，比例2：5，顶部钙质结核富集	9.6m
9. 下部橘红色黏土质粉砂，上部橘黄色黏土质粉砂，比例4：3	6.7m
8. 下部橘红色黏土质粉砂，上部橘黄色含钙质结核黏土质粉砂，比例1：1	5.6m
7. 下部浅褐红色黏土质粉砂，上部浅黄色含钙质结核黏土质粉砂，比例5：6	11.6m
6. 下部浅褐红色含钙质网纹黏土质粉砂，上部灰白色钙质结核黏土质粉砂，比例16：1	17.0m
5. 浅黄色细粒粉砂与粗砂构成互层，每个层对厚6m左右，比例1：1	5.5m
4. 深红色含粉砂黏土	1.6m
3. 下部深红色含钙质结核黏土，上部浅黄色钙质结核黏土质粉砂，比例4：3	6.0m
2. 下部褐红色粉砂质黏土，上部浅黄色富钙质结核黏土质粉砂，比例3：4，顶部钙质结核富集	5.1m
1. 下部褐红色钙质黏土质粉砂，中部褐红色钙质结核粉砂质黏土，上部浅褐黄色结核黏土质粉砂，比例1：5：2，顶部钙质结核富集	4.1m

～～～～～　不整合　～～～～～

下伏地层：洛阳组　灰色砂砾岩

2.10.2.2　岩性特征及区域变化

陕县张村乡一带离石组主要岩性为9层具垂直节理的土黄色厚层状亚砂土（俗称立土），夹7层略具水平层理的薄层状土红色亚砂土，下部夹砂砾石层，上部夹多层厚0.2～1.0m的钙质结核层，厚72.9m。

洛宁盆地离石组主要岩性下部为褐红色黏土质粉砂、砂质黏土与浅褐黄色、浅黄色黏土质粉砂互层；中部为深红色、浅褐红色黏土质粉砂与浅黄色黏土质粉砂互层，夹深红色含粉砂黏土及由浅黄色细粒粉砂与粗粒粉砂构成的9个层对；上部为橘红色、浅橘红色黏土质粉砂与橘黄色、灰黄色黏土质粉砂互层，厚99.8m。

在黄土层之上或上部多见杂乱分布的钙质结核，与黄土层呈渐变关系。由下向上总体上具有红土层变薄、黄土层变厚、钙质结核含量减少的演化趋势。

离石组中红土层（褐红色、深红色、棕红色、橘红色黏土质粉砂）为发育程度不同的古土壤，系温湿气候下风成黄土风化、脱钙和残坡积共同作用的产物；黄土层（褐黄色、土黄色、橘黄色、浅黄色黏土质粉砂）系干旱气候下风积产物。中部发育的粗、细粉砂发育在深红色含粉砂黏土层之上，推测为季节性浅湖沉积。因此离石组为冷暖交替-干寒为主气候条件下风积为主的产物，局部发育有短时浅湖。

离石黄土为刘东生、张宗祜（1962）在《中国的黄土》一文中于山西省离石县王家沟乡陈家崖创名，时代属早更新世，孙维汉（1964）改称午城组。本书沿用离石组代表研究区中更新统以风积为主的黄土堆积。

2.10.2.3　时代归属

区域上，山西省隰县午城镇柳树沟含哺乳动物（*Spiroceros peii*，*Equus wuchengensis*，*Megaloceros pachyosteus*，*Myospalax tingi*，*M. Chaoyatseni* 及 *Myospalax fontanieri*，*Ochotonoides sp* 等）。河南省产哺乳动物（*Equus sanmeniensis*，*Pseudaxis grayi*，*Hyaena sinensis*）。赵下峪剖面 19 层（S1）OSL 年龄为（76.8±5.5）~（73.1±6.6）ka，IRS 年龄（76.9±5.1）~（80.2±5.4）ka，18 层（L2）上部 OSL 年龄（87.9±6.7）ka，17 层（S2）OSL 年龄（168.8±17.8）ka（赵华等，1998），时代属中更新世。

2.10.3　上更新统马兰组（Qp_3m）

上更新统马兰组在研究区广泛分布，多出露于黄土塬上和沟谷两侧，其不整合覆于中更新统离石组之上，上被全新统覆盖。

2.10.3.1　剖面描述

洛宁县崖底剖面厚 30.7m（见图 2-90），位于洛宁县县城西崖底，起点坐标为：$X=3806330$，$Y=19553350$。

未见顶

马兰组（Qp_3m）	厚度 30.7m
9. 浅黄、灰白色含钙质黏土粉砂，底部 0.9m 为橘红色粉砂质黏土	16.0m
8. 浅黄色含钙黏土质粉砂，底部 0.5m 为橘红色粉砂质黏土	4.4m
7. 灰杂色砂砾岩层，对下伏地层有冲刷	0.7m
6. 灰白色含钙质黏土质粉砂	1.0m
5. 灰杂色砂泥质中粒砾石层，对下伏地层有冲刷	0.8m
4. 浅白色含钙黏土质粉砂	0.7m

3. 灰杂色砂质细砾石层，对下伏地层有冲刷，横向上可见尖灭现象   0.3m

2. 浅白色含生物钙质黏土粉砂   6.0m

1. 橘红色含砾黏土质粉砂   0.7m

〜〜〜〜〜 不整合 〜〜〜〜〜

下伏地层：离石组橘红色黏土质粉砂

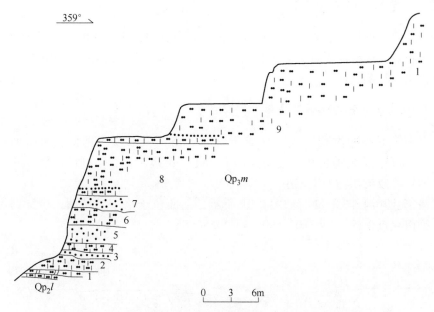

图 2-90 洛宁县崖底上更新统马兰组（Qp_3m）实测剖面

（数据来源：河南地矿局区域地质调查队，2000）

2.10.3.2 岩性特征及区域变化

马兰组为干寒气候下风成产物。主要岩性底部为橘红色含砾黏土质粉砂，下部为浅灰白色、灰白色含钙黏土质粉砂，夹不稳定的砂砾石层，上部为橘红色黏土质粉砂与浅黄色、灰白色含钙黏土质粉砂互层，以浅黄色含钙黏土质粉砂为主，厚30.70m。浅黄色含钙土质粉砂（黄土），质地坚硬，柱状节理发育，灰白色含钙黏土质粉砂中偶见钙质结核，为干寒气候下风成沉积。橘红色黏土质粉砂为发育不完全的古土壤，砂砾石层为河流相冲洪积。因此马兰组为干寒为主气候条件下风积为主的产物，早期季节性河流发育。

2.10.3.3 时代归属

区域上，马兰组含哺乳动物 *Struthio sp.*，鸟类 *Struthio andersoni*，腹足类 *Cathaica*（*Phiocathaica*）*richthofenia*，*C.*（*Eucathaica*）*dascuola*（*Draoarbayd*），

$C. (E.) fasciola$。赵下峪剖面 22 层 IRSL 年龄 17.9~39.0ka、GLSL 年龄 18.1~
36.5ka，21 层 IRSL 年龄 44.2~67.1ka，OSL 年龄（60.0±4.0）ka，20 层 IRSL 年
龄 70.3~75.5ka（赵华，1998），巩义市黑石关马兰黄土底部热释光年龄为
（7.2±0.2）万年，时代属晚更新世。

2.10.4　全新统冲洪积物（Qh）

全新统冲洪积物主要分布于现代河床及其沟谷中，为现代河床冲洪积物。根
据其地貌及岩性特征划分为上部和下部两部分，其中下部又依据地貌和岩性差异
划分为 I~Ⅳ级阶地。

2.10.4.1　全新统下部冲洪积（Qh_1^{pal}）

全新统下部冲洪积物主要分布于研究区洛河及其支流两侧，出露面积在
140km^2 以上，依据地貌和岩性差异划分为 I~Ⅳ级阶地，不同阶段沉积物有差
别，同一阶段沉积物差别较小。

洛宁县寨沟-陈宋剖面如图 2-91 所示，剖面位于洛宁县城西，横穿洛河河
谷，剖面起点坐标：$X=3807.500$，$Y=19556.860$。

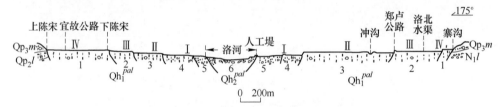

图 2-91　洛宁县寨沟-陈宋洛河河谷实测地层剖面
（数据来源：河南地矿局区域地质调查队，2000）

北侧河谷基底：马兰组（Qp_3m）

北岸阶地

南岸阶地

6. 河床、河漫滩鹅卵石、砂、少量砂土，河道可见改道迹象。宽 470m

洛河河道

5. I 级阶地：近岸砂土、砾石、砂及少量亚砂土，宽 262m，陡坎 0.8m

4. I 级阶地：远岸亚黏土、砂土，少量砾石及砂，陡坎横向不稳定。宽 218m，陡坎 0.8m

3. Ⅱ级阶地：含砾亚砂土、黏土质粉砂，孔隙较多。宽 955m，陡坎 7.1m

2. Ⅲ级阶地：含砾黏土质粉砂，宽 480m，陡坎 2.0m

1. Ⅳ级阶地：含砾黏土质粉砂，宽 105m，陡坎 3.0m

5. I 级阶地：近岸砂土、砾石、砂及少量亚砂土。宽 114m，陡坎 0.6m

4. I 级阶地：远岸砂土、亚砂土，少量砾石及砂。宽 340m，陡坎不明显

3. Ⅱ级阶地：黏土质粉砂、亚黏土及少量砾石，宽 310m，陡坎 3.0m

2. Ⅲ级阶地：黏土质粉砂，宽 276m，陡坎 1.0m

1. Ⅳ级阶地：黏土质粉砂，宽 650m，陡坎为斜坡

南侧河谷基底马兰组（Qp_3m）、离石组（Qp_2l）

该剖面陡坎指阶地之间的陡坎高度，北岸阶地平面宽度 2020m，阶地向河流方向倾斜，总高差 33m，南岸平面宽度 1590m，阶地亦倾向于河流，总高差 17m，两侧陡坎级数相同，各阶地岩性地貌特征极为相近，说明谷地发展进程相同，只不过每次抬升高度不同而已，反映洛河河谷对称发育中的差异性。横向上各阶地变化不大，只不过高级阶地多被侵蚀，出露宽度有变化，特别是Ⅳ级阶地仅在剖面处两侧有保留。

2.10.4.2 全新统上部冲洪积（Qh_2^{pal}）

包括近-现代河床、河漫滩、沟口扇沉积。河床、河漫滩冲积主要分布于近-现代河道中，由鹅卵石、砂、粉砂、少量泥质组成，砾砂成分复杂，次圆状-次棱角状，具分选性。沟口扇多呈扇状展布于洛河北侧新近系分布区的沟口处，由砾、砂、泥组成，次棱角状为主，分选性差。

3 侵 入 岩

<<<<<<<<<<<<<<<<<<<<<<<<<<<<<<<<<<<<<<<<<<<<<<<<<<<<<<<<<<<<<<<<

研究区侵入岩出露面积约 260 余平方千米，其中新太古代变质花岗岩类占 90% 以上，集中分布于嵩山断隆区结晶基底内，在盖层区零散分布的有中元古代熊耳期的辉长岩、辉绿岩、花岗斑岩及印支期正长斑岩和燕山晚期花岗斑岩（见表 3-1）。

表 3-1　嵩山地区侵入岩特征

地质时代	年龄/Ma	岩浆岩期次		代号	岩石类型	代表性岩体	规模	围岩	同位素年龄/Ma
K_2	99.6								
	119	晚时	早期	$\gamma o\pi K_1^3$	斜长花岗斑岩	赵家古洞	小岩株	熊耳群	117
	125		晚期						
	130	中时	早期	$\eta\gamma\pi K_1^{2-1}$	二长花岗斑岩	龙卧沟	小岩株	新太古代花岗岩、兰树沟岩组	128
				$\delta o\eta K_1^{2-1}$	斑状石英二长闪长岩	后河	小岩株	兰树沟岩组	128
K_1	136	早时	晚期	$\delta o\pi K_1^{1-3b}$	石英闪长斑岩	小妹河	小岩株	新太古代花岗岩、熊耳群	131.5
				$\gamma\pi K_1^{1-3a}$	花岗斑岩				
				$\eta\gamma\psi K_1^{1-3}$	角闪二长花岗岩	花山	岩基	古元古代花岗岩、熊耳群	131~132
				$\eta o\psi K_1^{1-3}$	角闪石英二长岩				
			中期	$\xi\gamma\pi K_1^{2-1}$	钾长花岗斑岩	中河	小岩株	熊耳群	135~129
				$\eta\gamma K_1^{2-1}$	似斑状二长花岗岩	老里湾	小岩株	熊耳群	137~133
				$\eta\gamma\psi\pi K_1^{1-2}$	角闪二长花岗斑岩	韩沟、白石崖	小岩株	熊耳群	145~135
	145		早期						
T_3	217			$\xi\gamma T_3$	正长斑岩		岩脉	火山岩及沉积岩	
Pt_2	1800			$\gamma\pi Pt_2$	花岗斑岩	阳坡-锁洞沟	岩墙、岩脉及小岩株	熊耳群，罗汉洞组、新太古代TTG-G岩系	
				$\gamma\delta Pt_2$	花岗闪长岩	小岭水库			
				δPt_2	闪长岩				
				$\beta\mu Pt_2$	辉绿岩	阳洞岩墙			
				νPt_2	辉长岩	西沟、后岩沟			

续表 3-1

地质时代	年龄/Ma	岩浆岩期次	代号	岩石类型	代表性岩体	规模	围岩	同位素年龄/Ma
Ar₃	2500		$\beta\nu Ar_3$	斜长角闪岩	龙凤沟岩墙	岩墙、岩脉	新太古代TTG-G岩系	
				辉长辉绿岩				
			$\eta\gamma Ar_3^2$	片麻状斑状二长花岗岩	坡根	基状	新太古界杨寺沟岩组、兰树沟岩组	
			$\eta\gamma Ar_3^1$	片麻状二长花岗岩	曹家窑			2500±17（河南有色地质一队，2016）
			$\gamma\delta Ar_3$	片麻状花岗闪长岩	野乔河			
			$\gamma o Ar_3$	片麻状奥长花岗岩	涧里河			2451±5（河南地调一队，1995）
			$\gamma\delta o Ar_3$	片麻状英云闪长岩	南瑶河			
			$\delta o Ar_3$	片麻状石英闪长岩	蚂蚁沟			

岩石分类命名采用国际岩石分会 1972 年通过的《火成岩标准矿物分类方案》。以研究区岩石鉴定资料为基础，并参考岩石化学资料予以修正。时代的划分按照中国地质调查局和全国地层委员会推荐的《中国地层表（试用稿）2012》的年代界线。代号采用"岩性+时代"。

3.1 新太古代侵入岩

新太古代侵入岩非常发育，约占研究区侵入岩总面积的 95%，一套具中-浅变质程度的变质花岗岩系，构成本区新太古代结晶基底的主体。各侵入体多以岩基形式产出，其内部岩性单调，组构均一，总体显示明显的侵入岩岩貌特征。岩体与围岩以及岩体之间的接触关系基本清楚，部分表现为狭窄的岩性过渡带。根据矿物组合分为 TTG 岩系及二长花岗岩系两部分。

3.1.1 变质 TTG 岩系

变质 TTG 岩系分布于陕县涧里河-陕县天爷庙-灵宝县寺河一带，出露面积 278.29km²，主要岩石类型为片麻状石英闪长岩、片麻状英云闪长岩、片麻状奥长花岗岩、片麻状花岗闪长岩。岩体侵入于新太古界兰树沟岩组和杨寺沟岩组中，并被变质二长花岗岩系侵入（见图 3-1）。

3.1.1.1 岩石类型及岩性特征

A 片麻状石英闪长岩（$\delta o Ar_3$）

片麻状石英闪长岩主要分布于陕县张村乡蚂蚁沟一带，呈不规则多边形展

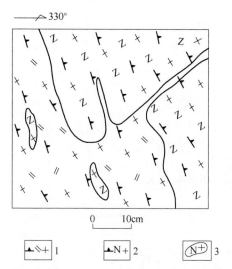

图 3-1　陕县张村乡 ηγAr₃ 侵入于 γoAr₃ 接触关系素描

（数据来源：河南省地矿局地调一队，1996）

1—片麻状二长花岗岩；2—片麻状奥长花岗岩；3—奥长花岗岩捕虏体

布，总面积 6.5km²。东部被熊耳群不整合覆盖，南部与片麻状二长花岗岩接触，岩体内部见片麻状二长花岗岩及变辉长辉绿岩呈岩脉状侵入。岩体中南部被近东西向前村韧性剪切带改造。

　　a　岩石学特征

　　岩石呈暗灰色，半自形粒状结构及显微文象结构，片麻状及条带状构造。主要由斜长石（40%~55%）、普通角闪石（20%~30%）、石英（5%~10%）、黑云母（3%~5%）组成。副矿物有锆石、磷灰石、金红石、白钛石等。岩石主要矿物均发生不同程度的变形，略具定向，可见双晶弯曲、扭折及石英粒化现象。显示岩石遭受了较强韧性变形。矿物粒度细，粒径 0.1mm×1mm~1.5mm×3mm，属细-中粒范畴。岩石绢云母化、帘石化、绿泥石化、阳起石化、钠化较强。

　　b　岩石地球化学特征

　　片麻状石英闪长岩 SiO_2 含量为 63.60%~69.26%（平均 65.95%），Al_2O_3 大于 15%，Al_2O_3 含量为 15.38%~17.12%（平均 16.01%），A 含量为 6.52%~7.87%（平均 7.057%），K/Na 为 0.60~1.09（平均 0.80），Na_2O 大于 K_2O，A/CNK 为 0.916~1.107（平均 1.02），分异指数（DI）为 70.36~79.92（平均 74.97），碱度率（A.R）为 1.9~2.41（平均 2.18），组合指数（σ_{43}）为 1.73~2.92（平均 2.19），$\sum REE$ 为 146.64×10⁻⁶，LREE/HREE 为 18.76，球粒陨石标准化分布形式为向右缓倾的曲线，具中等铕负异常（δ^{Eu} = 0.52）。在 An-Ab-Or 分类图解（见图 3-2）上主要落在花岗岩和英云闪长岩区；在 TAS 图解上（见图

3-3)，全为亚碱性，投点落在花岗岩和花岗闪长岩区；在 K_2O-SiO_2 系列划分图解（见图 3-4）上落在高钾钙碱性系列；在 R_1-R_2 成因分类图解（见图 3-5）上投点主要落在板块碰撞前区。

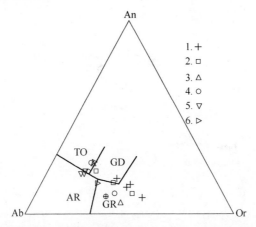

图 3-2　新太古代变质花岗岩类 An-Ab-Or 标准矿物分类图解

AR—奥长花岗岩；TO—英云闪长岩；GD—花岗闪长岩；GR—花岗岩

1—$\eta\gamma Ar_3^2$；2—$\eta\gamma Ar_3^1$；3—$\gamma\delta Ar_3$；4—γoAr_3；5—$\gamma\delta oAr_3$；6—δoAr_3

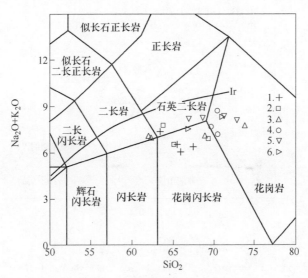

图 3-3　新太古代变质花岗岩类 TAS 图解

(Ir 分界线，上方为碱性，下方为亚碱性)

1—$\eta\gamma Ar_3^2$；2—$\eta\gamma Ar_3^1$；3—$\gamma\delta Ar_3$；4—γoAr_3；5—$\gamma\delta oAr_3$；6—δoAr_3

B　片麻状英云闪长岩（$\gamma\delta oAr_3$）

片麻状英云闪长岩主要分布于灵宝寺河乡南瑶沟一带，另在大铁沟林场、草

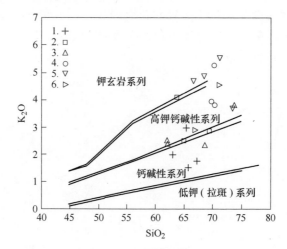

图 3-4 新太古代变质花岗岩类 K_2O-SiO_2 图解

1—$\eta\gamma Ar_3^2$；2—$\eta\gamma Ar_3^1$；3—$\gamma\delta Ar_3$；4—$\gamma o Ar_3$；5—$\gamma\delta o Ar_3$；6—$\delta o Ar_3$

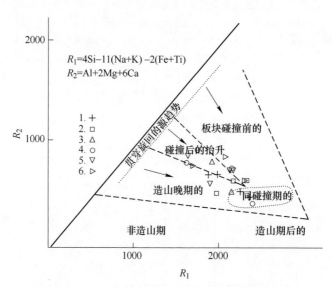

图 3-5 新太古代变质花岗岩类构造环境图解

1—$\eta\gamma Ar_3^2$；2—$\eta\gamma Ar_3^1$；3—$\gamma\delta Ar_3$；4—$\gamma o Ar_3$；5—$\gamma\delta o Ar_3$；6—$\delta o Ar_3$

庙南及涧里水库等零星分布，岩体多呈椭圆状，单个面积多小于 $1km^2$，出露总面积约 $12km^2$。与片麻状奥长花岗岩多相伴分布，并被片麻状奥长花岗岩、片麻状二长花岗岩侵入（见图 3-6）。

　　a 岩石学特征

　　岩石呈浅灰色，不等粒变余花岗结构，交代残留结构，片麻状构造，主要矿

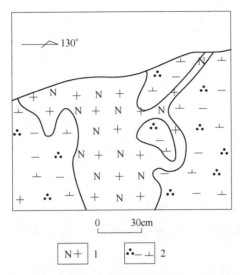

图 3-6 奥长花岗岩与英云闪长岩侵入接触素描（陕县张村乡胡沟）

（数据来源：河南省地矿局地调一队，1996）

1—奥长花岗岩；2—英云闪长岩

物成分为绢云母化斜长石（50%~60%）、石英（20%~25%）、黑云母（10%左右）、角闪石（5%~7%）。其中长英质矿物粒度细（0.1~3.5mm），属细中粒。副矿物组合为磁铁矿、磷灰石、锆石、榍石等。岩石具较强的绢云母化、绿帘石化、绿泥石化、黏土化等。

b 岩石地球化学特征

片麻状英云闪长岩 SiO_2 含量为 63.14%~67.14%（平均 65.325%），Al_2O_3 大部分大于 15%，Al_2O_3 含量为 13.60%~17.49%（平均 15.425%），A 含量为 5.99%~7.29%（平均 6.51%），K/Na 为 0.33~0.83（平均 0.48），Na_2O 明显大于 K_2O，A/CNK 为 1.036~1.103（平均 1.07），分异指数（DI）为 71.44~75.55（平均 73.055）碱度率（A.R）为 1.98~2.44（平均 2.14），组合指数（σ_{43}）为 1.55~2.59（平均 1.89），$\sum$REE 为 258.6×10^{-6}，LREE/HREE 为 28.93，球粒陨石标准化分布形式为向右缓倾的曲线，具弱的铕负异常（δ_{Eu} 为 0.798）。在 An-Ab-Or 分类图解上（见图 3-2）主要落在英云闪长岩区，个别花岗岩区；在 TAS 图解上（见图 3-3），全为亚碱性，投点主要落在花岗岩和石英二长岩区；在 K_2O-SiO_2 系列划分图解（见图 3-4）上主要为钾玄岩系列，个别高钾钙碱性系列；在 R_1-R_2 成因分类图解（见图 3-5）上投点主要落在板块碰撞前到碰撞后的抬升区。

C 片麻状奥长花岗岩（γoAr₃）

片麻状奥长花岗岩分布于陕县涧里河、三角山、刘家河、天爷庙一带，总面积约 125km²，约占变质花岗岩类的 1/2。片麻状奥长花岗岩为变质 TTG 岩系的主要组成部分，呈大型岩基形式产出。岩体侵入片麻状英云闪长岩（见图 3-6），被片麻状二长花岗岩侵入（见图 3-1）。在放牛山一带被古元古界放牛山组不整合覆盖，局部被长城系熊耳群不整合覆盖。

a 岩石学特征

岩石呈浅灰色，不等粒花岗结构及交代结构，块状构造；主要矿物成分为更长石（60%~70%）、石英（20%~25%）、黑云母（5%左右），局部可见少量（小于 5%）钾长石。岩石中含有（3%）较自形的斜长石斑晶，并见含长条状及椭圆状暗色石英闪长岩包体，大小在 5cm×15cm~10cm×30cm 之间。矿物粒度较细，粒径 0.5~4mm，属中细粒。副矿物有磷灰石、锆石、榍石、磁铁矿等。岩石多受到较强的绢云母化、钠长石化、高岭土化、绿帘石化及绿泥石化。

b 岩石地球化学特征

片麻状奥长花岗岩 SiO_2 含量为 61.72%~73.58%（平均 69.34%），Al_2O_3 大部分大于 15%，Al_2O_3 含量为 13.95%~17.34%（平均 15.715%），A 含量为 7.05%~8.52%（平均 7.48%），K/Na 为 0.02~1.16（平均 0.64），Na_2O 明显大于 K_2O，A/CNK 为 0.986~1.704（平均 1.23），分异指数（DI）为 68.62~92.3（平均 82.26），碱度率（A.R）为 1.98~3.43（平均 2.63），组合指数（σ_{43}）为 1.95~2.63（平均 2.14），$\sum REE$ 为 $54.05×10^{-6}$~$279.23×10^{-6}$（平均 $122.93×10^{-6}$），LREE/HREE 为 14.44~26（平均 19.54），球粒陨石标准化分布形式为向右缓倾的曲线，具中等-正常铕负异常（δ_{Eu} 为 0.54~1，平均 0.78）。在 An-Ab-Or 分类图解上（见图 3-2）主要落在花岗岩区；在 TAS 图解（见图 3-3）上，全为亚碱性，投点落在花岗岩区，个别二长岩区、花岗闪长岩；在 K_2O-SiO_2 系列划分图解（见图 3-4）上主要为高钾钙碱性系列，个别钾玄岩系列；在 R_1-R_2 成因分类图解（见图 3-5）上投点主要落在同碰撞期和碰撞后抬升区。

D 片麻状花岗闪长岩（$\gamma\delta Ar_3$）

片麻状花岗闪长岩分布于片麻状奥长花岗岩岩基周边，共有 12 个大小不等的侵入体，多呈不规则状岩株产出。其中大岔沟侵入体较大，面积约 15km²；其余均较小，多在 1~3km²，总面积约 25km²。岩体侵入于新太古界太华岩群，穿切片麻状奥长花岗岩，局部被长城系熊耳群不整合覆盖。

a 岩石学特征

岩石呈浅灰色，变余花岗结构、交代残留结构，片麻状构造。主要由斜长石（45%~50%）、钾长石（10%~15%）、石英（20%~25%）和黑云母（5%~10%）组成。矿物粒度较细，粒径 0.5~3mm，属中细粒。副矿物有磁铁矿、锆石、磷灰石、榍石等。岩石绢云母化、绿泥石化、绿帘石化、褐铁矿化较强。

b 地球化学特征

片麻状花岗闪长岩 SiO_2 含量为 66.88%~71.94%（平均 68.79%），Al_2O_3 大部分大于 15%，Al_2O_3 含量为 13.71%~16.51%（平均 15.64%），A 含量为 6.47%~8.22%（平均 7.11%），K/Na 为 0.33~1.23（平均 0.56），Na_2O 大于 K_2O，A/CNK 为 0.972~1.535（平均 1.202），分异指数（DI）为 74.57~86.42（平均 79.03），碱度率（A. R）为 2.01~3.31（平均 2.40），组合指数（σ_{43}）为 1.65~2.39（平均 1.955），$\sum REE$ 为 $76.42 \times 10^{-6} \sim 172.79 \times 10^{-6}$（平均 99.87×10^{-6}），在 An-Ab-Or 分类图解（见图 3-2）上落在英云闪长岩和花岗岩区；在 TAS 图解（见图 3-3）上，全为亚碱性，投点落在花岗岩区；在 K_2O-SiO_2 系列划分图解（见图 3-4）上主要为高钾钙碱性系列；在 R_1-R_2 成因分类图解（见图 3-5）上投点主要落在同碰撞期和碰撞后抬升区。

3.1.1.2 造岩矿物特征

变质 TTG 岩系各岩石类型造岩矿物具有不同组合形式，但矿物基本特征大致相同。

斜长石呈半自形板状及粒状，可见聚片双晶，个别双晶具揉折现象。晶体多裂纹，钠黝帘石化、绢云母化普遍。最大消光角法测得斜长石牌号 An = 12~15，属更长石，比典型 TTG 岩系斜长石牌号明显偏低，这是斜长石普遍钠黝帘石化的结果。

钾长石属微纹长石和微斜长石，呈不规则板状，具格子状双晶，常交代并包裹斜长石，形成残留结构及反条纹结构，裂纹发育，个别晶体发生扭折弯曲。

石英呈他形粒状，粒化现象明显，具强波状消光，长轴定向。常成单矿物链分布于长石格架中，显示流状构造特征。

角闪石属普通角闪石。主要发育在石英闪长岩中。呈半自形长柱状，具定向排列。部分角闪石已蚀变成纤状阳起石及绿泥石，多色性明显。Ng 为绿色，Nm 为深绿色，Np 为黄绿色，吸收公式为 Nm>Ng>Np。

黑云母大多已变成绿泥石，呈鳞片状集合体分布于长英质矿物粒间，定向性强，构成岩石的片麻状构造。具明显多色性，Ng、Nm 多为褐色或红褐色，Np 为黄色，吸收公式为 Ng≥Nm>Np。

3.1.1.3 副矿物特征

各岩石类型中副矿物种类较多，组合相似（见表 3-2）。标型副矿物锆石、磷灰石等均显示岩浆成因特点（见表 3-3）。

表 3-2　嵩山地区侵入岩副矿物特征

时代	岩石单位/元	岩性	样号	磁铁矿	褐铁矿	黄铁矿	锆石	磷灰石	榍石	褐帘石	方铅矿	自然铅	黄铜矿	锐钛矿	白钛矿	金红石	辉钼矿	孔雀石	萤石
中生代	龙卧沟 ηγπK₁²⁻¹	二长花岗斑岩	XⅢ-Ⅳ(9)	12053	++	10	27	78	2464	+	+++		++		++			++	
	小练河 δοπK₁¹⁻³ᵇ	二长花岗斑岩	R₂/1670	8466		+	24	485	1167	294	+			+	+	+			5
	赵家古洞 γοπK₁³	二长花岗斑岩	R₉/2524	4340	285	109	14	402	594		+			+	+	+	+		+
		花岗斑岩	R₃/437	26	1577	78	27	243	++	+	+			++		15			
	后河 δοηK₁²⁻¹	石英闪长斑岩	Rz-2	13763	1602	41	99	886	705	+++	++	+		++		++		+	
			RI-17	15070	3678	113	77	910	2387	+++	++	+	+	+	++	++	++	+	+
	白石崖 ηγψπK₁¹⁻²	二长花岗斑岩	RI-14	3745	54	1821	+++	650	++	+++	++			+		+		++	
	韩沟	二长花岗斑岩	R3/3182	4622	242	28	35	203	580	++	+		+	+++	+	+		+	+
		二长花岗斑岩	R2/1558	4182	200	++	16	1319	1155	+	+				+	++	+		
新太古代	龙凤沟岩墙 βνAr₃	辉长辉绿岩	R5/2550	2025	++	199	+	++	+	++			+						
		斜长角闪岩	R₃/2573	318	55	90	++	59	+	+		+							
	变质二长花岗岩系列 ηηγAr₃²	片麻状斑岩	R₂/1671	1168	1055	1	++	129	+	+++	+		+			++	+	+	+
		二长花岗岩	R₁₀/2626	25	258	11	210	437	579	++			+		+++		+		
	变质二长花岗岩系列 ηηγAr₃¹	片麻状二长花岗岩	R₇/2555	39	9	9	30	143	336	39	+		+++	+			+		
		花岗岩	R₁/2558	42	++	+++	4	286	7	78	+					+			
	ηηγAr₃¹	片麻状花岗闪长岩	R₂/92572	82	55	125	56	652	617	+++	+	+	+						
	变质TTG岩石系列 γοAr₃	片麻状英云闪长岩	R₂/2562	9	+++	0.5	55	920	188	+++	+		+		+				
	γδοAr₃	片麻状奥长花岗岩	R₅/2549	8	+++	42	116	694	514	+++	+		+	+					
			R₅/2551	105	++	5.12	56	861	174	204	+	+	+	+		+			+
			R₄/2571	9	++	++	+++	528	232	++	+++								

数据来源：河南省地矿局地调一队，1996。

表3-3　嵩山地区新太古代变质侵入岩锆石、磷灰石特征

岩石单位元	副矿物	颜色	透明度	光泽	晶面特征	包含体情况	长短轴比	粒度/mm	晶体形态	锆石晶形图
龙凤沟基性岩墙（βνAr₃²）	锆石	紫色褐色	半透明微透明	金刚玻璃	平滑、有的多裂纹	含黑色包体	2.5:1~3:1	0.1~0.22×0.03~0.08	晶形以（110）（111）组成的四方双锥为主，个别为柱状	
	磷灰石	无色浅黄色	透明半透明	玻璃光泽	不平断口，晶面光滑	含角闪石包体		0.15×0.08~0.03	多呈圆柱状及碎屑状	
坡根片麻状斑状二长花岗岩（ηγAr₃²）	锆石	紫色浅黄色	半透明微透明	玻璃光泽	粗糙、多裂纹、有溶蚀凹坑	含黑色包体	1.5:1~2.5:1	0.028×0.14~0.056×0.28	晶形由（111）（311）（131）柱面及六方双锥体为主	
	磷灰石	无色浅黄色	透明	玻璃光泽	有钱染现象	含透明及不透明矿物包体		0.03~0.15	多呈粒状、碎屑状、柱状	
曹家窑片麻状二长花岗岩（ηγAr₃¹）	锆石	紫色紫褐色	半透明微透明	金刚玻璃	不平整、有溶蚀凹坑、多裂纹	含磷灰石包体	3:1~4:1	0.15×0.20~0.05×0.08	晶形多呈四方锥少数由（100）（110）柱面和（311）（131）（111）锥面构成简单聚形	
	磷灰石	无色白色	透明半透明	玻璃光泽	粗糙，不平断口	含黑色包体		0.02~0.2	多呈粒状、柱状、少数浑圆状	
野乔河片麻状花岗闪长岩（γδAr₃）	锆石	紫褐色紫色	半透明微透明	金刚光泽	粗糙、多裂纹、有溶蚀凹坑	含磷灰石锆石包体	2.5:1~4:1	0.028×0.084~0.15×0.21	晶形由（110）（100）柱面及（111）（311）（131）锥面组成的各种形态之聚形	
	磷灰石	无色浅黄色	透明	玻璃光泽		含黑色包体		0.15×0.08~0.03	呈粒状、柱状、碎屑状	
洞里河片麻状奥长花岗岩（γoAr₃）	锆石	紫色紫褐色	半透明微透明	金刚玻璃	不平整、多裂纹、有溶蚀凹坑	含锆石及气泡	2:1~3:1	0.15×0.2~0.05×0.08	晶形为四方双棱柱双锥体，少数由（100）（110）柱面及（131）锥面组成之聚形	
	磷灰石	无色白色	透明半透明	玻璃光泽	有柱面裂纹	含锆石等包体		0.24×0.14~0.03	多呈长圆粒状、或浑圆度较好的棱柱状	
南蠡沟片麻状英云闪长岩（γδoAr₃）	锆石	紫色	半透明微透明	玻璃光泽	粗糙、凹凸不平、有溶蚀坑、多裂纹	含黑色包体	2:1~3:1	0.112×0.392~0.014×0.056	晶形多为四方双锥与四方柱组成的多种多样聚形	
	磷灰石	无色白色	透明半透明	玻璃光泽	裂纹多	含锆石包体		0.24×0.14~0.03	呈粒状、柱状、碎屑状	

数据来源：河南省地矿局地调一队，1996。

A　副矿物组合特征

从表 3-2 可知，研究区变质 TIG 岩系各岩石类型副矿物组合十分相似，主要以磁铁矿、磷灰石、榍石、锆石为主，并普遍出现褐铁矿、黄铁矿、褐帘石、方铅矿。属磷灰石-榍石-锆石-磁铁矿型。副矿物组合的一致性，反映该岩系各岩石类型具有明显的亲缘关系，应属同源岩浆演化产物。

B　标型副矿物特征

锆石：多呈紫色或紫褐色，半透明-微透明，具金刚-玻璃光泽。晶形主要由 (100) (110) 柱面及 (111) (311) (131) 锥面构成复杂聚形。晶棱晶面清晰，长短轴比值较大，一般为 2∶1~4∶1。常含其他副矿物包体。晶面多裂纹，有熔蚀凹坑，断面粗糙不平。这些特点明显反映属岩浆成因。

磷灰石：呈粒状或碎屑状，白色或无色，透明-半透明，玻璃光泽，多裂纹，普遍含黑色包体。粒度细，粒径 0.03~0.24mm，晶形多不完整。

3.1.1.4　岩石地球化学特征

A　岩石化学特征

研究区变质 TTG 岩系岩石化学成分特征如下（见表 3-4）。

（1）主要氧化物特征。

各岩石类型 SiO_2 含量多集中在 62%~71% 之间。平均值为 66.5%，与国内外典型 TTG 岩系（62%~74%）接近。并且从 $\delta oAr_3 + \gamma\delta oAr_3 \rightarrow \gamma oAr_3 \rightarrow \gamma\delta Ar_3$，$SiO_2$ 由 65.6%→66.5%→68.9% 递增，明显反映出岩浆性质由偏基性向酸性演化。Al_2O_3 含量相对偏高，集中在 14%~17% 之间。其平均值（15.7%）大于 15%，属高铝型。并呈现随 SiO_2 升高而降低的趋势。铁镁质组分略偏高，（FeO）+MgO 平均值为 3.89%，略高于世界 TTG 岩系（<3.4%）。表明研究区变质 TTG 岩系岩石相对偏基性。CaO 含量集中在 1%~4% 之间，平均值 2.9%，与典型奥长花岗岩（1%~3%）接近。岩石具富钠、低钾特征。Na_2O 含量平均值 4.27%，K_2O 平均值 2.78%，$w(Na_2O)/w(K_2O)$ 平均比值（1.53）大于 1。此特点与典型英云闪长岩-奥长花岗岩组合基本一致。

（2）主要参数特征。

研究区片麻状石英闪长岩-片麻状花岗闪长岩系在 SiO_2-K_2O 图上投点在钙碱性系列-高钾钙碱性系列，岩石类型属钙碱性-高钾钙碱性系列。在 K-Na-Ca 图解中，显示由 Ca 端向 Na 端演化（见图 3-7），与国内外典型 TTG 岩系相似。

该岩系各岩石类型标准矿物在 An-Ab-Or 分类图解中（见图 3-2），投点主要落入英云闪长岩、花岗闪长岩、奥长花岗岩范围内，表明属 TTG 岩系岩石组合范畴。

表 3-4　嵧山地区变质 TTG 岩系岩石化学成分及特征值

岩石系列	岩石单元/元	样号	氧化物百分含量/%													特征值		
			SiO₂	TiO₂	Al₂O₃	Fe₂O₃	FeO	MnO	MgO	CaO	Na₂O	K₂O	P₂O₅	H₂O⁺	灼失量	A	δ	A/NCK
变质基性脉岩类	龙凤沟基性岩墙	X5/2550	50	1.2	13.23	4	9.5	0.22	6.99	9.49	2.3	0.58	0.04	1.18	1.45	2.95	1.06	0.61
		X3/2611	48.48	1.8	12.17	5.37	12.93	0.2	4.94	8.38	2.24	0.59	0.32	0.63	0.94	2.9	1.25	0.62
		X3/2573	47.02	2.5	12.33	15	4.28	0.25	5.93	8.68	2.15	0.68	0.27	0.65	0.75	2.86	1.83	0.61
		X4/2612	58.42	0.6	16.94	2.7	4.75	0.09	3.25	6.22	3.04	2.78	0.19	0.66	1.05	5.88	2.16	0.88
	$\bar{X}$		50.98	1.52	13.67	3.2	7.87	0.19	5.28	8.19	2.44	1.16	0.21	0.78	1.05			
	大陆溢流拉斑玄武岩		50.7	2	14.4	3.2	9.8	0.2	6.2	9.4	2.6	1						

岩石系列	岩石单元/元	样号	特征值														
			K/Na	AR	Q	Or	Ab	An	DI	Ox	$\bar{A}$	R₁	R₂	$\bar{M}$	Na%	Ca%
变质基性脉岩类	龙凤沟基性岩墙	X5/2550	0.25	4.69	3.3	3.3	19.4	24.2		0.3		2014	1620	21.46	19.03	75.60
		X3/2611	0.26	4.3	5.2	3.3	18.9	21.7		0.29		1760	1382	22.23	20.42	73.56
		X3/2573	0.32	4.66	14	3.9	18.4	22		0.78		1650	1464	22.21	19.08	74.17
		X4/2612	0.91	2.64	11	16.7	25.7	24.2		0.36		1934	1154	21.07	25.05	49.34
	$\bar{X}$															
	大陆溢流拉斑玄武岩															

岩石系列	岩石单元/元	样号	氧化物百分含量/%													特征值		
			SiO₂	TiO₂	Al₂O₃	Fe₂O₃	FeO	MnO	MgO	CaO	Na₂O	K₂O	P₂O₅	H₂O⁺	灼失量	A	δ	A/NCK
变质二长花岗岩系列	坡根片麻状斑状二长花岗岩	X1/791	73.1	0.25	13.04	0.43	1.73	0.02	0.8	1.31	4.08	3.61	0.05	0.58	1.7	7.81	1.95	1
		X2/1671	71.06	0.25	14.12	1.35	1.71	0.03	0.61	1.18	2.9	5.56	0.04	0.6	0.94	8.56	2.54	1.09
		X12/2623	68.4	0.42	14.96	1.55	1.53	0.04	1.18	2.23	3.38	4.86	0.22	0.34	1.25	8.34	2.65	1
		X10/2626	66.66	0.46	14.94	2.3	1.71	0.04	1.18	2.23	3.52	4.68	0.28	0.42	1.33	8.37	2.8	1
	曹家岔片麻状二长花岗岩	X7/2555	70.4	0.2	14.94	1.26	1.48	0.03	0.81	2.26	3.45	3.75	0.04	0.8	1.12	7.3	1.88	1.08
		X1/2558	69.52	0.2	15.09	1.55	1.94	0.03	0.94	2.06	3.7	3.93	0.04	0.83	1.09	7.71	2.18	1.07
		X2/2706	70.08	0.3	14.02	1.76	1.57	0.02	0.47	1.58	3.53	5.28	0.05	0.65	1.02	8.93	2.84	0.97
	$\bar{X}$		69.89	0.3	14.44	1.46	1.67	0.03	0.86	1.86	3.51	4.52	0.1	0.6	1.21			
	世界花岗岩		69.21	0.41	14.41	1.98	1.67	0.12	0.12	2.19	3.48	4.11	0.3					

续表 3-4

岩石系列	岩石单元/元	样号	特征值														
			K/Na	AR	Q	Or	Ab	An	DI	Ox	$\bar{A}$	R_1	R_2	$\bar{M}$	K%	Na%	Ca%
变质二长花岗岩系列	坡根片麻状斑状二长花岗岩	X1/791	0.88	1.81	34	21.2	34.6	5.6	89.8	0.2	1	2512	432	20.35	43	43.5	13.5
		X2/1671	1.92	2.31	28.7	32.8	24.6	5	86.1	0.44	1.1	23.14	424	20.45	60.7	28.3	11.1
		X12/2623	1.44	2.26	21.8	29	28.8	10	79.6	0.5	1	2110	638	20.5	49.6	30.9	19.6
		X10/2626	1.33	2.2	21	27.8	29.4	9.2	78.2	0.57	1	1996	636	20.56	48	32.3	19.7
	曹家峪片麻状二长花岗岩	X7/2555	1.09	1.97	29.1	22.3	29.4	11.4	80.8	0.46	1.1	2496	578	20.38	42.7	35.2	22.1
		X1/2558	1.06	1.94	26.1	22.8	31.5	11.4	80.4	0.44	1.04	2310	586	20.49	42.8	36.1	21.1
		X2/2706	1.5	2.28	25.6	31.2	29.4	6.9	86.2	0.53	0.97	2110	472	20.58	53.9	32.2	13.9
	$\bar{X}$ 世界花岗岩				26.6	26.7	29.7	8.5	83	0.45	1.03	2264	539	2047	48.7	34.1	17.3

岩石系列	岩石单元/元	样号	氧化物百分含量/%												特征值		
			SiO_2	TiO_2	Al_2O_3	Fe_2O_3	FeO	MnO	MgO	CaO	Na_2O	K_2O	P_2O_5	H_2O^+	灼矢量	A	δ	A/NCK
变质TTG岩石系列	野乔河片麻状花岗闪长岩	X9/2572	66.88	0.4	16.33	0.45	2.84	0.04	1.25	3.47	4.5	2.85	0.11	0.81	1.13	7.42	2.25	0.97
		X8/2703	71	0.22	13.71	1.3	1.26	0.03	0.9	1.64	3.69	4.53	0.04	0.73	0.92	8.36	2.39	0.98
	洞里河片麻状花岗闪长岩	X5/2549	61.72	0.5	17.34	1.91	2.56	0.05	2.06	3.99	4.5	2.63	0.21	1.47	2.64	7.32	2.63	0.99
		X1/2550	73.58	0.2	13.95	1.25	0.99	0.03	0.31	1.13	3.92	3.86	0.02	0.66	1.36	7.84	1.97	1.1
		X7/2551	62.06	0.4	16.94	1.6	2.43	0.06	2.06	3.99	4.45	2.41	0.17	1.47	3.1	7.1	2.37	0.98
		X4/2571	68.66	0.2	16.16	1.06	1.84	0.03	0.87	3.12	4.77	2.33	0.04	0.77	1.13	7.17	1.95	1.01
	南峪沟片麻状英云闪长岩	X1/790	65.36	0.5	13.6	2.4	5.22	0.05	1.89	1.84	3.53	2.94	0.08	1.19	1.33	6.64	1.83	1.1
		X2/2562	63.14	0.5	17.49	1.46	2.56	0.04	2.25	3.3	5.31	1.98	0.19	1.04	1.62	7.42	2.59	1.04
		X3/2578	65.66	0.55	15.33	1.5	3.96	0.06	1.5	2.86	4.5	1.49	0.19	1.55	1.93	6.14	1.55	1.08
		X2/2705	67.14	0.35	15.28	1.86	2.47	0.05	1.32	2.76	4.5	1.78	0.05	1.26	1.55	6.44	1.6	1.06
	蚂蚁沟片麻状石英闪长岩	X4/1971	63.6	0.32	15.53	2.7	2.25	0.07	1.23	3.48	3.76	4.11	0.1	0.96	1.95	8.1	2.92	0.91
		X3/1672	64.98	0.32	17.12	2.46	2.47	0.05	1.04	3.94	4.08	2.44	0.1	0.52	0.61	6.59	1.92	1.04
		X1/3684	69.26	0.32	15.38	1.76	1.03	0.04	1.13	2.37	4	2.78	0.08	1.71	1.87	6.91	1.73	1.11

续表 3-4

岩石系列	岩石单元/元	样号	SiO₂	TiO₂	Al₂O₃	Fe₂O₃	FeO	MnO	MgO	CaO	Na₂O	K₂O	P₂O₅	H₂O⁺	灼失量	A	δ	A/NCK
变质TTG岩石系列	奥长花岗质片麻岩	X̄	66.35	0.38	15.7	1.67	2.45	0.05	1.37	2.91	4.27	2.78	0.11	1.09	1.63			
	奥长花岗质片麻岩		71	0.29	15.3	2.1			0.04	0.8	2.9	4.9	1.5	0.09				

岩石系列	岩石单元/元	样号	K/Na	AR	Q	Or	Ab	An	DI	Ox	Ā	R₁	R₂	M̄	K%	Na%	Ca%
变质TTG岩石系列	野乔河片麻状花岗闪长岩	X9/2572	0.63	1.87	18.4	17.3	38.8	15.3	74.5	0.14	0.96	2046	756	20.45	28.8	40.8	30.4
		X8/2703	1.23	2.1	27.8	26.7	31.5	4.7	86	0.51	0.91	2278	468	20.61	49	35.7	15.3
	洞里河片麻状花岗闪长岩	X5/2549	0.58	1.87	12.9	15.6	38.3	18.9	66.8	0.43	0.99	1754	756	20.27	26	39.9	34.1
		X1/2550	0.98	1.77	33	22.8	33	5.6	88.8	0.56	1.1	2546	408	20.33	46.2	42.1	11.7
		X7/2551	0.54	1.85	14.4	13.9	38.3	18.9	66.6	0.4	0.98	1864	862	20.17	24.5	40.5	35
		X4/2571	0.49	1.7	23.5	13.4	40.4	15.3	77.3	0.37	1.02	2270	692	20.23	25.1	46	29
	南峪沟片麻状英云闪长岩	X1/790	0.83	1.77	20.4	21.2	34.6	5.6	76.2	0.31	1	2000	558	22	38.3	41.1	20.6
		X2/2562	0.37	1.6	13.6	11.7	44.6	15.6	69.9	0.36	1.04	1752	812	20.34	20.7	49.6	29.7
		X3/2578	0.33	1.56	22.8	8.9	38.3	13.6	70	0.27	1.06	2256	686	20.17	18.7	50.5	30.8
		X2/2705	0.4	1.6	25.3	10.6	38.3	13.1	74.2	0.43	1.06	2318	664	20.11	21.8	49.2	29
		X4/1971	1.09	2.3	10.8	24.5	32	13.1	73.4	0.54	0.91	1784	736	20.55	39.2	32.1	28.7
	蚂蚁沟片麻状石英闪长岩	X3/1672	0.6	1.86	21.6	14.5	34.1	18.6	70.2	0.5	1.04	2184	808	20.71	25.7	38.5	35.8
		X1/3684	0.7	1.72	28.5	16.7	34.1	11.1	79.3	0.63	1.09	2438	616	19.88	33.1	42.6	24.3

数据来源：河南省地矿局地调一队，1996。

1. 格兰阿米错可奥长花岗质片麻岩，16个样平均值，据 MoGregor;

2. 据 Hyndman，1972。

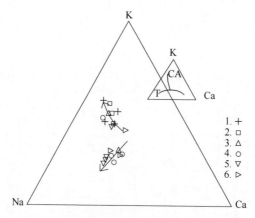

图 3-7　新太古代变质花岗岩类 K-Na-Ca 图解

$1—\eta\gamma Ar_3^2$；$2—\eta\gamma Ar_3^1$；$3—\gamma\delta Ar_3$；$4—\gamma o Ar_3$；$5—\gamma\delta o Ar_3$；$6—\delta o Ar_3$

B　稀土元素特征

研究区变质 TTG 岩系各岩石类型稀土元素特征大体一致（见表 3-5），稀土总量较高，$\sum REE$ 介于 $15\times10^{-6} \sim 288\times10^{-6}$ 之间，轻重稀土分馏明显，LREE/HREE 介于 19~29 之间，$(La/Yb)_N$ 介于 24.1~55.8 之间。$\delta_{Eu} = 0.53 \sim 0.80$，弱亏损。在稀土配分曲线图上（见图 3-8），显示向右陡倾的平滑曲线，其中 $\delta o Ar_3$ 和 $\gamma\delta Ar_3$ 略显 V 字形。上述稀土元素特征与 TTG 型花岗质岩石第三类型（C 型）相似（据库尔斯，1984 年）。

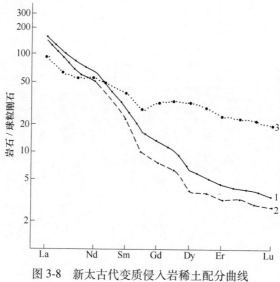

图 3-8　新太古代变质侵入岩稀土配分曲线

1—变质 TTG 岩系；2—变质二长花岗岩系；3—龙凤沟岩墙

表 3-5 嵩山地区变质侵入岩稀土元素含量参数

时代	岩石单位/单元	岩性①	样号	La	Ce	Pr	Nd	Sm	Eu	Gd	Tb	Dy	Ho	Er	Tm	Yb	Lu	Y	ΣREE	LREE	HREE	LREE/HREE	$(La/Yb)_N$	δ_{Eu}
				稀土元素含量/10^{-6}											稀土元素含量/10^{-6}									
元古代	龙凤沟岩墙	1	$C_2/3139$	52	91.2	11.4	52.1	9.48	2.29	8.4	1.5	9.51	1.8	5	0.64	3.84	0.54	32.8	283	218	31.2	7	9.1	0.77
		2	$C_3/2611$	32.3	56.6	7.46	36.6	8.89	2.54	10.2	1.87	12.8	2.48	6.01	0.88	5.28	0.69	47.3	232	144	40.2	3.6	4.1	0.78
		3	$C_3/2573$	27.2	52.2	6.65	33.4	7.69	2.04	8.84	1.6	11	2.17	5.15	0.8	4.8	0.62	40.9	205	129	35	3.7	3.8	0.76
新太古代	变质二长花岗岩系	4	$C_{10}/2626$	62.4	96.3	10.2	38.1	5.66	0.88	2.54	0.38	1.72	0.35	0.88	0.15	0.9	0.13	8.73	229	214	7.1	30.3	46.8	0.62
		5	$C_2/2555$	38.2	63	6.08	23.1	3.37	0.56	1.56	0.25	0.25	0.99	0.22	0.6	0.09	0.49	4.78	143	134	4.3	31.5	53.6	0.65
	变质TTG岩系	6	$C_9/2572$	43	72.7	8.43	34.3	5.3	0.96	3.18	0.41	2.09	0.38	0.93	0.14	0.84	0.13	7.48	180	165	8.1	22.3	34.7	0.66
		7	$C_3/2549$	69.2	120	13.9	55.1	8.88	1.81	4.54	0.54	2.6	0.44	1.04	0.15	0.9	0.13	8.7	288	269	10.3	26	51.9	0.78
		8	$C_2/2562$	60.5	118	12.5	49.8	7.58	1.58	3.78	0.52	2.06	0.38	0.92	0.12	0.74	0.12	6.98	266	250	8.6	29	55.8	0.8
		9	$C_1/3684$	36.6	65.9	6.95	25	4.17	0.6	2.53	0.42	1.81	0.36	1.01	0.16	1.02	0.11	8.17	155	139	7.4	18.8	24.1	0.53

数据来源：河南省地矿局地调一队，1996。

① 1—辉长岩；2—辉长辉绿岩；3—斜长角闪岩；4—片麻状斑状二长花岗岩；5—片麻状二长花岗岩；6—片麻状花岗闪长岩；7—片麻状奥长花岗岩；8—片麻状英云闪长岩；9—片麻状石英闪长岩。

C　微量元素特征

该岩系各岩石类型微量元素平均值的变化特征见表3-6及图3-9。

表3-6　嵩山地区变质侵入岩微量元素丰度值（10^{-6}）

时代	岩石单元	样数	Pb	Zn	Cu	Cr	Co	Ni	V	Mn	Ti	Sr	Ba	Ga
Pt₂	花岗斑岩	4	61	73	4	6	4	4	39	475	2500	60	388	23
	辉长岩、辉绿岩	34	12	132	43	78	28	30	312	1021	2945	121	204	25
Ar₃	辉绿岩	51	10	68	56	95	29	48	186	899	2745	110	131	47
	$\eta\gamma Ar_3^2$	21	19	20	4	17	4	7	23	268	884	133	147	21
	$\eta\gamma Ar_3^1$	86	22	65	9	10	4	7	24	291	1288	124	293	32
	$\gamma\delta Ar_3$	31	23	53	9	12	5	8	35	292	1168	146	119	34
	$\gamma o Ar_3$	65	20	58	8	11	5	9	30	298	1386	162	189	38
	$\gamma\delta o Ar_3$	17	13	42	10	12	6	7	45	357	1693	136	182	51
	$\delta o Ar_3$	11	24	24	14	9	3	4	41	172	1055	180	480	32
世界花岗岩（维氏值）			20	60	5	25	5	8	40	600	2300	300	830	20
世界基性岩（维氏值）			8	130	100	200	45	160	200	2000	9000	440	300	18

数据来源：河南省地矿局地调一队，1996。

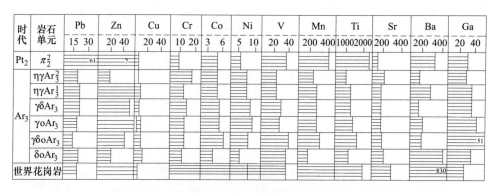

图3-9　嵩山地区变质侵入岩类微量元素丰度值

由表3-6和图3-9可知，各岩石类型微量元素丰度差异较小，具有同源岩浆演化性质。与世界花岗岩平均值（维氏）相比，Pb、Zn、Cu、Co、Ni、V比较接近，Cr、Mn、Ti、Sr、Ba明显偏低，仅Ga含量较高。从整体上看，该岩系岩石微量元素丰度值较低，对成矿不利。

3.1.1.5　成因探讨

对研究区结晶基底变质TTG岩系，前人曾认为属副变质岩经混合岩化产生部分重熔的产物。本书经野外宏观调查及综合分析，认为应属深成侵入岩类，岩石成因类型为壳幔混合源，大地构造环境为大陆边缘活动带。主要依据如下。

（1）该岩系虽经长期变形变质作用影响，但大部分岩石仍保留深成侵入岩外貌，常见变余花岗结构。尤其在弱变形域，岩性单调，岩石均一，具明显花岗结构及块状构造。岩石中见同源暗色析离体及表壳岩捕虏体。与表壳岩侵入关系明显，界线清晰。

（2）岩石地球化学特征表明，研究区变质 TTG 岩系具有英云闪长岩-奥长花岗岩特性。岩系岩石氧化度较低，平均值 $O_x = 0.42$，表明岩浆侵位较深。特别是 $Al_2O_3/CaO+Na_2O+K_2O$（分子数）比值小，即 $\bar{A}$ 值小于 1.1，具"I"型花岗岩性质。

（3）岩系中锆石晶面晶棱较清楚，晶形比较完整，普遍含有其他矿物包体，且长短轴比值较大，这些特征表明具岩浆成因特点。

（4）利用岩石化学成分将研究区变质 TTG 岩系投影于 SiO_2-TiO_2 及（Na_2O+K_2O）-Al_2O_3（分子数）变异图上（见图 3-10 和图 3-11），投点均落在火成岩区。在多元组分 R_1-R_2 多阳离子图解中（见图 3-5），显示研究区变质 TTG 岩系形成的构造环境属造山期地壳隆起阶段。

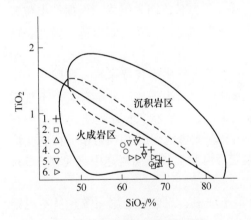

图 3-10　新太古代变质花岗岩类
SiO_2-TiO_2 图解

1—$\eta\gamma Ar_3^2$；2—$\eta\gamma Ar_3^1$；3—$\gamma\delta Ar_3$；

4—$\gamma o Ar_3$；5—$\gamma\delta o Ar_3$；6—$\delta o Ar_3$

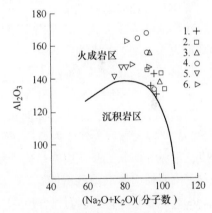

图 3-11　新太古代变质花岗岩类
（Na_2O+K_2O）-Al_2O_3 图解

1—$\eta\gamma Ar_3^2$；2—$\eta\gamma Ar_3^1$；3—$\gamma\delta Ar_3$；

4—$\gamma o Ar_3$；5—$\gamma\delta o Ar_3$；6—$\delta o Ar_3$

3.1.1.6　时代归属

在世界范围内，一般认为 TTG 岩系产于太古宙地质体中。从研究区地质情况及同位素年龄分析，变质 TTG 岩系侵位时代应为新太古代。主要依据如下。

（1）变质 TTG 岩系是结晶基底主要组成部分，在研究区大部分区段中元古界熊耳群以角度不整合覆于结晶基底变质岩系之上。在放牛山一带古元古界嵩山群罗汉洞组呈角度不整合覆于片麻状奥长花岗岩之上。并且变质 TTG 岩系明显侵入于新太古界崤山岩群，表明其侵入时代应属新太古代。

（2）河南地调一队（1995）在涧里河片麻状奥长花岗岩中获得一组单颗粒锆石 U-Pb 年龄为（2451±5）Ma，代表新太古代成岩年龄。由此将研究区变质 TTG 岩系的侵位时代归属新太古代。

3.1.2　变质二长花岗岩系

变质二长花岗岩系为一套变质钙碱性花岗岩类，由片麻状二长花岗岩和片麻状斑状二长花岗岩组成，是研究区新太古代结晶基底的主要组成部分。呈不规则状岩基和小型侵入体产出，总面积约 70km^2。

该岩系侵入于新太古界杨寺沟岩组和新太古代变质 TTG 岩系。其上被中元古界熊耳群古火山岩呈角度不整合覆盖。

3.1.2.1　岩石单位（单元）划分及特征

变质二长花岗岩系主要由二长花岗岩和斑状二长花岗岩组成。根据产出位置及岩性特征认为片麻状二长花岗岩略早于片麻状斑状二长花岗岩形成，因此将前者确定为第一期、后者为第二期。

片麻状二长花岗岩（$\eta\gamma Ar_3^1$）主要呈南北向带状出露在曹家窑、高岭、小蛮营一带，出露面积约 40km^2。另外在小张家坡、大岔沟等地还分布有 7 个不规则状、椭圆状小侵入体，单个岩体面积为 1~3km^2。片麻状二长花岗岩出露总面积约 50km^2。侵入围岩为新太古界杨寺沟岩组和新太古代变质 TTG 岩系。在弱变形区段，可见片麻状二长花岗岩呈岩枝侵入于片麻状奥长花岗岩之中（见图 3-2），并发育围岩捕房体（或残留体）。

片麻状斑状二长花岗岩（$\eta\gamma Ar_3^2$）分布于坡根、北瑶、上埝一带。呈不规则状岩体产出，面积约 18km^2。另在十八盘、刘家河、张家河等地分布有 8 个小侵入体，出露总面积约 20km^2。侵入围岩为新太古代变质 TTG 岩系。其上被中元古界熊耳群呈角度不整合覆盖。

片麻状二长花岗岩岩石呈浅灰-灰白色，变余花岗结构、交代（蠕虫、残留）结构，片麻状及流状构造。主要由斜长石（30%~35%）、钾长石（30%~40%）、石英（25%~30%）、黑云母（3%~5%）组成。矿物粒度细，粒径 0.2~2mm，属细粒结构。局部区段可见长石变余斑晶，含量为 3%~5%，多呈椭圆状，具扭折弯曲现象，长轴略定向，大小 3mm×5mm~5mm×10mm。常见副矿物有磷灰石、榍石、锆石、磁铁矿等。岩石主要蚀变为绢云母化、绿泥石化、高岭土化等。

片麻状斑状二长花岗岩岩石呈浅灰-灰红色，具变余似斑状结构、变余蠕虫及交代反条纹结构，眼球状及片麻状构造。斑晶为微纹长石及微斜长石，含量10%~20%，呈圆状或椭圆状，大小 5mm×8mm~8mm×12mm。基质主要由斜长石（20%~25%）、钾长石（20%左右）、石英（20%~25%）、黑云母（5%左右）组成。矿物粒度细，粒径 0.05~0.2mm，属细-微粒结构。副矿物主要为磷灰石、锆石、褐帘石、榍石等。

岩石以斑晶含量多，并发育显著眼球状构造为重要特征。岩石中斑晶大多已变形圆化，并拉长定向，与片状矿物及定向的长英矿物构成眼球状构造（见图3-12）。显示出岩石的变形特征。

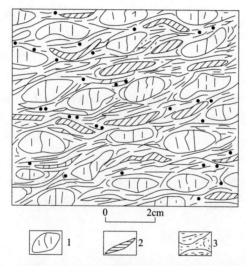

图 3-12 片麻状斑状二长花岗岩眼球状构造素描图（寺河乡坡根村南）

（数据来源：河南省地矿局地调一队，1996）

1—长石斑晶；2—石英斑晶；3—长英质及暗色矿物（基质）

3.1.2.2 主要造岩矿物特征

变质二长花岗岩系具相似的矿物组合，造岩矿物特征也基本一致。主要差异表现在钾长石斑晶含量的不同。

钾长石：属微纹长石和微斜长石。呈半自形板状或粒状，具格子状双晶，常交代斜长石构成反条纹长石结构。部分钾长石个体大，呈斑晶出现。在片麻状斑状二长花岗岩中，尤以钾长石斑晶含量多、晶体粗大为显著特征。

斜长石：呈半自形-他形板柱状及粒状，可见聚片双晶，普遍具绢云母化，多裂纹，长轴略定向。采用最大消光角法测得长石牌号 An=12~15，属更长石。

石英：形粒状，充填于长石格架之中，构成典型的花岗结构。

黑云母：呈鳞片状集合体，常被绿泥石和方解石交代，残留部分少。在岩石中相对集中分布，构成清楚的片麻理。具明显多色性，Ng 和 Nm 为红褐色，Np 为黄色，吸收公式 Ng≥Nm>Np。

3.1.2.3　副矿物特征

变质二长花岗岩系具有大体一致的副矿物组合（见表 3-2），标型副矿物锆石显示出较明显的岩浆成因特点（见表 3-3）。

A　副矿物组合特征

由表 3-2 可知，变质二长花岗岩系主要副矿物组合一致，均以磁铁矿、磷灰石、锆石、榍石为主。在片麻状二长花岗岩中，褐帘石含量明显偏高。常见副矿物有黄铁矿、方铅矿、黄铜矿、金红石等。岩石均属锆石-磷灰石-磁铁矿型。

B　标型副矿物特征

锆石：在变质二长花岗岩系中特征基本一致，以紫色为主，透明-微透明，玻璃-金刚光泽。晶面粗糙，晶棱清楚，多裂纹，常见熔蚀凹坑，普遍含其他矿物包体，粒度细小，粒径 0.03mm×0.06mm ~ 0.15mm×0.30mm。但晶形及长短轴比值差异较大，$\eta\gamma Ar_3^1$ 以四方双锥为主，长短轴比值大（3:1~4:1）；$\eta\gamma Ar_3^2$ 以六方双锥为主，长短轴比值小（1.5:1~2.5:1）。

磷灰石：呈粒柱状或碎屑状，以无色为主，透明-半透明，玻璃光泽，多裂纹，含黑色包体，粒度细小，晶棱晶面不清楚，晶形不完整。

上述标型矿物，特别是锆石特征，显示岩浆成因特点。

3.1.2.4　岩石地球化学特征

A　岩石化学特征

变质二长花岗岩系岩石化学成分（见表 3-4）具以下特征：SiO_2 含量为 66.66% ~ 74.63%（平均 70.19%），Al_2O_3 含量为 12.7% ~ 15.18%（平均 14.265%），A 含量为 7.20% ~ 11.15%（平均 8.45%），Na_2O 多小于 K_2O，K/Na 为 0.13 ~ 22.23（平均 3.29），A/CNK 为 0.538 ~ 1.466（平均 1.026），分异指数（DI）为 80.78 ~ 93.26（平均 85.138），碱度率（A.R）为 2.44 ~ 5.85（平均 3.45），岩石多数氧化物含量接近，且比较均匀。仅片麻状斑状二长花岗岩的 SiO_2 含量跨度大（67% ~ 73%）、K_2O 含量偏高。这与片麻状斑状二长花岗岩岩石变形变质较强，出现某些成分分散及富集有关。整体上看二者应属同源岩浆演化产物，其平均值与世界花岗岩（维氏）非常接近。

变质二长花岗岩系的在 Q-A-P 标准矿物分类图解中（见图 3-13），投影点绝大多数落入二长花岗岩区（3b 区），与镜下鉴定结果基本吻合。在 TAS 图解（见图 3-3）上，全为亚碱性，投点主要落在花岗闪长岩区，个别落在石英二长岩区；里特曼指数 δ 介于 $2\sim3$ 之间，并且 $w(K_2O)/w(Na_2O)$ 大于 1，组合指数（σ_{43}）为 $1.72\sim5.02$（平均 2.699），在 K-Na-Ca 图解中（见图 3-7），显示钙碱性花岗岩演化趋势。在 K_2O-SiO_2 系列划分图解（见图 3-4）上主要为钙碱性和高钾钙碱性系列；在 R_1-R_2 成因分类图解（见图 3-5）上投点主要落在造山晚期和同碰撞期区，个别落在板块碰撞前区。

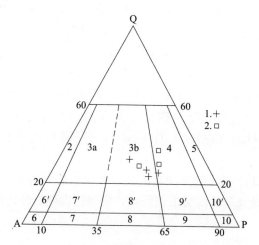

图 3-13　新太古代变质二长花岗岩系分类

$1—\eta\gamma Ar_3^2$；$2—\eta\gamma Ar_3^1$

B　稀土元素特征

片麻状二长花岗岩稀土元素总量 $\sum REE = 143\times10^{-6}$，片麻状斑状二长花岗岩 $\sum REE = 229\times10^{-6}$（见表 3-5），差异较大，但轻稀土富集、轻重稀土分异程度及铕亏损情况基本一致。其中 LREE/HREE 分别为 31.5 和 30.3；$(La/Yb)_N$ 分别为 6.9 和 4.8；δ_{Eu} 分别为 0.65 和 0.62。稀土配分曲线为两条向右倾斜略显 V 字形的平行曲线（见图 3-8），与研究区变质 TTG 岩系稀土配分曲线比较相似。

C　微量元素特征

变质二长花岗岩系微量元素丰度值见表 3-6 和图 3-9。主要特征为：微量元素丰度值差异小，仅 Zn、Ba 在 $\eta\gamma Ar_3^1$ 中出现高丰度值。与世界花岗岩丰度值（维氏）相比，Pb、Zn、Cu、Co、Ni、Ga 比较接近，Cr、V、Mn、Ti、Sr、Ba 明显偏低。从整体上看，变质二长花岗岩系微量元素丰度值基本一致，表明具有同源岩浆演化性质。但丰度值均偏低，对成矿不甚有利。

3.1.2.5　成因探讨

变质二长花岗岩系具有 I 型或同熔型花岗岩性质，属深源深成花岗岩。主要依据如下。

（1）在弱变形域内，岩石具典型花岗岩岩貌特征，且普遍具花岗结构及变余花岗结构，矿物组合和化学成分与近代花岗岩相同。并在多处见该岩系呈岩枝、岩脉明显侵入于新太古界嵩山岩群及新太古代变质 TTG 岩系，接触面附近发育围岩捕房体。由此可见，该岩系应属岩浆成因。

（2）岩石中锆石的晶棱晶面清晰，晶形复杂，长短轴比值较大，普遍含其他矿物包体。说明变质二长花岗岩系具岩浆成因副矿物特征。

（3）岩石地球化学特征，显示钙碱性花岗岩性质，并与研究区变质 TTG 岩系有一定的亲缘关系。在 SiO_2-TiO_2 和（Na_2O+K_2O）-Al_2O_3（分子数）变异图上（见图 3-10 和图 3-11），岩石投点均落在火成岩区；在 Q-Ab-Or 成因图解中（见图 3-14），其成分投点均落入圈定的范围内，表明变质二长花岗岩系属岩浆成因。此外，Al_2O_3/（$Na_2O + K_2O + CaO$）（分子数）比值小（A<11），应属 I 型花岗岩。

（4）利用岩石化学多元组分计算出 R_1、R_2，在多阳离子图解中（见图 3-5），投点多集中在板块碰撞多阶段交汇范围内，应属造山期岩浆活动产物。

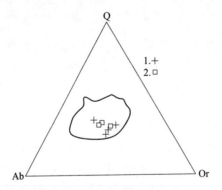

图 3-14　新太古代变质二长花岗岩系 Q-Ab-Or 三角图解

1—$\eta\gamma Ar_3^2$；2—$\eta\gamma Ar_3^1$

3.1.2.6　时代归属

变质二长花岗岩系与变质 TTG 岩系具有相同的变形变质历史，属同时代不同阶段的产物。河南有色地质一队（2016）在张家河村附近片麻状二长花岗岩中获得 LA-ICPMS 锆石 U-Pb 年龄（2500±17）Ma，因此，变质二长花岗岩系侵位时代为新太古代，与变质 TTG 岩系共同构成新太古代 TTG-G 岩系。

3.1.3　基性岩墙（$\beta\nu Ar_3$）

嵩山地区新太古代变质结晶基底内，发育一期近东西向及北西展布的基性岩墙、岩脉或小侵入体，出露总面积 5.71km²，作为一个特定的岩浆演化阶段，龙凤沟基性岩组合代表这次基性岩浆热事件。区内已查明基性岩墙（脉）有 400 余条，分布广泛，遍及变质结晶基底。规模不等，一般数百米至数千余米，部分延展长度可大于 3km，出露宽度 5~20m，少数大于 50m。代表性岩石为变辉长辉绿岩（斜长角闪岩）。岩墙侵入新太古界嵩山岩群及新太古代 TTG-G 岩系（见图 3-15 和图 3-16），被古元古界嵩山群角度不整合覆盖。

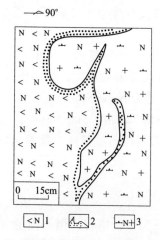

图 3-15　斜长角闪岩与片麻状奥长花岗岩
侵入接触素描图（张村乡前村南西）
（数据来源：河南省地矿局地调一队，1996）
1—斜长角闪岩；2—冷凝边；
3—片麻状奥长花岗岩

图 3-16　斜长角闪岩侵入接触
平面素描图（寺河乡南沟）
（数据来源：河南省地矿局地调一队，1996）
1—片理化斜长角闪岩；
2—片麻状奥长花岗岩

3.1.3.1　岩石特征

张家河水库-瑶店林场-宽坪一线以南，绿色角闪石变质域内分布的基性岩墙岩性以斜长角闪岩为主；以北蓝色角闪石变质域内分布的基性岩墙岩性以变辉长辉绿岩为主，二者属同期基性岩浆活动产物，是变质程度差异而出现的不同岩石类型。

变辉长辉绿岩：岩石呈暗灰-灰绿色，具变余辉长辉绿结构，弱片状或弱片麻状构造。主要由斜长石（35%~40%）和纤闪石（50%~60%）组成。纤闪石中可见辉石残留体。表明纤闪石是由辉石变来。部分岩脉边部，岩石具片理化，有的已变质为斜长角闪岩。

斜长角闪岩：岩石呈灰黑色，具粒柱状纤状变晶结构及变余辉长辉绿结构，片状及平行构造。主要由斜长石（30%~50%）和普通角闪石（40%~50%）组成。矿物相互平行分布，构成平行构造。在部分较大脉体或小型侵入体核部，有时尚见辉长辉绿岩残块。

副矿物组合以磁铁矿、黄铁矿、磷灰石为主，锆石、榍石微量。

3.1.3.2　造岩矿物特征

斜长石：呈半自形板条状，大小 0.2mm×0.8mm～2.5mm×1mm。常被绢云母、钠黝帘石等集合体交代，可见聚片双晶纹，多呈定向分布。采用油浸法测得斜长石牌号 An＝23，属更长石，这在基性岩中斜长石牌号明显偏低，其原因可能是岩石钠黝帘石化使斜长石钠化，降低其牌号。

角闪石：属普通角闪石，呈纤状及针状，横切面呈菱形，大小 0.05mm×0.2mm～1.2mm×2.8mm，定向分布，部分角闪石被纤闪石取代，具多色性，Nm为绿-深绿色，Ng 为绿色，Np 为淡黄色，吸收公式为 Nm≥Ng＞Np。

纤闪石：呈细小纤状堆积体，大小 0.02mm×0.2mm～0.3mm×1mm，它主要由辉石和角闪石变来。在其堆积体内往往有辉石及角闪石残留体，普遍具绿泥石化，略显定向性。

3.1.3.3　副矿物特征

岩石副矿物组合以磁铁矿、黄铁矿、磷灰石为主，锆石、榍石微量（见表3-2）。

锆石呈紫色或褐色，半透明-微透明，金刚-玻璃光泽，晶面光滑，有裂纹，含黑色包体。粒度细，长短轴比值较大（2.5∶1～3∶1）。晶形简单，主要为四方双锥体（见表3-3）。

3.1.3.4　岩石地球化学特征

A　岩石化学特征

岩石属正常成分类型（见表3-4）。A/CNK 为 0.611～0.877（平均0.68），DI 为 24.49～53.72（平均33.03），SI 为 18.98～29.81（平均22.6），A.R 为 1.29～1.67（平均1.39），σ_{25} 为 0.33～1.02（平均0.51）。

B　稀土元素特征

岩石稀土总量较高（见表3-5），稀土总量较高$\sum REE$ 为 $164.16×10^{-6}$～$184.6×10^{-6}$，轻稀土略富集 LREE/HREE＝3.59～3.69，具较弱的铕负异常（δ_{Eu} 为 0.75～0.81），球粒陨石标准化分布形式（见图3-17）为向右缓倾的平滑曲线，特征与大陆拉斑玄武岩相似。$\sum REE$ 为 $205×10^{-6}$～$232×10^{-6}$。从该岩墙（脉）两类岩石稀土元素特征一致来看，变辉长辉绿岩和斜长角闪岩确为同源同期基性岩浆活动产物。

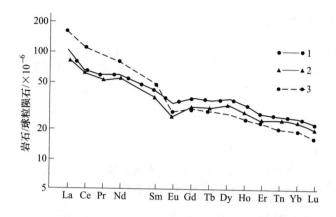

图 3-17 嵩山地区基性岩类稀土配分曲线

1—龙凤沟岩墙辉长辉绿岩；2—龙凤沟岩墙斜长角闪岩；3—辉长岩体

C 微量元素特征

岩石微量元素丰度值（见表 3-6）与世界基性岩丰度值（维氏）相比，大部分元素丰度值明显偏低，仅 Pb、Ga 略高。

D 构造环境

龙凤沟基性岩主要氧化物 SiO_2、Al_2O_3、Fe_2O_3+FeO、MgO、K_2O+Na_2O 等不均匀，表明岩石在变形变质过程中有物质的带出带入现象。其平均值与大陆溢流拉斑玄武岩非常接近。一般认为大陆溢流拉斑玄武岩是在拉张环境下侵出溢流的。因此，研究区龙凤沟岩墙可能属基性岩浆没有侵出地表的脉状体。另外，岩石的平均相对原子质量（$M=21.07\sim22.23$）与大洋型地壳"玄武岩壳层"（$M=21.44$）接近，表明岩浆源于地幔分异。在 R_1-R_2 成因分类图解上落在板块碰撞前区；在 FeO^*-MgO-Al_2O_3 构造环境判别图上主要落于洋岛区；在 $TiO_2/10$-MnO-P_2O_5 构造环境判别图上落于岛弧拉斑玄武岩区。

3.1.3.5 时代归属

前人侵入依据其侵入于新太古界嵩山岩群及新太古代 TTG-G 岩系、被古元古界嵩山群罗汉洞组角度不整合覆盖，将其时代确定为新太古代。本书认为该次基性岩墙所代表的拉张事件可能与华北板块南缘地壳下降、嵩山群沉积盆地的发育相关。嵩山群石英岩中碎屑锆石 SHRIMP U-Pb 年龄（2337±23）Ma（第五春荣等，2008），形成于古元古代晚期，因此推测龙凤沟基性岩墙形成于古元古代晚期早时。鉴于目前在基性岩墙中没有获得高精度的同位素年龄值，暂维持原划分意见。

3.2 早长城世侵入岩

早长城世侵入岩不甚发育，呈脉状或岩株状侵入于结晶基底变质岩系及熊耳群中，主要有辉长岩、辉绿岩、闪长（玢）岩及花岗斑岩。辉长岩呈小岩株产出，其他均呈岩脉（墙）产出。

3.2.1 辉长岩体（ν）

辉长岩体主要分布于长水幅后岩沟、西沟及宫前幅下河、龙凤沟等地。全区共有 6 个侵入体，其中后岩沟、西沟侵入体规模较大，其他侵入体规模较小。现以后岩沟及西沟岩体为代表阐述辉长岩体基本特征。

3.2.1.1 岩体特征

A 后岩沟辉长岩

后岩沟辉长岩分布于洛宁罗岭乡后岩沟、观音堂一带。岩体呈北东宽、南西窄的楔形，延展长约 4.5km，最大宽度约 1.5km，出露面积约 4km²。

岩体大部分区段沿熊耳群许山组与马家河组接触界线侵入（见图 3-18）。北东端截切马家河组底部沉积砂砾岩层；南西端截切鸡蛋坪组，岩体中含鸡蛋坪组流纹斑岩捕虏体，同时被早长城世花岗斑岩穿切。

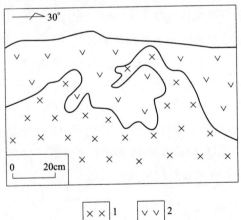

图 3-18　辉长岩与熊耳群安山岩侵入接触素描图
（数据来源：河南省地矿局地调一队，1996）
1—辉长岩；2—安山岩（后岩沟岩体）

B 西沟辉长岩

西沟辉长岩分布于洛宁长水镇西沟、王院、南沟一带。该岩体被第四系严重覆盖，分布十分零散。总体看，呈蹄口向西的马蹄形，近东西向展布，出露面积约 5km²。

岩体侵入于熊耳群马家河组安山岩之中，接触面清楚，向外陡倾。局部内倾，倾角80°左右。

3.2.1.2 岩性特征

两个岩体均为辉长岩，岩性特征基本一致。岩石以岩性单调、板状及柱状节理发育为显著特征。

后岩沟岩体岩石矿物粒度变化较大，出现细-中-粗粒分异相带。西沟岩体岩石矿物粒度比较均匀，以中粒结构为主。

岩石呈深灰绿色-墨绿色，具细-中粒结构，块状构造。主要由斜长石（60%~70%）和普通辉石（20%~30%）组成，含少量（5%）角闪石和石英。副矿物有磁铁矿、磷灰石、钛铁矿等。岩石中斜长石呈板条状，半自形，交织分布。大小在0.2mm×0.5mm~0.2mm×2mm，少数粒径大于5mm，呈斑晶出现。绢云母化、钠黝帘石化普遍。普通辉石呈半自形短柱状，充填于斜长石格架之中构成辉长结构。岩石绿泥石化、绿帘石化、纤闪石化非常普遍。

3.2.1.3 岩石化学特征

辉长岩岩石化学成分与中国玄武岩平均值相比（见表3-7），SiO_2、Al_2O_3明显偏高，MgO、CaO偏低，TFeO和Na_2O+K_2O则比较接近，表明岩石偏中性。里特曼指数$\delta = 3.04$，A/CNK为0.682~0.822（平均0.766），DI为38.51~59.23（平均45.99），SI为13.31~26.4（平均19.39），A.R为1.57~2.06（平均1.7），σ_{25}为0.83~1.36（平均1.09），属于正常系列SiO_2过饱和岩石。

辉长岩具中高稀土总量$\sum REE$为249.7×10^{-6}，轻稀土明显富集LREE/HREE为7.0，具较弱的铕负异常（δ_{Eu}为0.77），球粒陨石标准化分布形式（见图3-17）以向右缓倾为特征。这些特征与熊耳群中基火山岩稀土分布形式相似，说明二者可能具有成因联系。

3.2.1.4 时代归属

研究区辉长岩体侵位于下长城统熊耳群，未见穿切其上覆沉积盖层。稀土配分显示二者具有一定成因联系。据此，推测辉长岩体形成于早长城世晚时。

3.2.2 中-基性脉岩类

中-基性岩脉主要岩类有辉绿（玢）岩和闪长（玢）岩，全区共有40余条，其中辉绿（玢）岩脉约占3/4，主要分布于研究区结晶基底内，熊耳群中偶有分布。岩脉主要呈近东西向展布，规模一般较小，延展长度百余米至数百米，少数可达2km，宽度5~20m。

表 3-7　嵩山地区中生代、中元古代

时代	岩石单元		岩性	样号	氧化物质量分数/%							
					SiO_2	TiO_2	Al_2O_3	Fe_2O_3	FeO	MnO	MgO	CaO
中生代 （K—J）	龙卧沟	$\eta\gamma\pi K_1^{2-1}$	二长花岗斑岩	TW1/LWG-①-H	71.91	0.224	14.39	1.35	0.88	0.061	0.374	1.58
				TW1/LWG-②-H	72.68	0.208	14.14	1.39	0.75	0.041	0.34	1.4
				TW1/LWG-④-H	73.02	0.213	14.15	1.43	0.63	0.032	0.333	0.8
				TW1/LWG-⑥-H	71.26	0.242	14.56	1.61	0.8	0.072	0.383	1.82
				TW1/LWG-⑨-H	70.87	0.248	14.97	1.55	0.9	0.072	0.418	1.84
				TW1/LWG-⑩-H	72.04	0.233	14.3	1.61	0.62	0.051	0.365	1.63
				$X_2/1670$※	70.06	0.3	14.09	0.89	0.26	0.04	0.61	1.91
				AⅢ-Ⅲ（9）※	69.36	0.25	14.53	1.4	1.71	0.06	0.69	2.63
	小妹河	$\delta o\pi K_1^{1-3b}$	石英闪长斑岩	$X_8/2524$※	65.92	0.4	16.41	2.81	1.57	0.05	0.85	3.08
		$\nu\pi K_1^{1-3a}$	花岗斑岩	$X_9/2524$※	67.66	0.4	15.46	2.75	1.26	0.04	0.61	2.22
	赵家古洞	$\gamma o\pi K_1^3$	花岗斑岩	$X_6/437$※	63.02	0.55	16.53	3.26	1.93	0.02	1.8	4.67
				$X_5/437$※	68.2	0.42	15.17	2.46	0.67	0.04	0.85	1.97
	后河	$\delta o\eta K_1^{2-1}$	石英闪长斑岩	H1/HH	69.22	0.405	15.52	0.88	0.62	0.032	0.804	1.28
				H2/HH	68.06	0.473	16.3	0.57	0.42	0.03	0.465	1.48
				H3/HH	68.39	0.365	16.02	2.05	0.81	0.04	0.564	1.98
				X1-1(7)※	67.14	0.4	15.6	2.72	0.97	0.05	0.34	2.79
				X1-1(4)※	64.06	0.6	15.75	2.82	1.78	0.05	0.8	3.26
	中河	$\xi\gamma\pi K_1^{1-2}$	二长花岗斑岩	ZH1	68.04	0.29	15.35	3.31	0.32	0.23	0.39	1.35
				ZH1	69.2	0.25	15.8	3.17	0.45	0.47	0.37	0.38
				ZH1	61.25	0.22	13.22	8.95	0.64	1.89	0.38	0.38
				ZH1	62.12	0.25	13.7	2.73	3.6	1.14	0.75	0.99
				ZH1	65.62	0.27	14.66	2.73	2.57	0.89	0.77	0.58
				ZH1	64.52	0.25	14.18	2.3	2.96	1	0.8	1.25
	老里湾	$\xi\gamma K_1^{1-2}$	二长花岗岩	TW1/LLW-①-H	66.72	0.33	14.52	1.01	1.43	0.102	0.838	2.57
				TW1/ LLW-②-H	65.81	0.315	14.6	1.83	0.95	0.104	0.816	2.97
				TW1 LLW-④-H	68.52	0.327	14.8	2.29	0.5	0.342	0.661	1.38
				TW1/ LLW-⑦-H	67.87	0.33	14.75	2.42	0.18	0.08	0.29	2.62
				TW1/ LLW-⑧-H	66.2	0.338	14.67	1.94	0.2	0.087	0.399	4.04
	白石崖	$\eta\gamma\psi\pi K_1^{1-2}$	二长花岗岩	H1/BSY	74.02	0.169	13.63	1.12	0.55	0.014	0.277	1.36
				$X_3/3182$※	69.2	0.28	15.55	1.5	1.89	0.04	0.85	3.02
	韩沟	$\eta\gamma\psi\pi K_1^{1-2}$	二长花岗斑岩	H1/HG	69.09	0.246	15.4	1.02	0.7	0.057	0.516	2.93
				$X_2/1558$※	69	0.2	15.32	1.55	1.62	0.05	0.75	2.6
中元古代 （Pt_2）	中酸性岩脉	$\gamma\pi$	角闪花岗斑岩	$X_2/2532$※	66.58	0.8	13.19	1.91	4.36	0.06	1.25	1.39
				$X_1/2587$※	61.66	1.4	13.07	6.22	3.76	0.04	2.11	2.23
	中基性岩脉	$\beta\upsilon$	辉绿（玢）岩	$X_4/2600$※	43.8	2.8	14.96	7.65	7.78	0.2	4.75	8.12
				$X_2/2574$※	52.12	1.1	14.82	3.26	7.47	0.05	5.55	6.42
				$X_3/2579$※	57.92	1.8	12.68	3.11	7.47	0.17	2.56	4.86
	侵入体	V	辉长岩	$X_2/3139$※	52.5	1.1	16.28	3.08	7.4	0.14	3.68	6.74
中国花岗岩平均值（黎彤，1962）					71.27	0.25	14.25	1.24	1.62	0.08	0.8	1.62
中国玄武岩平均值（黎彤，1962）					48.28	2.21	14.99	4.18	6.95	0.2	7	8.07

数据来源："※"数据引用河南省地矿局地调一队，1996。

侵入岩岩石化学成分及参数

Na$_2$O	K$_2$O	P$_2$O$_5$	H$_2$O	灼失量	K/Na	A/CNK	A	AR	δ	R1	R2	Q	Or	Ab	An
							特 征 值								
4.09	4.03	0.096		0.87	0.99	1.03	2.01	3.07	2.27	2353.85	474.69	29.21	24.08	34.92	7.35
4.19	3.86	0.095		0.78	0.92	1.04	1.96	3.15	2.17	2410.27	448.08	30.58	23.04	35.74	6.45
4.06	4.33	0.097		0.79	1.07	1.10	2.17	3.56	2.34	2371.12	383.15	31.18	25.85	34.63	3.42
4.26	3.83	0.103		0.89	0.90	1.01	1.90	2.95	2.30	2292.62	504.68	27.94	22.9	36.39	8.52
4.37	3.91	0.109		0.63	0.89	1.01	1.91	2.94	2.45	2199.54	515.08	26.38	23.3	37.21	8.56
4.07	3.96	0.103		0.9	0.97	1.02	2.00	3.03	2.21	2386.85	477.87	29.77	2.366	34.75	7.56
4.35	3.65	0.05	0.53	0.7	0.84	0.97	1.80	3.00	2.32	2318.00	531.14	26.1	24.4	36.7	8.1
3.87	4.14	0.15	1.04		1.07	0.93	2.00	2.75	2.41	2214.40	608.00	24.5	24.5	32.5	10.3
3.97	3.58	0.28	0.37	0.72	0.90	1.02	1.93	2.26	2.46	2040.77	701.18	22.1	21.2	33.6	13.6
4.15	3.74	0.28	0.41	0.7	0.90	1.04	1.94	2.61	2.49	2073.07	579.33	21.5	22.3	35.1	12.5
3.61	3.61	0.2	0.9	1.02	1.00	0.90	1.90	2.03	2.57	1936.91	920.58	16.9	21.2	30.4	18.4
2.82	3.94	0.1	1.93	2.52	1.40	1.21	2.61	2.30	1.77	2615.83	569.66	32	22.8	23.6	9.2
3.99	5.96	0.221		0.95	1.49	1.01	2.50	3.91	3.75	1769.01	486.48	20.05	35.63	34.09	5.11
3.34	6.62	0.164		1.92	1.98	1.06	3.04	3.55	3.90	1798.49	511.79	20.28	39.99	28.83	6.52
4.17	4.52	0.156		0.8	1.08	1.04	2.13	2.87	2.95	1951.94	559.30	22.38	26.99	35.58	9
4.06	4.61	0.15	1.27		1.14	0.93	2.07	2.78	3.08	1868.25	628.73	20.1	27.3	34.6	10.6
4	4.41	0.23	1.35		1.10	0.91	2.01	2.59	3.28	1717.80	713.41	16.8	26.2	34.1	11.7
0.17	5.71	0.031		3.44	33.59	1.72	35.31	2.09	1.34	3189.63	488.38	43.72	35.34	1.5	6.82
0.11	5.01	0.029		3.3	45.55	2.50	48.05	1.93	0.97	3464.05	387.39	50.21	30.95	0.97	1.79
0.07	4.37	0.025		4.44	62.43	2.38	64.81	1.97	0.98	3046.41	348.85	46.42	28.05	0.64	1.89
0.22	5.22	0.024		5.38	23.73	1.75	25.48	2.18	1.41	2934.72	453.89	38.43	32.58	1.96	5.04
0.044	4.27	0.031		5.24	97.05	2.54	99.59	1.79	0.78	3471.17	419.57	48.37	26.5	0.39	2.83
0.12	4.78	0.025		5.17	39.83	1.85	41.68	1.93	1.05	3243.14	489.87	42.6	29.61	1.06	6.35
0.609	6.88			4.6	11.30	1.10	12.40	2.56	2.28	2678.71	632.96	31.43	42.07	5.32	12.24
0.572	6.61	0.154		5.14	11.56	1.08	12.64	2.38	2.17	2695.87	680.50	31.3	40.82	5.05	14.45
0.569	6.39	0.16		3.97	11.23	1.43	12.66	2.51	1.85	2905.36	490.69	38.55	39.17	4.98	6.13
0.589	6.13	0.16		4.54	10.41	1.19	11.60	2.26	1.76	2937.88	612.07	36.95	37.92	5.21	12.62
0.556	5.96	0.156		5.38	10.72	1.00	11.71	2.07	1.76	2913.73	782.48	33.01	37.2	4.96	20.2
3.44	4.49	0.054	0.78		1.31	1.05	2.35	3.25	2.02	2633.09	430.38	33.95	26.79	29.33	6.41
4.08	2.44	0.08	0.52	0.6	0.60	1.05	1.64	2.08	1.61	2518.12	677.56	27.8	14.5	34.1	15
3.44	5	0.118		1.34	1.45	0.94	2.39	2.71	2.70	2191.64	650.82	23.96	30.02	29.51	11.94
3.41	4.76	0.08	0.81	0.94	1.40	0.99	2.38	2.68	2.56	2196.61	620.00	24	28.4	28.8	12
2.86	5.11	0.19	1.7	2.14	1.79	1.03	2.82	3.41	2.64	2082.09	480.53	23.3	30.1	24.7	6.1
2.67	4.15	0.5	1.57	1.92	1.55	1.01	2.56	2.61	2.41	1933.64	612.85	23.4	25.1	23.1	7.5
2.94	2.15	1	1.8	2.29	0.73	0.68	1.41	1.57	9.44						
2.35	2.39	0.19	2.95	3.54	1.02	0.82	1.83	1.57	2.14						
2.91	3.18	0.65	1.89	1.92	1.09	0.74	1.83	2.06	2.35						
3.08	2.29	0.5	1.29	2.15	0.74	0.82	1.56	1.61	2.70						
3.79	4.03	0.16	0.56												
3.4	2.51	0.6	1.26	1.44											

辉绿（玢）岩（βμ）：岩石呈深灰绿色，具典型辉绿结构及斑状结构，块状构造。主要由斜长石（40%～60%）、纤闪石（30%左右）、角闪石＋黑云母（10%左右）组成。部分岩脉含斜长石斑晶较多（5%～15%），构成辉绿玢岩。矿物粒径多在0.02mm×0.08mm～0.4mm×0.8mm之间。斜长石呈板条状，交织分布。纤闪石呈短柱状集合体，常见辉石残留体。副矿物为磁铁矿、磷灰石、榍石等。

闪长（玢）岩（δ）：岩石呈浅绿色，具细粒结构，部分具斑状结构，块状构造。主要由斜长石（50%～60%）、普通角闪石（20%～30%）、钾长石（5%左右）、石英（5%左右）组成。在涧里河一带见辉绿玢岩与闪长玢岩组成复合岩脉，呈渐变过渡，表明二者为同源岩浆分异产物。

从岩石化学成分看，辉绿（玢）岩脉主要氧化物平均值与辉长岩体比较接近（见表3-7），应属同源异相产物。故将侵入时代一并归属为早长城世晚期。

3.2.3　酸性脉岩类

该期岩脉主要岩类为花岗斑岩和花岗闪长岩。二者均不甚发育，全区共发育9条（见表3-8），主要分布于熊耳群火山岩之中。

表3-8　嵩山地区中元古代酸性岩脉

序号	位置	岩性	规　模	产　状	围　岩
1	阳坡-锁洞沟	花岗斑岩	长8km，宽10～40m	岩墙，SWW-NEE向展布 330°∠84°，345°∠60°	熊耳群火山岩，中元古代辉长岩
2	沟沿-花园	花岗斑岩	长3km，宽10～20m	岩墙，SWW-NEE向展布 30°∠70°～76°	熊耳群马家河组安山岩
3	盘头坡	花岗斑岩	长300m，宽40m	NEE向，335°∠70°	熊耳群许山组安山岩
4	上冯市安	花岗斑岩	岩脉束，3条，长350m左右，宽2～5m	近EW向，80°∠52°	中元古代辉长岩
5	店子乡西	花岗斑岩	长500m，宽80m	NE向，300°∠80°	熊耳群许山组大斑安山岩
6	大池芦	花岗斑岩	长600m，宽20～50m	NWW向展布	熊耳群许山组大斑安山岩
7	马蹄沟	花岗斑岩	长600m，宽150m	透镜状岩株，近EW向展布	熊耳群许山组大斑安山岩
8	大尖沟	花岗斑岩	长200m，宽20m	扁豆状岩株，近EW向展布	熊耳群鸡蛋平组流纹斑岩
9	水岭水库	花岗闪长岩	岩脉束，5条，长200～1000m，宽5～20m	近EW向展布185°∠80°，185°∠76°	熊耳群许山组安山岩

3.2.3.1　花岗斑岩（γπ）

主要以岩墙及岩脉形式产出，全区共发育9条。其中阳坡-锁洞沟岩墙和沟沿-花园岩墙规模较大，其余呈小规模岩脉及岩株产出。

阳坡-锁洞沟岩墙总体呈北东东向展布，延展8km，宽10~40m，倾角60°~84°，较陡。沿走向呈舒缓波状，露头连续，与围岩侵入接触关系清楚，并见安山岩及流纹斑岩捕房体。沟沿-花园沟岩墙，长约3km，宽10~20m，其产状为330°∠70°~76°，侵入围岩为熊耳群马家河组安山岩，岩墙中分布有较多安山岩捕房体。

岩性为黑云花岗斑岩。岩石呈褐红-紫灰色，具斑状及微花岗结构，块状构造。岩石以含粗大斑晶为特征。斑晶主要为钾长石（20%~25%）、斜长石（10%~20%）、石英（10%~20%）。长石斑晶呈自形板状，大小2mm×5mm~10mm×25mm，石英斑晶呈他形粒状，粒径1~5mm。基质具微花岗结构，主要由斜长石（15%左右）、钾长石（5%左右）、石英（5%~10%）和角闪石+黑云母（5%~10%）组成。矿物粒度0.15~0.03mm。副矿物为锆石、磷灰石、褐铁矿等。

岩石属铝过饱和类型，与中国花岗岩平均值相比（见表3-7），SiO_2及Al_2O_3明显偏低，TFeO及MgO偏高，并具富钾贫钠特征。该岩类与区内熊耳群流纹斑岩化学成分非常接近（见表3-7），均具富钾贫钠特点。表明二者具一定成因联系，可能属同源岩浆演化产物。

3.2.3.2　花岗闪长岩（γδ）

主要以岩脉束形式集中分布于张汏乡小岭水库一带。共发育5条，呈近东西向平行展布。规模均较小，长200~1000m，宽5~20m，倾角76°~80°。围岩为熊耳群许山组安山岩。

岩性为绿泥石化花岗闪长岩。岩石呈灰白色，中粒花岗结构，块状构造。主要由斜长石（35%~40%）、钾长石（10%~20%）、石英（25%~30%）和黑云母（5%~10%）组成。岩石绿泥石化较强，黑云母已多变为绿泥石。矿物粒度1~2mm。副矿物为锆石、磷灰石、磁铁矿等。

上述酸性脉岩类侵入时代暂归为中元古代熊耳晚期。主要依据如下。

（1）花岗斑岩及花岗闪长岩岩脉（墙）侵位于熊耳群火山岩中，未见穿切上覆沉积盖层。

（2）花岗斑岩岩墙局部区段岩石与熊耳群流纹斑岩岩貌相似。

（3）岩石化学成分表明，花岗斑岩与流纹斑岩具一定成因联系。

3.3　晚三叠世后造山碱性岩

晚三叠世后造山碱性岩主要为正长斑岩脉（ξπT₃）。

该期岩脉极不发育，全区共有4条。其中3条分布于寺河幅东南边部石大山、阴家山一线，另在长水幅杏树崖南分布一条。规模均较小，长100~1000m，宽2~10m，侵入围岩为中元古界熊耳群火山岩和高山河组石英砂岩。

岩石呈灰红色，具斑状结构，块状构造。斑晶主要为钾长石（20%~40%）、普通角闪石和锥辉石（10%左右）。钾长石斑晶呈自形板状，大小1mm×2mm~10mm×15mm，普遍具黏土化。普通角闪石斑晶多呈自形长柱状，大小0.5mm×1mm~1mm×2mm。锥辉石斑晶较少且小，多被方解石交代呈残晶产出。基质主要由钾长石、斜长石、普通角闪石和锥辉石组成。各矿物粒度均小于1mm。常见副矿物为磷灰石、榍石、锆石、金红石等。

根据区域资料，洛宁县寨凹正长岩岩脉SHRIMP锆石U-Pb年龄（217.7±3.6）Ma（李厚民，2010），小秦岭东吉口辉石正长岩LA-ICPMS锆石U-Pb年龄（212.9±3.1）~（214.8±3.1）Ma（李春麟，2012），因此，推测研究区正长斑岩脉形成于晚三叠世。

3.4　早白垩世花岗岩

早白垩世岩浆活动在研究区形成了8个独立侵入体（见图3-19）。根据岩体岩石化学特征及同位素年龄资料，将其划分为三期，侵入时间分别为145~130Ma、130~119Ma及119~100Ma，这些小斑岩体均与矿化有关。

3.4.1　岩石类型及岩性特征

3.4.1.1　早白垩世早时侵入岩（145~130Ma）

早白垩世早时侵入岩包括老里湾、中河、韩沟、白石崖四个侵入体。

A　地质特征

a　老里湾花岗斑岩体（$\xi\gamma K_1^{1-2}$）

位于洛宁县东宋镇老里湾一带，呈近圆形岩株状产出。其南北两侧被第四系覆盖，东西两侧侵入于熊耳群许山组安山岩，西南部被北西向断裂切割破坏，出露面积0.25km²。

b　中河花岗斑岩体（$\xi\gamma\pi K_1^{1-2}$）

位于洛宁县中河一带，在中河及以北沟谷及沟壁有零星露头出露，南北长度1.2km，东西宽500m，面积0.54km²。该岩体呈椭圆形，呈NNW向展布，侵入于许山组上段安山岩中。岩性为花岗斑岩。岩体蚀变较强，主要为黄铁绢英岩化、高岭土化，局部见方铅矿化、闪锌矿化等。

c　韩沟角闪二长花岗斑岩岩体（$\eta\gamma\psi\pi K_1^{1-1}$）

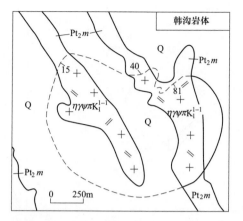

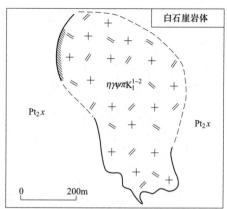

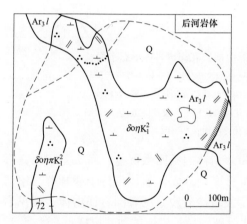

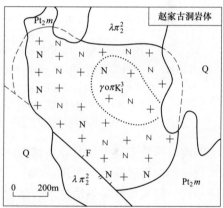

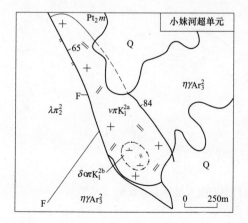

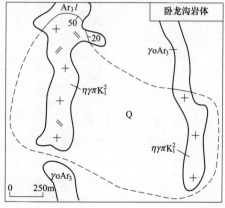

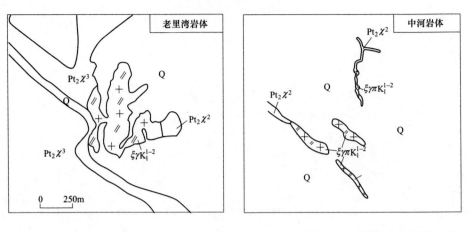

图 3-19 崤山地区中生代（燕山期）花岗斑岩体形态平面

1—第四系；2—熊耳群马家河组；3—许山组；4—次流纹斑岩；5—坡根片麻状斑状二长花岗岩；

6—涧里河片麻状斜长花岗岩；7—蚂蚁沟片麻状英云闪长岩；8—兰树沟岩组；

9~15—岩体代号；16—二长花岗岩；17—二长花岗斑岩；

18—斜长花岗板岩；19—岩体冷凝边；20—围岩捕虏体

　　韩沟岩体位于洛宁县罗岭乡韩沟一带。岩体因第四系覆盖，露头差，出露形态大致呈不规则岩株状（见图 3-20），面积约 1.5km²。岩体侵位于熊耳群马家河组安山岩，侵入接触关系清楚。岩体边部发育冷凝边，见有围岩捕虏体，可见岩枝穿插于围岩之中（见图 3-19）。围岩比较破碎显示岩体被动就位特点。

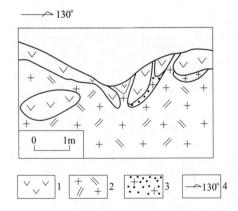

图 3-20 罗岭乡韩沟岩体与围岩侵入接触关系素描

（数据来源：河南省地矿局地调一队，1996）

1—安山岩；2—二长花岗斑岩；3—细粒二长花岗岩；4—方位

d 白石崖角闪二长花岗斑岩岩体（$\eta\gamma\psi\pi K_1^{1-2}$）

位于陕县店子乡白石崖村一带。岩体大致呈南北向椭圆状展布（见图3-19），面积约0.3km²。侵位于熊耳群许山组安山岩中，接触面呈港湾状，局部具冷凝边，岩体边部含围岩捕房体。接触带围岩具烘烤褪色现象。显示清晰侵入接触关系（见图3-21）。

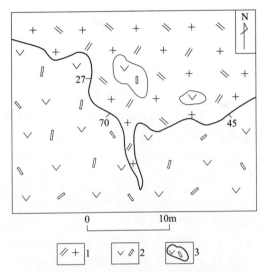

图3-21 白石崖岩体侵入特征平面素描
（数据来源：河南省地矿局地调一队，1996）
1—二长花岗斑岩；2—大斑安山岩；3—捕房体

B 岩石学特征

a 老里湾岩体

岩石呈肉红色，似斑状结构，基质为细中粒花岗结构，块状构造。斑晶含量10%左右，主要为斜长石（含量4%左右，大小6~30mm）、钾长石（含量3%左右，大小6~30mm）及石英（含量3%左右，3~6mm）。基质由斜长石、钾长石及石英组成，含量分别为30%、35%及25%，矿物粒度1~2.1mm。

b 中河岩体

呈浅灰色至黄褐色，光学显微镜下具有交代假象结构、变余斑状结构，块状构造。斑晶由钾长石（20%~25%）、石英（20%~25%）、斜长石（5%~10%）和角闪石（5%~10%）组成，钾长石他形粒状或不规则状，可见卡式双晶或条纹结构，一级灰白干涉色，负低突起，粒度多在0.5~4.2mm，大部分发生高岭土化、方解石化和绢云母化；斜长石为自形-半自形板状，聚片双晶发育，可见环带结构，具有明显的绢云母化，一级灰白干涉色，负低突起，石英为自形-他形晶粒状，粒度多在2.6~0.35mm，常呈集合体状，正低突起，表面干净，一级黄白干涉色，具熔蚀现象，边缘呈港湾状。基质主要为显微鳞片粒状变晶结构，成分主要由石英（23%~25%）、绢云母（15%~18%）、黄铁矿（5%~10%）、方解石（1%~2%）组成。花岗斑岩普遍具金属矿化，主要有黄铁矿化、方铅矿化、闪锌矿化、辉银矿化等。副矿物为磷灰石、锆石、金红石。与熊耳群接触带附近网脉状银铅锌多金属矿化细脉发育，厚度 1~5cm 不等。

c　韩沟岩体

岩石呈灰白色，具多斑和微花岗结构，块状构造。斑晶由斜长石（30%）、石英（10%）、角闪石（5%）组成。斜长石呈自形板状，大小 1mm×2.5mm~4mm×6mm。聚片双晶发育，具环带构造。消光角法测得长石牌号 An=26~30，属更长石。石英呈半自形短柱状，少数为浑圆状，大小 0.5mm×2mm~3mm×5mm。角闪石呈自形柱状，大小 0.5mm×1.5mm~1.5mm×3mm。基质由钾长石（30%~40%）、石英（10%~15%）和角闪石+黑云母（5%左右）组成。矿物粒度细，粒径 0.03~0.5mm。长英矿物呈等轴粒状，暗色矿物不均匀分布。副矿物为磁铁矿、磷灰石、锆石、榍石等。

d　白石崖岩体

岩体呈灰白色，具多斑结构及显微嵌晶结构，块状构造。斑晶以斜长石（30%~35%）为主，钾长石（5%~10%）和石英（5%~10%）次之，大小 1mm×2mm~4mm×6mm，少数可达 8mm×10mm。基质由钾长石（30%左右）、石英（10%~15%）和角闪石+黑云母（5%~7%）组成。矿物粒度细，粒径 0.05~0.5mm。副矿物为磁铁矿、磷灰石、锆石、榍石等。

C　时代归属及其依据

老里湾岩体 LA-ICP-MS 锆石 U-Pb 年龄 137~133Ma（第一地质矿产调查院，2017），中河岩体 LA-ICP-MS 锆石 U-Pb 年龄为 135~129Ma（第一地质矿产调查院，2017），在韩沟岩体中获得 LA-ICP-MS 锆石 U-Pb 年龄为（145.1±0.1）Ma（梁涛等，2013），黑云母 K-Ar 年龄为（143.8±2.1）Ma（地调一队，1995）。白石崖岩体 LA-ICP-MS 锆石 U-Pb 年龄（135±3）Ma（Liang et al.，2013），综合分析认为，4 个岩体均为早白垩世早时（145~130Ma）岩浆活动产物。

3.4.1.2　早白垩世中时侵入岩（130~119Ma）

早白垩世中时侵入岩包括小妹河、后河、龙卧沟 3 个独立侵入体。

A　地质特征

a　小妹河花岗斑岩-石英闪长斑岩

位于灵宝寺河乡小妹河一带。平面形态大致呈北西向长透镜状（见图3-18），西南侧被断层切割，延展长约 1.5km，宽 100~400m，面积约 0.6km²。侵入围岩为新太古代变质二长花岗岩系及熊耳群马家河组安山岩。沿接触带围岩片麻理被岩体就位推挤，显得紊乱，岩石破碎，并具较强的褐铁矿化、硅化。

b 后河似斑状石英二长闪长岩岩体（$\delta o\eta K_1^2$）

位于陕县张村乡后河村北。岩体出露区第四系覆盖严重，岩体平面形态不规整（见图 3-18）。出露面积约 $0.2km^2$。侵入围岩为新太古界兰树沟岩组绿片岩，岩体边部具宽约 10cm 的冷凝边，并有岩枝穿插于围岩之中，侵入接触关系清晰。

该岩体金矿化较好，在岩体内部裂隙或破碎带及近岩体围岩中，有金矿化点或矿点分布。

c 龙卧沟二长花岗斑岩（$\eta\gamma\pi K_1^2$）

位于陕县张村乡龙卧沟、小南沟一带。岩体因第四系覆盖，仅在深切沟谷中出露，形态及规模不明。实际出露面积约 $0.4km^2$。岩体侵位于新太古代变质TTG 岩系及兰树沟岩组绿片岩中，侵入接触关系清晰，可见岩枝穿切于围岩之中（见图 3-22）。

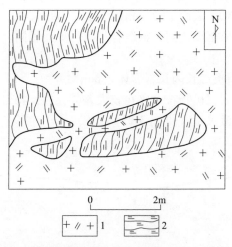

图 3-22 龙卧沟岩体与围岩侵入接触平面素描图（张村乡东瑶院）

（数据来源：河南省地矿局地调一队，1996）

1—二长花岗斑岩 2—片岩

B 岩石学特征

a 小妹河花岗斑岩-石英闪长斑岩

根据岩性特征和接触关系，该岩体发育两次岩浆活动，第一次岩性为花岗斑岩，第二次岩性为石英闪长斑岩。

（1）第一次岩浆活动——花岗斑岩（$\nu\pi K_1^{2a}$）。

呈环状分布于岩体边部，约占总面积的 4/5。岩石呈灰白色，具多斑结构及不等粒花岗结构、块状构造。斑晶主要有斜长石（15%）、钾长石（5%）和石英（3%~5%）。斜长石呈自形、半自形板条状，大小 3mm×6mm~6mm×12mm，聚片双晶和环带构造发育。采用消光角法测得长石牌号 An=25，属更长石。钾长石呈自形板状，大小4mm×6mm~6mm×10mm，可见卡氏双晶，常包裹斜长石。石英呈他形粒状，少数为六方双锥体，大小1~5mm。基质由斜长石（10%~15%）、钾长石（30%~35%）、石英（15%~20%）、角闪石（3%~5%）组成。矿物粒度细，粒径0.05~1mm。副矿物有磁铁矿、榍石、锆石、磷灰石等。

岩石具较强碳酸盐化、绢云母化和绿泥石化等。在该岩石单元北西端见安山岩捕房体。

（2）第二次岩浆活动——石英闪长斑岩（$\delta o\pi K_1^{2b}$）。

分布于岩体核部，面积小于0.1km²。与花岗斑岩侵入接触，具冷凝边，界面清楚。岩石呈浅灰红色，具细粒结构，块状构造。主要由斜长石（40%~50%）、正长石（20%~30%）、石英（10%~15%）、角闪石（5%~8%）组成。矿物粒度细，粒径0.05~1mm。斜长石呈半自形柱状，聚片双晶和环带构造发育。消光角法测得长石牌号An=35，属中长石。正长石呈半自形板状，具卡氏双晶。石英呈他形粒状，表面干净。角闪石呈半自形柱状，柱面节理发育，常被黑云母交代，并有铁质析出，副矿物组合与第一单元相同。岩石绿泥石化、黑云母化普遍。

b 后河似斑状石英二长闪长岩岩体（$\delta o\eta K_1^2$）

由中心到边部，岩石矿物粒度存在较大差异，据此将岩体划分出中心相和边缘相，二者呈渐变过渡关系（见图3-23）。

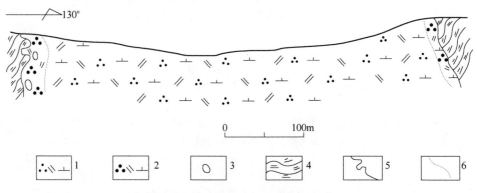

图3-23 陕县张村乡后河岩体剖面图

（数据来源：河南省地矿局地调一队，1996）

1—细粒斑状石英二长闪长岩；2—中粒斑状石英二长闪长岩；3—围岩捕房体；

4—绢云绿泥石片岩；5—岩体港湾状边界；6—岩相分界线

（1）中心相岩性为斑状中粒石英二长闪长岩，约占岩体面积的3/4。岩石为灰白色，具似斑状结构及中粒花岗结构，块状构造，斑晶为钾长石和斜长石，含量约5%，多呈半自形板状，大小3mm×5mm~5mm×8mm，钾长石具卡氏双晶，含斜长石包裹体；斜长石具聚片双晶，消光角法测得长石牌号An=33，属中长石。基质由斜长石（50%）、钾长石（25%）和石英（15%～20%）组成，含少量（5%）角闪石和黑云母。矿物粒度0.2～2mm。在该相带内有大块体围岩捕房体分布。

（2）边缘相分布于岩体西北边缘，呈月牙形，宽10～40m。岩性为灰白色细粒石英二长闪长岩。该相带岩石以矿物粒度细（0.1～1mm）、不含斑晶为特征。发育大量围岩捕房体，约占该相带1/2，多呈次棱角状，大小混杂，小者5～10cm，大者达50cm以上，具隐爆角砾岩性质。

c 龙卧沟二长花岗斑岩（$\eta\gamma\pi K_1^2$）

岩石呈肉红色，具多斑结构和细粒花岗结构，块状构造。斑晶个体巨大，自形程度高。主要为斜长石（20%～30%）和微斜微纹长石（30%～35%）。二者均呈自形板状，大小一般0.5cm×0.8cm～2cm，最大可达5cm×10cm。斜长石具交代净边，聚片双晶发育。消光角法测得长石牌号An＝29～32，属更中长石。钾长石具卡氏双晶和格子状双晶，常包裹斜长石、石英等。基质由石英（20%左右）、钾长石（10%左右）、斜长石（5%左右）组成。含少量白云母。矿物粒径0.1～1mm。副矿物以磁铁矿、榍石为主，磷灰石、锆石次之。

C 时代归属及其依据

小妹河岩体LA-ICPMS锆石U-Pb年龄（131.5±0.9）Ma（卢仁，梁涛，2014）。黑云母K-Ar年龄（122.1±1.5）Ma（地调一队，1995），后河岩体LA-ICPMS锆石U-Pb年龄（128±1）Ma（卢仁，梁涛，2013），为早白垩世中时早期（130～119Ma）岩浆活动产物。龙卧沟岩体LA-ICPMS锆石U-Pb年龄（128±1）Ma（卢仁，梁涛，2014）。这三个岩体为早白垩世中时（130～119Ma）岩浆活动产物。

3.4.1.3 早白垩世晚时侵入岩（119～100Ma）

仅有赵家古洞斜长花岗斑岩（$\gamma o\pi K_1^3$）1个独立侵入体。

A 地质特征

位于灵宝寺河乡赵家古洞一带。岩体周边覆盖严重，出露形态大致呈圆形，西南部被北西向断层切割（见图3-18）。面积约0.8km²。侵入围岩为熊耳群马家河组安山岩及熊耳期次火山相流纹斑岩。围岩岩石普遍破碎，具硅化、褐铁矿化、黄铁矿化等，受岩体侵位影响明显。

B 岩石学特征

岩体具明显结构分带，可大致划分出中心相和边缘相。

（1）中心相呈椭圆状分布于岩体中部偏东，面积约0.2km²。岩性为灰白色中细粒斜长花岗斑岩。岩石具斑状结构及不等粒花岗结构，块状构造。斑晶为斜长石（10%～15%）、石英（5%～10%）、钾长石（5%）。斜长石呈半自形板状，大小 2mm×4mm～8mm×12mm，可见聚片双晶，绢云母化普遍。消光角法测得长石牌号 An=36，属中长石。钾长石呈自形板状，大小 5mm×8mm 左右，表面多裂纹，含斜长石包裹体。石英呈自形六方双锥体，属高温型。大小 3～7mm。表面干净，有熔蚀现象。基质由斜长石（50%～55%）和石英（10%～15%）组成。矿物粒度 0.5～2mm。副矿物为磁铁矿、磷灰石、锆石、金红石、榍石、褐帘石等。

岩石绢云母化、高岭土化、黄铁矿化、碳酸盐化、褐铁矿化较强。

（2）边缘相呈不规则环状分布于岩体边部，约占岩体面积的 3/4。岩性为灰白色细粒斜长花岗斑岩，岩石特征与中心相基本相同。但斑晶减少，含量约 10%。基质矿物粒度更细，粒径 0.05～1mm。另一特征为岩石中常含少量（5% 左右）围岩岩屑，成分为安山岩和流纹斑岩，呈棱角状，大小 2～10mm。

C　时代归属及其依据

赵家古洞岩体 LA-ICPMS 锆石 U-Pb 年龄（117±2）Ma（有色一队，2016）。为早白垩世中世早期（119～100Ma）岩浆活动产物。

3.4.2　岩体副矿物特征

3.4.2.1　副矿物组合特征

研究区中生代花岗斑岩体副矿物组合详见表 3-12。其特征为副矿物种类较多、组合相似，以磁铁矿、磷灰石、锆石、榍石组合为主，经常出现黄铁矿、褐帘石、方铅矿、锐钛矿、金红石等副矿物。岩石均属榍石-磷灰石-磁铁矿型。

3.4.2.2　标型副矿物特征

锆石：各岩体锆石特征基本一致，多呈浅黄色或浅褐色、透明-半透明，玻璃-金刚光泽。晶形大致相同，主要由（100）（110）柱面及（111）（311）（131）锥面构成复杂聚形。晶面平整光洁、晶棱清晰，长短轴比值较大（2∶1～4∶1）。普遍含透明或黑色包体。这些特点显示岩浆成因性质。

磷灰石：中生代花岗斑岩体中磷灰石均呈白色或无色，透明-半透明，玻璃光泽。晶形多不完整，一般呈柱状或粒状。普遍含黑色包体。粒度细，粒径 0.03mm×0.05mm～0.5mm×0.8mm。

综上所述，研究区中生代花岗斑岩，具有相似的副矿物组合及标型副矿物特征，反映各岩体成因类型基本一致，均属岩浆成因的浅成侵入体。

3.4.3　岩体岩石地球化学特征

3.4.3.1　岩石化学成分特征

研究区中生代花岗岩体岩石化学成分比较接近（见表 3-7），以正常岩石化

学类型为主。SiO_2 的变化范围为 61.25%~74.02%，平均值为 67.89%；Al_2O_3 在
13.07%~16.53% 之间，平均为 14.83%；K_2O 变化范围为 2.44%~6.88%，平均
4.71%；Na_2O 变化范围为 0.04%~4.37%，平均为 2.67%；Na_2O+K_2O 平均可达
9.96%，Na_2O/K_2O 多数大于 1。与中国花岗岩（据黎彤 1962）相比（见表3-7），
MnO、TiO_2、Fe_2O_3 显著高于中国花岗岩的平均含量，而 SiO_2、P_2O_5 略低于中国
花岗岩的平均含量，其他主量元素与中国花岗岩的平均含量相差不大。中生代花
岗岩类 K_2O-SiO_2 图解如图 3-24 所示。中生代花岗岩类 ANK-ACNK 图解如图 3-25
所示。

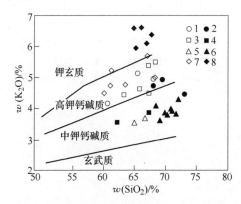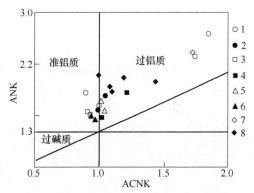

图 3-24 中生代花岗岩类 K_2O-SiO_2 图解　　　图 3-25 中生代花岗岩类 ANK-ACNK 图解
1—韩沟岩体；2—白石崖岩体；3—后河岩体；　　　1—韩沟岩体；2—白石崖岩体；3—后河岩体；
4—赵家古洞岩河；5—小妹河岩体；6—龙卧沟岩体；　4—赵家古洞岩河；5—小妹河岩体；6—龙卧沟岩体；
7—中河岩体；8—老里湾岩体　　　　　　　　　7—中河岩体；8—老里湾岩体

投在钾玄质系列区的老里湾岩体和中河岩体是与银铅矿有关的花岗斑岩，相
对于与金矿有关的岩体来说更为富钾。

大多数岩石样品具有较低的 P_2O_5 含量，在 P_2O_5-SiO_2 图解中，小妹河岩体投
点在 S 型花岗岩，其余岩体投点具 I 型花岗岩演化趋势，指示研究区花岗岩以 I
型为主。

中生代花岗岩类如图 3-26 所示，中生代花岗岩类 P_2O_5-SiO_2 图解如图 3-27
所示。

在 A-P-Q 分类图中（见图 3-28），各岩体岩石 CIPW 标准矿物投点分布在
3a 和 3b 区分界附近，属二长花岗岩和普通花岗岩过渡类型，与镜鉴结果基本
吻合。

3.4.3.2 稀土元素特征

由表3-9 及图 3-29 可知，研究区 8 个岩体的轻重稀土分异较为强烈，显著富集
轻稀土，在稀土元素配分模式图上为右倾型，$\sum REE$ 为 92.87×10^{-6}~235.38×10^{-6}，

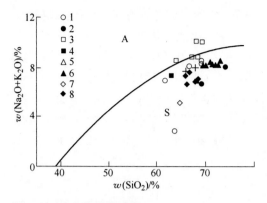

图 3-26　中生代花岗岩类 $w(SiO_2)$ -$w(Na_2O+K_2O)$

（底图数据来源：Irvine，1977）

A—碱性系列；S—亚碱性系列；

1—韩沟岩体；2—白石崖岩体；3—后河岩体；

4—赵家古洞岩河；5—小妹河岩体；

6—龙卧沟岩体；7—中河岩体；8—老里湾岩体

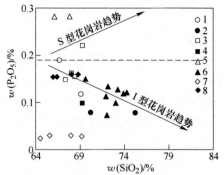

图 3-27　中生代花岗岩类 P_2O_5-SiO_2 图解

（底图数据来源：Collins，1982）

1—韩沟岩体；2—白石崖岩体；3—后河岩体；

4—赵家古洞岩河；5—小妹河岩体；

6—龙卧沟岩体；7—中河岩体；8—老里湾岩体

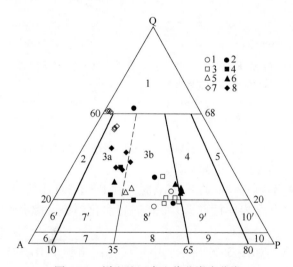

图 3-28　峄山地区中生代花岗岩分类

1—韩沟岩体；2—白石崖岩体；3—后河岩体；4—赵家古洞岩体；

5—小妹河岩体；6—龙卧沟岩体；7—中河岩体；8—老里湾岩体

平均值为 168.08×10⁻⁶，略低于中国花岗岩的平均值 179.67×10⁻⁶，（La/Yb）$_N$ = 10.14~27.79，平均值为 20.01，高于中国花岗岩的该参数 15.1，（La/Sm）$_N$ = 2.32~10.34，平均值为 5.92，（Gd/Yb）$_N$ = 1.04~2.90，平均值为 2.39，δ_{Eu} 为 0.68~1.09，平均值为 0.85，8 个岩体的 Ce 均有弱的负异常，其中赵家古洞、中河岩体的铈为弱的正异常，其他岩体的铈为弱的负异常，小妹河超单元两个岩石单元稀土组成极为相似，稀土总量$\sum$REE 分别为 190×10^{-6} 和 235×10^{-6}；轻稀土富集，LREE/HREE 分别为 12.47 和 18.01；弱亏损 δ_{Eu} 分别为 0.92 和 0.81。稀土配分曲线以平滑向右倾斜为特征（见图 3-30）。这种特点与壳幔型花岗岩相似（王中刚等，1989）。

表 3-9 嵩山地区中生代侵入岩稀土元素含量及参数

岩石单元	韩沟（3）	白石崖（2）	老里湾（5）	中河（6）	小妹河（2）		后河（3）	龙卧沟（7）	赵家古洞（3）
岩性	二长花岗斑岩	二长花岗岩	二长花岗岩	二长花岗斑岩	石英闪长斑岩	花岗斑岩	石英闪长斑岩	二长花岗斑岩	花岗斑岩
样品数	2	2	5	6	3	2	3	7	3
La	37.15	47.7	48.32	28.8	25.8	59	26.3	42.06	46.33
Ce	61.23	85.92	74.44	40	91.2	99.9	48.3	75.09	84.33
Pr	7.26	10.64	8.9	3.93	10.2	11	5.85	8.75	8.61
Nd	24.15	34.6	31.39	11.9	40.2	44.4	21	29.49	33.3
Sm	3.72	4.98	5.08	1.74	6.94	7.22	3.31	4.18	4.75
Eu	1.28	1.02	1.46	0.38	1.66	1.48	0.91	0.93	1.08
Gd	4.24	4.97	4.01	2.01	4.65	4.24	3.22	4.02	4.69
Tb	0.36	0.63	0.51	0.26	0.68	0.58	0.47	0.5	0.57
Dy	1.88	2.5	2.45	1.22	3.76	3.49	2.35	2.1	2.43
Ho	0.32	0.43	0.44	0.26	0.73	0.58	0.46	0.37	0.4
Er	0.91	1.28	1.36	0.82	1.99	1.67	1.33	1.09	1.13
Tm	0.15	0.21	0.18	0.18	0.3	0.23	0.24	0.16	0.18
Yb	0.93	1.27	1.23	1.19	1.74	1.38	1.54	1.03	0.99
Lu	0.15	0.18	0.21	0.18	0.26	0.21	0.21	0.15	0.15
$\sum$REE	143.73	196.33	179.98	92.87	190.11	235.38	115.49	169.92	188.94
LREE	134.79	184.86	169.59	86.75	176	223	105.67	160.5	178.4
HREE/LREE	8.94	11.47	10.39	6.12	14.11	12.38	9.82	9.42	10.54
HREE	15.08	16.12	16.32	14.17	12.47	18.01	10.76	17.04	16.93
(La/Yb)$_N$	23.72	22.3	23.33	14.37	8.8	25.38	10.14	24.25	27.79
(La/Sm)$_N$	6.24	5.99	5.94	10.34	2.32	5.11	4.97	6.29	6.1
(Gd/Yb)$_N$	2.79	2.4	2	1.04	1.64	1.88	1.28	2.39	2.9
δ_{Eu}	1.09	0.68	1.04	0.69	0.92	0.81	0.93	0.75	0.76

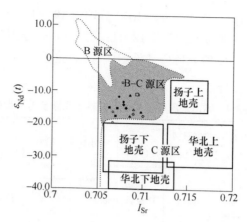

图 3-29 I_{Sr}-ε_{Nd} (t)（据张旗等，2008）

B 源区—玄武岩区；B-C 源区—壳幔过渡区；C 源区—陆壳源区

3.4.3.3 微量元素特征

中生代各岩体微量元素含量丰度值及特征见表 3-6。整体上看，各岩体中 Pb、Zn、Cu、Cr、Co、Ni、Mn 等元素丰度值比较接近，V、Ti、Sr、Ba、Ga 差异较大，出现不规则跳跃。与世界花岗岩丰度值（维氏）相比，各岩体 Pb、Sr、Ba 丰度值略偏高，Cu、V 比较接近，其余元素均较低。

3.4.4 同位素地球化学特征

3.4.4.1 Sr-Nd 同位素特征

从表 3-10 中可以看出，15 个样品的 I_{Sr} = 0.70691 ~ 0.71196，平均值为 0.70897；(^{143}Nd/^{144}Nd)$_i$ = 0.511453 ~ 0.511891，平均值为 0.511658；$\varepsilon_{Nd}(t)$ = −19.54 ~ −11.5，平均值为−15.95；t_{DM} = 1.54~2.20。从 I_{Sr}-ε_{Nd} (t) 图解（见图 3-29）可以看出，样品的投点大部分落入 B-C 区，暗示岩浆中有幔源物质的加入。

3.4.4.2 Pb 同位素特征

从表 3-11 可以看出，岩体具有较高的放射成因 Pb 同位素组成，现今 Pb 同位素比值为^{206}Pb/^{204}Pb = 17.212 ~ 18.7474，平均值为 17.9378；^{207}Pb/^{204}Pb = 15.4 ~ 15.6574，平均值为 15.529585；^{208}Pb/^{204}Pb = 37.446 ~ 38.7544，平均值为 38.29928。以各岩体的年龄值对岩石初始 Pb 同位素比值进行统一计算，得到初始 Pb 同位素比值^{206}Pb/^{204}Pb = 17.1418 ~ 18.7229，平均值为 17.8403；^{207}Pb/^{204}Pb = 15.3966~15.6562，平均值为 15.5248；^{208}Pb/^{204}Pb = 37.3343 ~ 38.7112，平均值为 38.0795。

表 3-10 岩体 Sr-Nd 同位素分析数据

岩体名称	样品号	$^{87}Rb/^{86}Sr$	$(^{87}Sr/^{86}Sr)$	$\pm2\sigma$	I_{sr}	$^{147}Sm/^{144}Nd$	$^{143}Nd/^{144}Nd$	$\pm2\sigma$	$\varepsilon_{Nd(t)}$
赵家古洞	ZJGD01	0.869415	0.711972	0.000005	0.711961	0.096819	0.511643	0.000008	-18.2791
	ZJGD02	0.511804	0.710011	0.000005	0.710005	0.096099	0.511672	0.000004	-17.7051
	ZJGD03	0.583697	0.710519	0.000005	0.710512	0.10452	0.511675	0.000007	-17.7422
龙卧沟	LWG01	0.60593	0.709416	0.000005	0.7094	0.086947	0.511769	0.000004	-14.3243
	LWG02	0.673528	0.709384	0.000007	0.709366	0.094102	0.5118	0.000005	-13.8911
后河	HH01	0.417253	0.708331	0.000009	0.708326	0.096765	0.511947	0.000004	-12.347
	HH02	0.388523	0.708753	0.000007	0.708748	0.095492	0.511857	0.000004	-14.0886
小妹河	XMH02	0.389645	0.709376	0.000006	0.709369	0.096548	0.511966	0.000007	-11.5528
	XMH03	0.216846	0.708948	0.000006	0.708944	0.10399	0.511644	0.000005	-17.9519
	XMH04	0.430937	0.710945	0.000005	0.710938	0.097105	0.511701	0.000004	-16.7324
白石崖	BSY01	0.227259	0.707809	0.000008	0.707804	0.106821	0.511761	0.000006	-15.507
	BSY02	0.229819	0.706917	0.000004	0.706912	0.103255	0.51177	0.000007	-15.2677
	BSY03	0.25596	0.707691	0.000004	0.707686	0.100292	0.511642	0.000005	-17.7124
韩沟	HG01	0.291707	0.707385	0.000008	0.707379	0.103052	0.511549	0.000003	-19.5408
	HG02	0.214407	0.707277	0.000005	0.707273	0.10793	0.511702	0.000004	-16.6443

数据来源：李磊等，2013。

表 3-11　岩体硫化物 Pb 同位素分析数据

岩体名称	样品编号	U	Th	Pb	$^{206}Pb/^{204}Pb$	$^{207}Pb/^{204}Pb$	$^{208}Pb/^{204}Pb$	$(^{206}Pb/^{204}Pb)i$	$(^{207}Pb/^{204}Pb)i$	$(^{208}Pb/^{204}Pb)i$
赵家古洞	ZJGD01※	1.987	10.99	10.15	18.184	15.5366	38.7128	17.9913	15.5274	38.3715
	ZJGD02※	2.272	11.58	22.07	17.99	15.5138	38.4645	17.8885	15.5089	38.2991
	ZJGD03※	3.124	10.62	34.72	18.007	15.516	38.4043	17.9184	15.5118	38.3079
龙卧沟	LWG01※	1.02	11.25	18.3	18.204	15.5992	38.5661	18.0874	15.5934	38.1558
	LWG02※	2.133	21.29	17.51	18.18	15.5572	38.7037	17.9247	15.5445	37.8921
	LWG-2	2.33	19.5	27.5	17.728	15.472	38.217	17.5502	15.4631	37.7437
	LWG-4	2.22	19.4	24.5	17.744	15.478	38.329	17.5539	15.4685	37.8005
后河	HH01※	1.755	16.04	27.58	18.198	15.5906	38.6827	18.1348	15.5876	38.4994
	HH02※	1.427	12.87	19.5	17.938	15.537	38.4928	17.8655	15.5336	38.2848
	HH-1	1.56	14.6	21.8	17.868	15.5	38.359	17.7975	15.4966	38.1479
小妹河	XMH02※	2.545	10.87	48.53	18.274	15.5875	38.5459	18.203	15.5841	38.449
	XMH03※	1.48	8.192	47.19	18.175	15.6175	38.5697	18.1328	15.6154	38.4946
	XMH04※	1.964	10.84	108.5	18.747	15.6574	38.7544	18.7229	15.6562	38.7112
白石崖	BSY01※	1.49	4.556	20.88	17.557	15.4704	37.8283	17.4457	15.465	37.72
	BSY02※	0.717	5.794	19.92	17.92	15.5248	38.0233	17.8642	15.5221	37.8789
	BSY03※	1.141	4.07	50.36	17.971	15.5695	38.2653	17.9356	15.5678	38.2252
	BSY-1	1.26	8.23	19.6	17.648	15.435	37.798	17.5479	15.4301	37.5895
韩沟	HG01※	1.132	4.744	26.07	17.29	15.4469	37.6032	17.2213	15.4435	37.5109
	HG-1	1.09	5.44	24.7	17.212	15.4	37.446	17.1418	15.3966	37.3343
	HG02※	1.448	5.104	56.11	17.92	15.5823	38.2196	17.8788	15.5803	38.1735

数据来源：样品测试在北京核工业地质研究所完成，"※"引用李磊等（2013）。

在铅同位素 $(^{206}Pb/^{204}Pb)_i$-$(^{208}Pb/^{204}Pb)_i$增长曲线图（见图3-31）及铅同位素 $(^{206}Pb/^{204}Pb)_i$-$(^{207}Pb/^{204}Pb)_i$构造环境判别图（见图3-32）上，大部分样品点都落入下地壳区，部分样点投入造山带区，指示有幔源物质混入。各岩体都分布于研究区由变质 TTG 岩系及变质二长花岗岩系构成结晶基底之内及邻近外围。说明结晶基底是嵩山岩体的主要物质来源，太华群和熊耳群也提供了部分成岩物质（李磊，2013）。

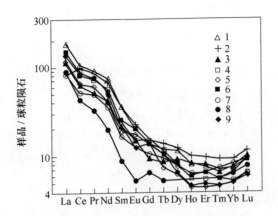

图 3-30　中生代花岗岩稀土配分曲线

1—小妹河（1）；2—小妹河（2）；3—龙卧沟；
4—后河；5—中河；6—赵家古洞；7—韩沟；
8—白石崖；9—老里湾

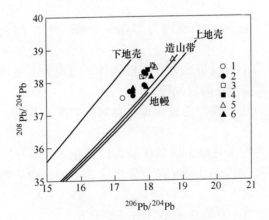

图 3-31　铅同位素 $(^{206}Pb/^{204}Pb)_i$-$(^{208}Pb/^{204}Pb)_i$

增长曲线（Zartman、Doe，1981）

1—韩沟岩体；2—白石崖岩体；3—后河岩体；
4—赵家沟古洞岩体；5—小妹河岩体；6—龙卧沟岩体

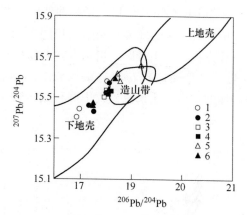

图 3-32　铅同位素 $\left(^{206}\mathrm{Pb}/^{204}\mathrm{Pb}\right)_i$ - $\left(^{207}\mathrm{Pb}/^{204}\mathrm{Pb}\right)_i$

构造环境判别 (Zartman、Doe，1981)

1—韩沟岩体；2—白石崖岩体；3—后河岩体；4—赵家沟古洞岩体；

5—小妹河岩体；6—龙卧沟岩体

3.4.5　岩体就位机制

　　研究区早白垩世岩体内部不具定向组构，围岩基本没有变形，仅沿接触带出现破碎及蚀变，岩体边部多见有棱角状围岩捕虏体，花岗岩普遍呈岩枝贯入围岩。由此判断区内中生代岩体均属被动就位，主要受中生代断裂控制。

3.4.6　岩体成因探讨

　　研究区早白垩世花岗岩体成因类型均属壳幔混熔异地花岗岩。主要依据如下。

　　（1）各岩体多为小规模单成分独立侵入体，与围岩接触面陡，并有岩枝贯入围岩之中，明显具高位移的侵位特征。

　　（2）各岩体岩石化学成分比较接近，具同源岩浆演化特征，稀土配分具壳幔混熔花岗岩特点。

　　（3）岩体岩石平均相对原子质量比较低，M 在 19.86~20.70 范围内，属大陆"花岗岩"壳层类型，Sr-Nd-Pb 同位素组成亦表明，成岩物质主要来自下地壳，并有幔源物质的加入。

　　（4）岩体 Al_2O_3/Na_2O+K_2O+CaO（分子数）小，A 多在 0.9~1.05 之间，小于 1.1，大多数岩石样品具有较低的 P_2O_5 含量，在 P_2O_5-SiO_2 图解中，且投点位于 I 型花岗岩的演化附近，应属 I 型花岗岩。在 Na-K-Ca 三角图解（见图 3-33）中，韩沟、小妹河、龙卧沟、白石崖、后河、赵家古洞岩体岩石样点均落于岩浆成因区，而老里湾和中河岩体因蚀变较强，引起 K、Na 流失，而未投入区域内。

（5）各岩体岩石的氧化度较高，Ox 多集中在 0.5~0.7 区间，表明岩体侵位较浅，属浅成或超浅成高位侵入体。这与各岩体的多斑结构及冷凝边显示的侵位环境一致。

（6）各岩体岩石属钙碱性岩石类型，里特曼指数 δ 多集中在 1~3.26 之间，并且 $Na_2O>K_2O$，属太平洋型。

（7）研究区早白垩世花岗岩类在地球化学特征上表现出高度的一致性，显示这 8 个岩体具有亲缘关系，在 Hf-Rb/10-Ta×3 判别图解上（见图 3-34），样品投点落入碰撞大地构造背景上的花岗岩区域，在 $w(Rb)$-$w(Yb+Ta)$ 图解上（见图 3-35），样品的投点落入

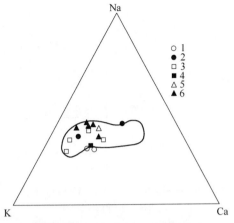

图 3-33　岩体 Na-K-Ca 三角图解
1—韩沟岩体；2—白石崖岩体；3—后河岩体；
4—赵家沟古洞岩体；5—小妹河岩体；
6—龙卧沟岩体

同碰撞区，而部分样品落入同碰撞与后碰撞的过渡区，$\lg(w(CaO)/w(Na_2O+K_2O))$-$w(SiO_2)$ 图解显示（见图 3-36）岩体主要位于挤压向伸展的叠合区域，揭示成岩环境为挤压向伸展的过渡时期。结合区域构造演化史，崤山地区花岗岩类的形成机制可概括为：扬子板块向华北板块之下俯冲碰撞导致原华北陆块南缘附近地壳急剧增厚。侏罗纪开始，西伯利亚板块向南、太平洋板块向西、印度洋板块向北东同时向中朝板块汇聚，使包含中国大陆在内的东亚构造体制发生了重

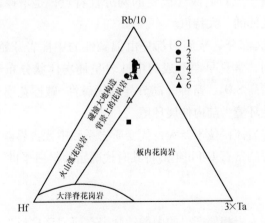

图 3-34　花岗岩的 Hf-Rb/10-Ta×3 判别图解
1—韩沟岩体；2—白石崖岩体；3—后河岩体；4—赵家沟古洞岩体；；
5—小妹河岩体；6—龙卧沟岩体

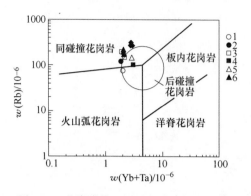

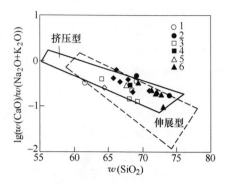

图 3-35　花岗岩的 $w(Rb)$-$w(Yb+Ta)$ 图解

1—韩沟岩体；2—白石崖岩体；

3—后河岩体；4—赵家沟古洞岩体；

5—小妹河岩体；6—龙卧沟岩体

图 3-36　$\lg(w(CaO)/w(Na_2O+K_2O))$-$w(SiO_2)$

（数据来源：Brown，1982）

1—韩沟岩体；2—白石崖岩体；

3—后河岩体；4—赵家沟古洞岩体；

5—小妹河岩体；6—龙卧沟岩体

大转换，原华北陆块南缘附近地壳得到进一步增厚。晚侏罗世（161Ma）以来太平洋板块向中国东北俯冲消减、弧后岩石圈伸展导致增厚的岩石圈由于底侵玄武质岩浆加热下地壳使其发生部分熔融，进而诱发岩石圈大规模垮塌伸展减薄，岩浆沿岩石圈断裂带上涌形成大规模的中酸性侵入岩。增厚的岩石圈熔融、垮塌引发中上部地壳发生强烈伸展作用，因此形成的大部分岩浆旋回早期都发育有沿断裂带发育的浅成花岗岩，进而在伸展力的作用下大量岩浆上涌形成深成岩体。一个岩浆旋回具先浅（成）后深（成）的两分性特点，是增厚的岩石圈熔融、垮塌形成的岩浆岩旋回的一大特色。

　　侏罗-白垩纪大部分岩浆旋回都是由偏碱性的中性岩开始，到酸性岩结束，构成成分演化序列，常见早期形成的中性岩呈捕虏体状分布于酸性岩之中的现象。岩石学特征为高 SiO_2、富钾、高分异的钙碱性-碱性花岗岩，岩石成因类型为壳源，大地构造环境为陆内伸展环境。

　　研究区中生代岩体侵位于新太古代变质岩系和中元古界熊耳群古火山岩系之中，根据最新获得的锆石 U-Pb 年龄将其时代确定为早白垩世。

3.4.7　脉岩

　　与早白垩世侵入岩相伴产出的中酸性脉岩在研究区广泛发育，岩性有花岗闪长岩、角闪石英正长岩、二长花岗斑岩等。一般长 250~1000m，宽 30~50m。分布方向为北东向、北西向等。

　　崤山地区中生代花岗岩岩石单元锆石、磷灰石特征见表 3-12。

表3-12 嶂山地区中生代花岗岩岩石单元锆石、磷灰石特征

岩石单位/元	副矿物	颜色	透明度	光泽	晶面特征	含包体情况	长短轴比	粒度/mm	晶体形态	锆石晶形图
龙卧沟侵入岩体 ($\eta\gamma\pi K_1^2$)	锆石	浅黄色	透明 半透明	玻璃光泽	表面不平整有凹坑，多裂纹	含气泡及透明包体	2:1~3:1	0.056×0.25~0.028×0.084	晶形复杂，主要由(100)(110)及(111)(311)(131)柱面组成之聚形	
	磷灰石	无色 白色	透明	玻璃光泽		含黑色包体		0.035×0.05~0.45×0.8	多呈柱状、粒状碎屑状	
小姝河侵入岩体 ($\delta o\pi K_1^{2b}$ $\gamma\pi K_1^{2a}$)	锆石	浅黄色 浅黄褐色	透明 半透明	金刚光泽	晶面、晶棱清晰	含磷灰石、锆石包体	3:1~4.5:1	0.07×0.392~0.28×0.096	晶形由(110)(311)(311)面及(131)(111)面组成的简单聚形	
	磷灰石	无色	透明	玻璃光泽		含气泡及黑色包体	2:1~3:1	0.10~0.25	多呈柱状、粒状	
赵家古洞侵入体 ($\gamma o\pi K_1^3$)	锆石	浅黄色 浅褐色	透明	金刚光泽	较光滑，可见熔蚀凹坑	含透明及黑色包体	2.5:1~4:1	0.02×0.08~0.14×0.3	晶形由(100)(110)及(311)(111)面及(131)面组成聚形	
	磷灰石	无色	透明	玻璃光泽		含多种包体		0.03×0.045~0.2×0.25	多呈柱状、粒状碎屑状	
后河侵入体 ($\delta o\eta K_1^2$)	锆石	浅黄色 浅黄褐色	透明 半透明	金刚光泽	晶面光滑少见裂纹	一般不含包体	1.5:1~2:1	0.19×0.29~0.31×0.40	晶形由(100)(110)面及(131)(311)组成之聚形、个别见晶面、晶形复杂	
	磷灰石	无色	透明 半透明	玻璃光泽	平整、个别有裂纹	含透明及黑色包体		0.19×0.48~0.25×0.65	多呈柱状、粒状等	
白石崖侵入体 ($\eta\gamma\psi\pi K_1^{1-2}$)	锆石	浅黄色	透明 半透明	金刚光泽	较平整、个别有凹坑、小裂纹	含黑色包体	2.5:1~3.5:1	0.07~0.54	晶形由(100)(110)及(311)(111)锥面各种聚形	
	磷灰石	无色 白色	透明 半透明	玻璃光泽		含黑色包体		<0.15	多呈柱状及粒状	
韩沟侵入体 ($\eta\gamma\psi\pi K_1^{1-1}$)	锆石	无色 白色	半透明	玻璃光泽		含黑色包体	3:1~3.5:1	长轴：0.3~0.8	晶形呈发育完好四方双锥体，其晶棱、晶面清晰	
	磷灰石	无色 烟灰色	透明	玻璃光泽		含黑色包体		0.15~0.3	呈六方柱状	

4 火 山 岩

研究区火山岩分布广泛，主要为下长城统熊耳群古火山岩，分布面积约占研究区总面积的 50%。

4.1 火山旋回及韵律划分

4.1.1 原始喷发单层

研究区熊耳群古火山岩以层状溢流熔岩为主，成层性良好，原始喷发单层发育，划分标志清晰。因此，本书涉及工作及 20 世纪 90 年代 1∶50000 区调对区内熊耳群古火山熔岩的原始喷发单层进行了详细研究和系统划分。

一个原始喷发单层，是一次火山喷发产物的真实记录。系统划分古火山岩的原始喷发单层对了解古火山喷发次数，划分喷发韵律、旋回，恢复古火山喷发规律均具有十分重要的意义，也是古火山岩层序划分对比的基础。

4.1.1.1 杏仁体特征

研究区熊耳群层状熔岩中杏仁构造发育，大多呈层分布，显示熔岩面状溢流特点。不同形态大小、不同充填物的杏仁体常分布于喷发单层的特定部位，具有明显的分布规律。部分杏仁体定向排列，可指示熔岩流动方向或示顶意义。因此，深入研究杏仁体特征，有助于恢复古火山岩喷发韵律。

A 杏仁体形态大小及充填物

熊耳群古火山岩中杏仁体形状千姿百态。主要有圆形、椭圆形、云朵状、条带状、水滴状、火焰状、牛角状、不规则状等（见图 4-1）。杏仁体大小相差悬殊，小者为 0.5~3mm，大者可达 30~40cm，一般为 1~2cm。

杏仁充填物常较复杂。根据色调，总体可分两种：一种为浅色杏仁体，充填物主要为石英、钾长石、玉髓、方解石等；另一种为暗色杏仁体，充填物主要为绿泥石、绿帘石。杏仁体有单成分充填和复成分充填。单成分杏仁体有利发育由色调及结构差异而形成的环带；复成分充填多具不同成分的环带构造，形成单环或多环（见图 4-2）。

杏仁体形态、大小及充填物具明显规律性组合。浅色杏仁体大多具不规则形态，个体较粗大，多分布于喷发单层顶部，在暗色岩石背景上形成醒目的杏仁流

图4-1 浅色杏仁形态

层（见图4-3）；暗色杏仁体大多呈圆形、椭圆形，形态较规则，个体较细小，密集分布于杏仁流层下部或单层下部，由于色调与岩石背景相似，故此种杏仁流层宏观上不十分显著。由此可见，一个原始喷发单层，其顶部发育较大的杏仁体，且由于单层顶部熔岩具较大流动性，致使个体较大的杏仁体发生流动变形（见图4-4）；中、下部则发育密集的较小杏仁体，且由于其流动性相对较小，故杏仁体原有的圆球状形态保存尚好。

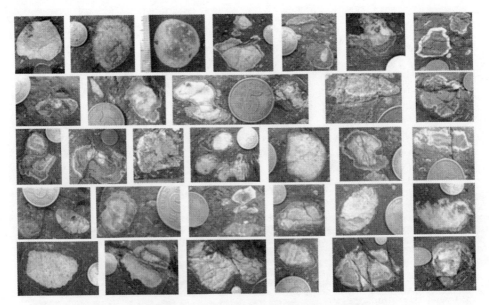

图 4-2 浅色杏仁充填物及充填形式

图 4-3 浅色杏仁流层

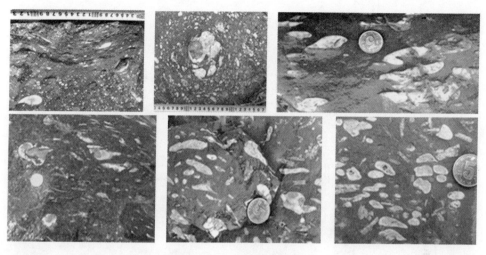

图 4-4 杏仁体发生流动变形

B 杏仁体的示顶特征

产于层状熔岩中的杏仁体，部分杏仁充填物的分布方式具有明显示顶意义。区内见三种类型（见图 4-5）。

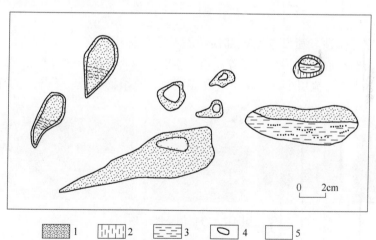

图 4-5 杏仁示顶特征素描图

1—石英；2—红色钾长石；3—绿帘石；4—石英晶芽；5—空腔

（1）杏仁形态及充填物纹理示顶。部分喷发单层顶部杏仁层中，杏仁体呈倒梨形分布，大头朝上，尖头朝下，显示倒梨形大头所指方向为流层顶面，有些拉长上面平直指示流层（见图 4-6）。充填物多为石英，多发育清晰沉淀纹理，平行单层层面分布。

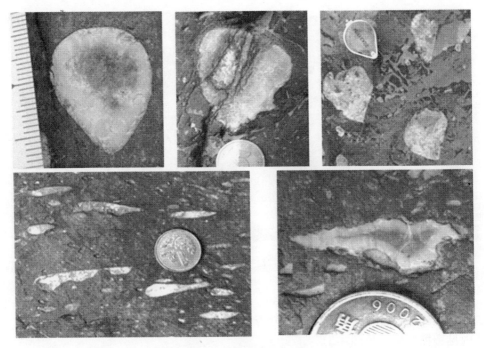

图 4-6   杏仁体形态示顶

（2）空腔示顶。喷发单层顶部浅色石英杏仁体中，有一部分发育空腔（见图 4-7）。有些空腔后期为绿帘石等充填。空腔偏向杏仁体上方分布，底部常宽而平直，指示为熔岩流层上部。这是气孔充填时，充填物气液上下分离的结果。

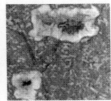

图 4-7   杏仁体空腔示顶

（3）充填物成分层示顶（见图 4-8）。部分喷发单层顶部发育的复成分杏仁体，具明显成分层，上部为石英，下部为绿泥石、绿帘石或钾质。这种成分层，可能是充填物重力分异作用的结果。

4.1.1.2   原始喷发单层的划分标志

研究区熊耳群古火山岩，原始喷发单层大多具有清晰的顶、底界面及明确的野外宏观划分标志。这些标志主要是层状杏仁带。

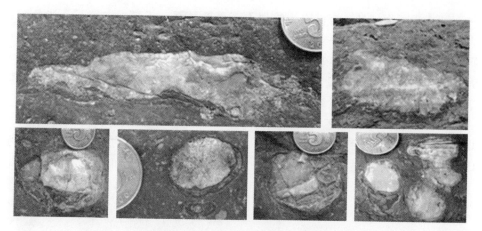

图 4-8 杏仁体充填物成分层示顶

A 层状杏仁带

层状杏仁带是熊耳群古火山岩，特别是中性、中基性古火山熔岩原始喷发单层的主要划分标志。杏仁带一般发育在喷发单层顶、底部，以顶部杏仁带最清晰，宏观特征最显著。

一个完整的喷发单层，通常由三个部分组成：顶部浅色杏仁带、中部块状带、底部暗色杏仁带。部分喷发单层顶、底杏仁带相连，呈渐变过渡，不发育块状带（见图 4-9）。一般情况下，很少见到不具杏仁带的喷发单层。

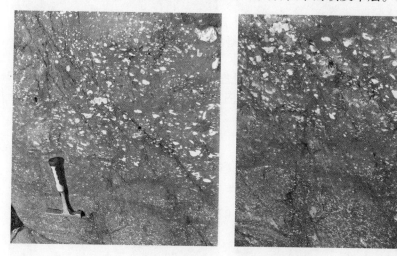

图 4-9 顶底杏仁带渐变过渡喷发单层

a 杏仁带组合形式

按杏仁充填物性质，杏仁带有三种主要组合形式。

（1）浅色杏仁带。杏仁充填物以石英、钾长石、玉髓、方解石等浅色矿物为主。带内杏仁体形态各异，有椭圆形、圆形、云朵状、水滴状、条带状、不规则状，长轴多显示平行排列特征（见图 4-1）。个体多大于 5mm，一般为 2~5cm，大者可达 20~40cm。含量 5%~20% 不等。此种杏仁组合带，多产于单层顶部，呈层状分布，十分醒目。

（2）暗色杏仁带。充填物以绿泥石、绿帘石等暗色矿物为主。杏仁体形态规则，呈圆形、浑圆形。个体细小，多小于 5mm，一般为 0.5~3mm。含量 15%~30%，分布密集（见图 4-10）。此种杏仁组合带主要分布在喷发单层底部。

图 4-10　暗色杏仁带

（3）混杂杏仁带：以浅色杏仁与暗色杏仁并存、混杂分布为特征。带中浅色杏仁体比暗色杏仁体粗大、醒目（见图 4-11）。此种杏仁组合带也主要产于单层上部，并由浅色杏仁显示清晰流层。

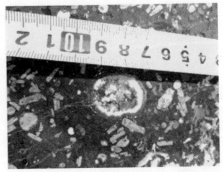

图 4-11 混合杏仁带

b 顶部杏仁带的垂向分带特征

顶部杏仁带除具有明显层状特征外，杏仁体形态、大小及充填物等均显示垂直分带现象（见表 4-1）。这反映古火山喷溢熔浆在喷发单层顶部流速的变化及气液聚集的分层特征。

表 4-1 顶部杏仁带杏仁体垂向分带特征

	位 置	形 态	大 小	填充物
顶部杏仁带	上	条带状、不规则状	大	浅色矿物为主
	↑	↑	↑	↑
	下	圆形、椭圆形	小	暗色矿物为主

B 斑晶流层

区内许山组中段火山熔岩以含粗大斜长石斑晶为显著特征。这些粗大斑晶常沿喷发单层顶、底发生定向，平行层面排列，形成斑晶流层（见图 4-12），是大斑安山岩类划分喷发单层的一个重要标志。

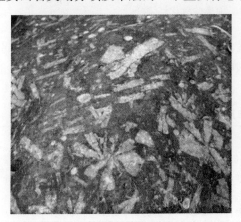

图 4-12　喷发单层顶、底发生定向排列形成斑晶流层

C　氧化红顶

炽热熔浆喷出地表与空气接触发生强烈氧化作用，常形成紫红色氧化顶面。研究区熊耳群古火山岩喷发单层顶部也常见到此种氧化红顶构造（见图 4-13）。

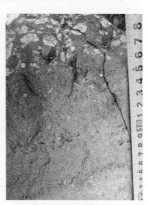

图 4-13　喷发单层顶部的氧化红顶

在同一喷发单层中，岩石色调、氧化系数、Fe_2O_3 含量均因氧化程度不同，而显示明显垂向变化（见表 4-2）。反映熔浆喷发出地表后不同部位受氧化的差异。

表 4-2　喷发单层垂向分带特征

剖面				秋凉河-坡根剖面			炳峪-大石涧剖面			大铁沟剖面	
喷发单层		颜色	氧化系数	Fe_2O_3/%	颜色	氧化系数	Fe_2O_3/%	颜色	氧化系数	Fe_2O_3/%
喷发单层	上	紫红色	0.77	10.51	紫红色	0.79	11.65	紫红色	0.65	11.58
		↑	0.66	10.01	↑	0.69	8.58			
	下	灰绿色	0.64	9.30	灰绿色	0.49	5.23	灰绿色	0.62	10.87

D 破裂壳层

部分喷发单层顶部，岩石发生破裂，呈角砾状岩块分布。岩块间被上覆熔浆胶结，尚保留镶嵌拼贴的特征，部分氧化红顶破裂，被灰绿色熔岩胶结，其破裂壳层特征，更为醒目。此种破裂壳层，应属下伏喷发单层顶面（见图4-14）。

图 4-14　喷发单层顶面破裂壳层

E 喷发层面

熊耳群古火山岩喷发单层顶、底部，常形成清晰的喷发层面，与下伏单层呈喷发整合或喷发不整合接触，界面清晰。有时，上覆单层熔浆沿下伏单层裂隙充填，显示充填型喷发整合接触（见图4-15）。这种层面延展稳定，是划分喷发单层的准确标志。有些单层沿层面发育流动构造，厚数毫米至1~2cm，使层面更显著。在杏仁带层状特征不清晰的区段，喷发层面对划分单层具有重要意义。

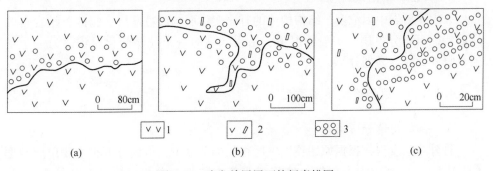

图 4-15　喷发单层层面特征素描图

（a）喷发整合界面；（b）充填型喷发整合界面；（c）喷发不整合界面

1—安山岩；2—大斑安山岩；3—杏仁

区域上，多数喷发单层不易追索。但具有显著岩性差异的喷发界面常可作为划分岩性组段的界线。如许山组岩性段的界线是根据大斑安山岩与安山岩喷发层面及岩性组合特征划定的。鸡蛋坪组与许山组接触关系，在剖面露头上常显示喷发整合接触，但在区域上，其底界面明显超覆于许山组不同岩性段之上。许山组上、中、下岩性段界线与鸡蛋坪组底界大角度相交，具显著喷发不整合特征。

F 冷凝壳

喷发单层顶部常出现玻璃质冷凝壳，是熔浆喷出地表骤然冷却的产物。壳层岩石质地致密，一般较薄，厚2~10cm，常具网状裂纹，裂纹中有硅质物充填。

G 古风化层面

古风化层面发育在喷发单层顶部。是单层顶面曝露地表发生风化作用的产物。

一个古风化层的存在，代表了一次较长时间的喷发间歇，使层面岩石氧化程度加深。但未发生岩层的剥蚀作用，远未达到长时间喷发间断的程度。因此，这里使用"古风化层面"一词，而不用"风化壳"的概念。

H 石泡构造层

在中酸性、酸性熔岩的顶部，常发育特殊的石泡构造，成层性良好。厚度数十厘米至1~2cm。据研究，此种石泡构造，是发育于中酸性、酸性喷发熔岩中的一种特殊杏仁状构造。据此可作为划分英安岩、流纹岩中喷发单层的标志。

I 凝灰岩夹层

在熔岩中，常见有凝灰岩夹层，代表火山喷发强度的改变。夹层顶面为上覆喷发单层的底界面，底面一段可代表下伏单层的顶界面。夹层本身的单层划分，则根据物质成分及粒序来确定。此种夹层还是火山岩区产状测量的重要标志。

J 火山碎屑岩粒序层

火山碎屑岩中因粒度、结构构造的有序变化而构成粒序层。据此，结合自然层面特征可划分单层。一般情况下，由粗到细的一个粒序变化过程，为一个单层。野外比较容易划分。

4.1.1.3 原始喷发单层类型

A 杏仁构造分带类型

野外观察发现，根据原始喷发单层杏仁构造分带，可划分五种主要单层类型（见图4-16）。其中大杏仁带大体相当浅色杏仁带，中杏仁带多为混杂杏仁带，小杏仁带相当于暗色杏仁带。块状岩石带一般不含杏仁或含稀疏杏仁。各结构带间均呈渐变过渡，没有突变界线。

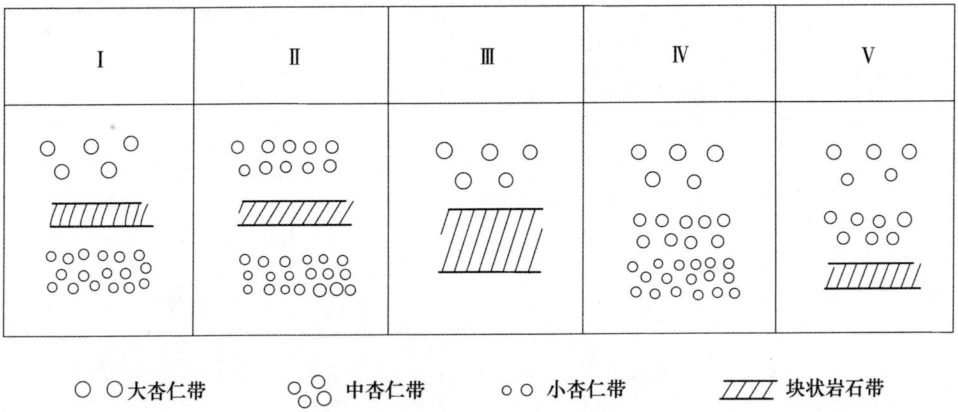

I	II	III	IV	V

○ ○大杏仁带　　○○○中杏仁带　　○ ○小杏仁带　　／／／／ 块状岩石带

图 4-16　原始喷发单层主要结构类型

单层的杏仁构造分带，是喷发熔浆溢流冷凝过程中气液减压膨胀、沸腾作用的结果。

B　岩性分带类型

根据组成喷发单层的岩性特征，可划分以下单层类型：

（1）单岩性喷发单层。这种单层表明同一次喷发的熔浆性质均一，不具分异现象。大多数喷发单层均属单岩性单层。

（2）多岩性喷发单层。由两种或两种以上岩性组成的喷发单层。主要有以下几种，岩性变化自下向上为：1）安山玢岩→安山岩；2）安山玢岩→大斑安山岩；3）安山岩→安山玢岩；4）安山岩→大斑安山岩；5）大斑安山岩→安山岩→大斑安山岩；6）安山玢岩→大斑安山岩→安山岩；7）玄武安山岩→安山岩。

多岩性喷发单层的分带特征，表明熔浆在地表溢流过程中具有物理和化学分异现象，造成斑晶的分层和岩性的分异。这种分异，主要表现为物理（重力）分异、化学分异造成的岩性差异，大多是过渡性质的，不十分明显。上述岩性分带类型喷发单层，绝大多数与杏仁构造分带类型重叠发育，部分单层顶部尚有氧化红顶重叠。多项醒目的野外宏观标志的叠合，使得单层叠置岩貌更为清晰（见图 4-17 和图 4-18）。

4.1.1.4　喷发次数和单层厚度

20 世纪 90 年代 1∶50000 区调采用剖面和主干路线调查相结合的方法，对区内古火山熔岩原始喷发单层进行了详细的划分，结果见表 4-3。

柱状图	厚度 /m	杏仁特征			杏仁填充物	岩性及层面特征
		含量 /%	大小 /mm	形态		
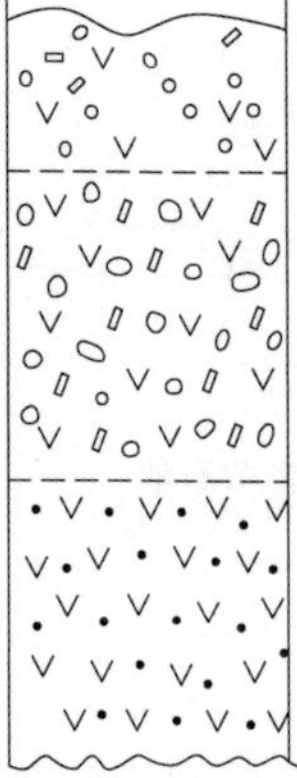	2.0	5～7	1～4	扁椭圆形	以石英、钾长石为主	顶面清晰 安山玢岩
						------- 渐变过渡 -------
	4.2	5～7	0.5～3	椭圆形	以石英为主	大斑安山岩
						------- 渐变过渡 -------
	4.1	<3		圆形	以绿泥石为主	安山岩 底部界面清晰

图 4-17　喷发单层柱状图

（数据来源：河南地矿局地调一队，1996）

柱状图	厚度 /m	颜色	杏仁特征			充填物/%			岩性及层面特征
			含量 /%	大小 /mm	形态	石英	钾长石	绿泥石 绿帘石	
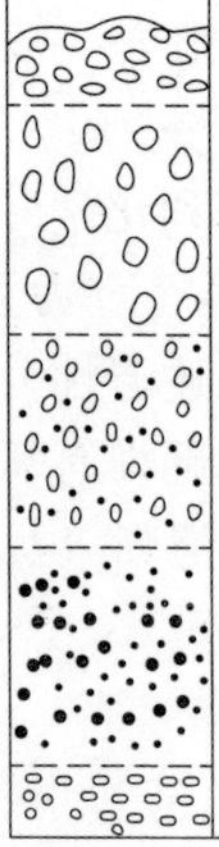	0.5	紫红色	10～15	10～15	长椭圆-长条形	90	10		顶面清晰
	1.6		5～10	15～50	各种圆形	90	7～8	2～3	
	1.5		10～15	2～10	圆形	70	10	20	大斑安山岩
	1.5	灰绿色	20	2～5	圆形	30		70	
	0.5		20～30	1～3	长椭圆-长条形			100	底面清晰

图 4-18　喷发单层特征柱状图

（数据来源：河南地矿局地调一队，1996）

表 4-3 嵩山地区熊耳群古火山岩喷发单层划分情况

地层单位		秋凉河-坡根	大铁钩	张湾	大尖沟	炳峪-大石涧	马家沟
组	段	单层数	单层数	单层数	单层数	单层数	单层数
龙脖组			20				
马家河组		218	94	64			292
鸡蛋坪组	上段	21	3				
	下段				12		
许山组	上段		56				
	中段		27			208	
	下段		19			14	

注：据河南地矿局地调一队，1996。

经统计，研究区熊耳群古火山岩，最大堆积厚度达 7658.8m。能够辨认并划分出来的喷发单层为 628 个。表明熊耳期至少发生过 628 次火山喷发。由于覆盖、构造破坏以及野外划分标志不清等诸多因素的影响，有许多单层未能划分。故研究区熊耳群古火山岩实际的原始喷发单层远比已划分出来的单层数多，火山喷发次数因而也应多很多。

4.1.1.5 关于火山喷发单层和基本层序关系的讨论

火山岩的一个原始喷发单层应相当于沉积岩的一个基本层序，主要依据为：

（1）一个喷发单层代表一次火山喷发的产物，堆积的熔岩厚度常可代表该次火山活动的喷发强度。

（2）每一个喷发单层划分标志明显，顶底界面清晰。

（3）单层厚度一般 10~20m，最大约 80m，厚度适中。

（4）根据古火山岩中杏仁流层特征，可测量火山熔岩流的古流向。

（5）熊耳群中沉积夹层基本层序发育清楚，与古火山岩产状一致。

综上所述，研究区熊耳群古火山岩原始喷发单层在野外露头范围内，具有可识别性、可划分性，与沉积夹层产状一致，并能代表一定火山喷发阶段的形成特点。因此，可与沉积岩岩石学范畴内的基本层序大致对比。根据喷发单层厚度及岩性变化等，可进一步划分火山喷发韵律及旋回，总结火山喷发沉积规律。

4.1.2 喷发韵律及旋回划分

4.1.2.1 喷发韵律

火山喷发往往表现在物质成分及喷发强度上呈周期性变化，称为韵律。韵律划分是以喷发单层为基础的。研究区熊耳群火山喷发以溢流为主，故喷发单层熔岩厚度可大致反映火山喷溢强度。因此，喷发韵律主要根据剖面中不同岩性及原始喷发单层厚度的周期性变化来划分，即表现为岩性韵律和喷溢强度韵律。

　　变化规律大致相同的几个韵律形成韵律组。韵律组常包括若干个韵律。

　　研究区熊耳群古火山岩各组段喷发韵律、韵律组是根据出露最全的剖面资料划分的。划分情况及发育特征见表 4-4 及图 4-19。

表 4-4　熊耳群古火山岩喷发韵律（组）、旋回划分及特征

组段	旋回	韵律组编号	韵律个数	岩性特征	喷发强度及形式	演化趋势
Pt_2l	第二旋回	6		流纹斑岩	强-弱相间、多次涌溢	酸性
		5		安山岩	强-极强、涌溢	
Pt_2m		4		安山岩→凝灰岩	强-弱相间多次涌溢→爆发	中酸性
				粉砂岩	——间断——	
		3		安山岩	强-弱、多次涌溢	
				凝灰质粉砂岩、砂岩	——间断——	
		2		安山岩	极强-强、涌溢	中性
		1	4	安山岩→凝土岩	强-弱相间多次涌溢→爆发	
Pt_2j^2	第一旋回			沉火山角砾岩	——间断——	酸性
		31		流纹质火山集块岩→流纹斑岩	爆发→涌溢	
		30	5	珍珠岩→流纹斑岩	多次涌溢，水陆交替	
		29		英安质流纹斑岩→流纹斑岩	涌溢	
				粉砂质绢云板岩	——间断——	
		28		流纹质火山集块岩→流纹斑岩	爆发→涌溢	
		27		英安斑岩→英安流纹斑岩 流纹斑岩	涌溢	
		26		流纹斑岩	涌溢	
Pt_2j^1		25		英安斑岩	多次涌溢	
		24		玄武安石岩→安山岩	弱→强、涌溢	中酸性
		23	5	安山玢岩→安山岩	强-弱相间多次涌溢	
Pt_2x^3		22		玄武安山岩→安山岩	强-弱相间、涌溢	
		21		玄武玢岩→玄武安山玢岩→安山玢岩	极强-强相间、涌溢	
		20		玄武安山玢岩→安山岩	强-极强-强、涌溢	
		19		安山岩	强-弱相间多次涌溢	

组段	旋回	韵律组编号	韵律个数	岩性特征	喷发强度及形式	演化趋势
Pt_2x^2	第一旋回	20		玄武安山玢岩→安山岩	强-极强-强、涌溢	偏中
		19		安山岩	强-弱相间多次涌溢	
		18		大斑玄武岩→大斑安山岩	弱-强-弱、涌溢	
		17	4	玄武安山玢岩→大斑安山岩、大斑玄武安山岩→含斑安山岩	极强-强-弱、涌溢	中性
		16		玄武岩→安山岩	弱-及弱-弱，涌溢	
		15		安山岩→大斑安山岩→安山岩	强-弱-强，涌溢	
		14	10	大斑玄武安山岩→大斑安山岩	强-弱相间，多次涌溢	
		14	2	玄武岩→安山岩、玄武安山岩→大斑安山岩	极强-强，强-弱相间，涌溢	
		13	2	安山岩→大斑安山岩	强-弱相间，多次涌溢	偏基
		12	7	大斑玄武安山岩→大斑安山岩	强-弱相间，多次涌溢	
		12	2	玄武玢岩→大斑安山岩、玄武安山玢岩→安山岩	极弱-弱，强-弱相间，涌溢	
		11		安山岩→大斑安山岩	弱-强、涌溢	
		10		玄武安山岩→玄武安山玢岩→大斑玄武安山岩	强-弱相间、涌溢	
Pt_2x^1		9		玄武岩→安山玢岩	强、涌溢	
		8		大斑安山岩→安山岩	强-极强、涌溢	
		7	3	玄武安山岩→安山岩	极强-强、涌溢	
		6		大斑安山岩→安山岩	强-弱、涌溢	
		5		大斑安山岩→安山岩	强-弱、涌溢	中基性
		4		玄武安山岩	极弱-弱、多次涌溢	
		3		玄武安山岩	强-极强、涌溢	
		2		安山质火山角砾岩→安山岩	爆发→涌溢	
		1		安山岩→大斑安山岩	强-弱交替、涌溢	

数据来源：河南地矿局地调一队，1996。

4.1.2.2 喷发旋回

研究区熊耳群古火山岩，按照岩浆由基性到酸性的演化趋势，可以划分两个完整的喷发旋回。

第一旋回由许山组至鸡蛋坪组组成，反映岩浆总体由中基性到中酸性、酸性演化。

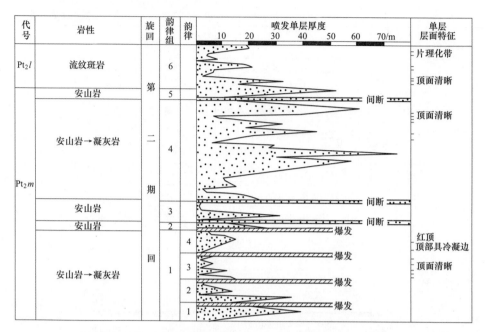

图 4-19　崤山地区熊耳群古火山岩第二旋回喷发单层及韵律特征

（数据来源：河南地矿局地调一队，1996）

该旋回划分了 31 个韵律组。许山组以中基性岩为主，共划分 24 个韵律组。下段划分 9 个，各韵律（组）特征变化较大，主要表现为玄武安山岩→安山岩，大斑安山岩→安山岩组合，并出现一个强度较弱的玄武安山岩频繁喷发阶段，发育数十个堆积厚度仅数十厘米至 3~4m 的喷发单层。中段也包括 9 个韵律组。

韵律（组）以大斑玄武安山岩→大斑安山岩为主要特征，显示中基性→中性喷发的交替，强度上则强-弱频繁相间出现。大斑安山岩占主体，按剖面厚度计算可达 79%。上段划分 6 个韵律组，主要表现为以玄武安山岩喷发开始，以安山岩多次涌溢结束，中基性成分明显降低。鸡蛋坪组以中酸-酸性岩为主，共划分 7 个韵律组，总体表现为英安斑岩→流纹斑岩演化。在秋凉河一带，出现多个珍珠岩→流纹斑岩韵律，似反映水陆交替的喷发环境。

第二旋回由马家河组-龙脖组组成，反映岩浆由中性到中酸性（酸性）演化。该旋回共划分了 6 个韵律组。马家河组夹多层凝灰岩、火山角砾岩，表明这一时期爆发强度的增大，韵律（组）以安山岩→凝灰岩为显著特征，显示由强-弱相间的多次安山岩涌溢→爆发的作用过程。另外，夹有多层粉砂岩、砂岩，反映具多次喷发间断，也是这一时期的特点。龙脖组表现为侵出和溢流并存的特征。岩性为中酸性、酸性熔岩。中酸性熔岩成层性良好，岩性较单调，呈强弱相间的多次涌溢。

综上所述，研究区熊耳群古火山岩，可划分两个完整的喷发旋回。第一旋回由许山组-鸡蛋坪组组成，表现为中基（中）-中酸（酸）性演化；第二旋回由马家河组-龙脖组组成，表现为中性-中酸（酸）性演化。就中基性单元而言，第一旋回许山组比马家河组明显偏基性，按岩石厚度计算，许山组的中基性、基性岩石占28%，马家河组除局部发育中基性、基性岩石外，有些剖面基本不出现，总体以中性岩（安山岩）为主。许山组由下段到上段，从基性向中性演化的特征。见表4-5，显示晚期更偏中性的特征。

表4-5 熊耳群各组段中-中基（基）性岩石厚度百分比

组 段	Pt_2m		Pt_2x^3		Pt_2x^2		Pt_2x^1	
岩性	厚度/m	百分比/%	厚度/m	百分比/%	厚度/m	百分比/%	厚度/m	百分比/%
安山岩	1211.6	95.7	550.68	69.7	231.11	9	659.95	57.9
安山玢岩	45	3.6	146.8	18.6	88.13	3.4	112.6	9.9
大斑安山岩					1293.53	50.7	134.36	11.8
玄武安山岩			26.1	3.3	87.25	3.4	190.44	16.7
玄武安山玢岩			20.5	2.6	93.38	3.6		
大斑玄武安山岩			45.9	5.8	585.56	22.9		
玄武岩					0.5	1.2	32.3	2.8
玄武玢岩					7.1	0.3		
大斑玄武岩					138.88	5.4		
火山角砾岩							10.7	0.9
凝灰岩	2.9	0.2						
砂岩	6.6	0.5						

数据来源：河南地矿局地调一队，1996。

4.2 火山岩岩石

4.2.1 分类命名的基本原则

研究区熊耳群古火山岩命名采用矿物定量分类命名为基础，辅以岩石化学成分为参考。矿物定量分类采用国际推荐方案（Streckeisen，1979）。

岩石化学成分分类采用原武汉地质学院《岩浆岩岩石学》中火山岩综合命名表。为便于与研究区命名统一，对综合命名表中的过渡性岩类进行了合并简化，但保留了原表中 SiO_2 含量界线，以便对照（见表4-6）。岩石种属按岩矿鉴定结果，结合邱家骧《火山岩硅-碱组合指数与种属名称图解》予以确定。

表 4-6　嵩山地区熊耳群古火山岩基本岩石名称命名原则

基性程度	基性	中　性		中酸性		酸　性	
δ值	δ < 3.3						
SiO₂ 含量/%	45%~53%	53%~56%	56%~63%	63%~66%	66%~69%	69%~72%	>72%
岩石名称	拉斑玄武岩 高铝玄武岩	玄武安山岩	安山岩	石英安山岩	流纹英安岩	英安流纹岩	流纹岩
研究区 岩石名称	玄武岩	玄武安山岩	安山岩		英安岩	流纹岩	
δ值	δ=3.3~9						
SiO₂ 含量/%	45%~53%	53%~56%	56%~59%	59%~66%	66%~72%		>72%
岩石名称	碱性玄武岩	玄武粗安岩	粗安岩	粗面岩	碱流岩		碱性 流纹岩
研究区 岩石名称	碱性玄武岩	玄武粗安岩	粗安岩①	粗面岩	碱流岩①		

① 本区没出现的岩石类型。

根据研究区熊耳群火山岩岩石的特点，对岩石鉴定命名作以下几项规定：

（1）关于"玢岩"和"斑岩"的命名。命名原则见表 4-7。从表 4-7 中可知，"玢"和"斑"的含义均代表岩石中有无斑晶及斑晶含量特征。其中，"玢"仅用于中-基性岩类，"斑"则用于中酸-酸性及碱性岩类。另外，许山组中段岩石普遍含粗大斜长石斑晶，大小可达 2~3cm。为了突出此类岩石特征，命名时加"大斑"前缀。为了避免重复，同时去掉岩石名称后面的"玢"字。如大斑安山岩、大斑玄武安山岩等。

表 4-7　嵩山地区熊耳群古火山岩"玢岩""斑岩"名称命名原则

基性-中性岩			中酸性-酸性岩、碱性岩		
斑晶含量/%	岩石名称	示例	斑晶含量/%	岩石名称	示例
<5	××岩	玄武岩、安山岩	<5	××岩	流纹岩、英安岩
>5%	××玢岩	安山玢岩	5~30	××斑岩	流纹斑岩、英安斑岩
			>5	××斑岩	粗面斑岩

（2）研究区熊耳群古火山岩。普遍发生脱玻化，故岩石结构名称均加"脱玻化"前缀。如脱玻间隐结构、脱玻玻晶交织结构等。

（3）区内中-中基性火山岩，普遍具强烈钠黝帘石化，命名时均省略"钠黝帘石化"前缀。

（4）研究区熊耳群火山碎屑岩类的分类命名原则表，是根据原武汉地质学院《岩浆岩石学》和《火山岩地区区域地质调查工作指南》，并结合研究区情况编制的（见表 4-8）。

表 4-8　嵩山地区熊耳群古火山碎屑岩类命名原则

类	火山碎屑熔岩类			正常火山碎屑岩类		火山沉积碎屑岩类		粒度/mm
亚类	碎屑熔岩	淬碎碎屑熔岩	震碎碎屑熔岩	熔结火山碎屑岩	普通火山碎屑岩	沉积火山碎屑岩	火山碎屑沉积岩	十进位标准
火山碎屑含量/%	10~90			>90		90~50	50~10	
胶结类型	熔岩胶结为主	熔岩水化学胶结	熔岩热液胶结	熔结为主	压结为主	压结、水化学胶结		
基本岩石名称	集块熔岩	淬碎集块熔岩	震碎集块熔岩	熔结集块岩	集块岩	沉集块岩	凝灰质集块岩	→100→
	角砾熔岩	淬碎角砾熔岩	震碎角砾熔岩	熔结角砾岩	火山角砾岩	沉火山角砾岩	凝灰质角砾岩	→2→
				熔结凝灰岩	凝灰岩	沉凝灰岩	凝灰质砂岩	

（5）次火山岩岩石的命名，均在名称前加"次"字前缀。如次安山岩、次流纹斑岩。

4.2.2　火山岩系列、岩石组合

研究区熊耳群古火山岩，采用 SiO_2 及 $K_2O + Na_2O$ 百分含量投影，在硅-碱、组合指数与岩石种属关系图解（见图 4-20）中，样点主要落入组合指数 $\delta > 3.3$ 的钙碱性岩石系列区间，其岩石组合为玄武岩、玄武安山岩、安山岩、英安岩、流纹岩。部分落入组合指数 $\delta > 3.3$ 的碱钙性岩石系列区间，岩石组合包括碱性玄武岩、玄武粗安岩。并且多数样点分布于组合指数 $\delta = 3.3$ 的分界附近，显示研究区岩石系列的过渡性质。这一特征与按公式 $\delta = (K_2O + Na_2O)^2 / (SiO_2 - 43)$ 计算结果完全吻合。

在《硅-钾与岩石种属名称图解》（见图 4-21）上，绝大多数样点落入高钾及富钾区内，说明熊耳群古火

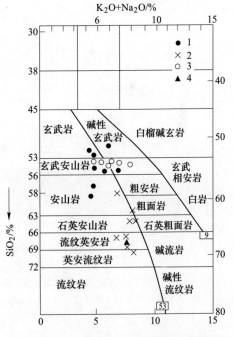

图 4-20　熊耳群古火山岩硅-碱组合指数与岩石种属名称关系图解

1—马家河组；2—鸡蛋坪组；3—许山组；4—次火山相

山岩具有显著富钾特征。从 CIPW 标准矿物含量看，火山岩中标准矿物钾长石相对偏高（见表 4-9），也反映具富钾特征。故研究区熊耳群古火山岩属钾质类型。

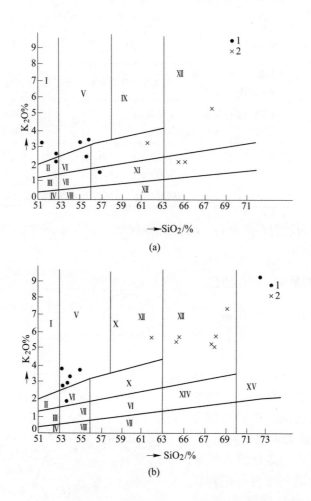

图 4-21　熊耳古火山岩硅-钾与岩石种属名称图解

（a）：1—马家河组；2—次火山岩；（b）：1—许山组；2—鸡蛋坪组

Ⅰ—钾玄岩；Ⅱ—高钾玄武岩；Ⅲ—玄武岩；Ⅳ—低钾玄武岩；Ⅴ—粗安岩；Ⅵ—高钾玄武安山岩；

Ⅶ—玄武安山岩；Ⅷ—低钾玄武安山岩；Ⅸ—粗面岩；Ⅹ—高钾安山岩；Ⅺ—安山岩；

Ⅻ—低钾安山岩；ⅩⅢ—高钾英安岩；ⅩⅣ—英安岩；ⅩⅤ—流纹岩

研究区熊耳期次火山相岩石，在《硅-碱组合指数与岩石种属关系图解》上的落点区间，与火山熔岩基本吻合（见图 4-1）。组合指数 δ 值也基本一致，反映二者应属同源熔浆产物。

表4-9 嵩山地区熊耳群火山岩 CIPW 标准矿物含量

组	段	序号	样品编号	岩石名称	标准矿物含量/% Qz	Or	ab	an	C	di	hy	wo	ol	ne	ap	il	mt	投影数值 Q/%	A/%	P/%	F/%
Pt_2m		1	$X_5/2507$	安山玢岩	16.3	18.92	18.87	7.51	4.28	2.16	18.09				1	3.64	6.95	26.51	30.69	42.08	
		2	$X_3/2508$	球颗玄武岩（安山岩）	8.53	13.91	29.36	15.85			16.81	2.09			1	2.73	4.4	16.34	26.65	57.01	
		3	$X_4/7236$	安山岩	19.3	9.46	33.03	8.34	4.68		8.73				0.7	1.67	5.33	27.56	13.48	58.96	
		4	$X_2/2630$	安山岩（玄武岩）	15.3	12.24	15.73	7.23	6.83		28.14				0.7	2.43	5.09	30.41	24.2	45.39	
		5	$X_2/2631$	安山岩（玄武岩）	12.4	15.58	16.78	8.9	4.49		27.01				1	2.88	5.09	23.24	28.99	47.78	
		6	$X_6/2528$	安山玢岩（玄武安山玢岩）		20.03	26.22	22.25		1.74	15.03	1.86	0.7		0.3	1.97	6.48		20.72	50.13	29.5
		7	$X_3/2534$	大斑安山岩	6.37	20.59	28.84	23.64		2.37	7.31	2.44			0.7	2.28	3.94	8.02	35.92	66.06	
		8	$X_{10}/251$	流纹斑岩	30.8	42.29	12.06	3.62	0.92		1.71				0.3	1.52	4.4	37.7	47.63	17.66	
		9	$X_3/2512$	英安斑岩	19.5	33.39	23.59	2.9		0.6	0.4	0.7			0.3	1.67	3.7	22.91	39.07	38.02	
		10	$X_4/2526$	英安质流纹斑岩	21.8	30.61	26.22	6.95		0.3	2.41	0.35			0.7	2.12	0.93	25.47	35.77	38.76	
Pt_2j	Pt_2j^2	11	$X_3/2527$	流纹斑岩	22.2	31.72	26.22	3.34	0.92		4.02				0.7	1.97	4.86	26.66	37.96	35.38	
		12	$X_3/2535$	流纹斑岩	27.4	29.5	22.02	2.07			4.62				0.3	1.52	5.09	31.54	33.89	34.57	
		13	$X_5/3686$	流纹斑岩	33.8	28.38	16.78	7.23	1.53		1.71				0.3	1.52	5.56	39.22	32.92	27.86	
		14	$X_1/7287$	流纹斑岩	31.8	32.83	19.4	2.78	2.35		0.7				0.3	1.37	1.86	36.7	37.78	25.52	
	Pt_2j^1	15	$X_1/3403$	安山质英安斑岩	20.7	38.4	5.77	6.68	2.65		9.94				1.4	3.79	7.64	28.95	53.65	17.4	
Pt_2x		16	$X_1/2540$	大斑安山岩	4.87	20.59	38.27	13.07		1	5.72	1.16			1	3.04	7.41	6.34	26.81	66.85	
		17	$X_9/2520$	大斑安山岩	8.53	18.92	25.17	18.64	0.2		13.8				1.4	1.97	7.64	11.97	26.55	61.48	
		18	$X_9/2583$	玄武安山玢岩	9.61	15.58	23.59	22.81		1	12.68	1.05			1	2.12	6.48	21.76	13.42	64.82	
		19	$X_2/2585$	玄武安山玢岩	2.94	15.03	27.79	21.14		0.56	21.65	0.58			0.7	2.12	3.47	4.39	22.47	73.14	
		20	$X_2/2588$	大斑安山岩	4.51	21.7	24.64	22.25		1.53	11.42	1.63			0.7	1.97	7.64	29.69	6.17	64.14	
		21	$X_1/2590$	玄武安山岩	5.47	11.13	28.84	21.42		0.66	20.51	0.7			0.7	2.12	5.33	8.18	16.65	75.17	
次火山相		22	$X_3/940$	流纹斑岩	27.7	31.16	22.02	8.07		0.1	1.54	0.12			0.7	0.91	6.02	31.18	35.01	33.81	

数据来源：河南省地矿局地调一队，1996。

4.2.3 岩石类型

研究区熊耳群古火山岩岩石种类包括火山熔岩和火山碎屑岩。以熔岩类为主。按火山岩碱度可将熔岩类划分为钙碱性岩石系列、碱钙性岩石系列。

4.2.3.1 钙碱性岩石系列

以组合指数 δ <3.3 为特征。

A 玄武岩类

玄武类岩石在研究区不发育，呈夹层在局部分布。

岩石呈灰绿-深灰-灰黑色，具脱玻拉玄结构、脱玻玻晶交织结构、球颗结构、斑状或聚斑状结构，部分为大斑结构。块状、杏仁状构造。

岩石的主要矿物为：斜长石 20% ~ 40%，辉石 15% ~ 50%，脱玻质 20% ~ 60%。斜长石多已钠黝帘石化，转化成钠长石和更钠长石，呈斑晶或微晶产出。斑晶有两类：一类细小，多呈自形半自形板状或柱状晶体，粒径 0.15mm × 0.6mm ~ 1.8mm×11mm，无规则分布于岩石中；另一类粗大，粒径大于 5mm，大者可达 10mm×30mm。构成特征的大斑结构。晶体呈自形半自形板状无规则分布，有时呈聚斑产出。斑晶含量变化比较大，含量 5% ~ 20% 不等，局部可达 30%。基质中斜长石粒径 0.005mm×0.03mm ~ 0.6mm×1.6mm，呈长条状、针状，无规则杂乱分布。斜长石表面常有绿帘石、黝帘石、显微鳞片状绢云母分布。辉石多已被绿泥石、绿帘石、石英堆积体所取代。但仍保留辉石残余或辉石短柱状晶体假象，脱玻化物质多转化为绿泥石、尘状绿帘石及少量粉末状赤铁矿及微粒磁铁矿。岩石中常见有点状、束状、针状及长联状雏晶。

岩石中杏仁成层成带分布，密集发育，是区内火山熔岩原始喷发单层的重要划分标志及熔岩层产状的主要测量标志。

研究区玄武岩类 SiO_2 平均含量为 52.84%，TiO_2 为 1.40%，Al_2O_3 为 14.55%，Fe_2O_3 + FeO 为 10.80%，MgO 为 7.58%，Na_2O + K_2O 为 6.43%，$w(K_2O)/w(Na_2O)$ = 1.06。

岩石的 CIPW 标准矿物平均含量为：钾长石（Or）13.91%、钠长石（Ab）15.26%、钙长石（An）8.07%、辉石 27.58%。按公式计算斜长石 An = 31.5 ~ 34.7，属中长石。

本类岩石的主要种属有：

（1）玄武岩：岩石呈块状构造，不含斑晶或含量小于 5%。

（2）玄武玢岩：斑晶含量大于 5%，但斑晶细小，粒度多小于 5mm。

（3）大斑玄武岩：以含粗大斜长石斑晶为特征，粒径可达 1~2cm。

（4）球颗玄武岩：岩石以具球颗结构为特征。

B 玄武安山岩

玄武安山岩是研究区熊耳群许山组最主要的岩石类型之一，马家河组也有少量分布。岩石呈灰绿-灰黑色，具脱玻拉玄结构、脱玻间隐结构、脱玻玻晶交织结构，部分具斑状或大斑结构。块状、杏仁状构造。

岩石主要由微晶斜长石、绿泥石化辉石、尘状绿帘石等脱玻物质组成。副矿物为磁铁矿、磷灰石、粉末状赤铁矿、白钛矿、榍石等。部分含斜长石、辉石斑晶。斜长石斑晶多呈自形半自形板柱状，无规则分布，含量 5%~20% 不等，最多可达 30%。斑晶表面多混浊，常有绿帘石、黝帘石、绿泥石及黏土质点分布。辉石斑晶多被绿泥石取代，呈假象产出，粒径 0.4mm×0.7mm~1.7mm×3.6mm，自形半自形柱状或短柱状。

岩石化学平均含量：SiO_2 53.5%，TiO_2 1.1%，Al_2O_3 15.80%，（Fe_2O_3+FeO）9.70%，MgO 4.2%，K_2O+Na_2O 5.33%，$w(K_2O)/w(Na_2O)=0.85$。

CIPW 标准矿物平均含量为：钾长石（Or）15.5%，钠长石（Ab）24.6%，钙长石（An）22.1%。斜长石计算值 An=37.3，属中长石。

本类岩石的主要种属：

（1）玄武安山岩：岩石为块状构造，斑晶含量小于 5%。

（2）玄武安山玢岩：具细小斜长石、辉石斑晶，含量大于 5%。斑晶粒度小于 5mm。

（3）大斑玄武安山岩：含斜长石大斑晶，粒度多大于 5mm，最大可达 10mm×30mm，含量 5%~30% 不等。

C 安山岩类

安山岩类（包括安山岩类、石英安山岩类）是熊耳群许山组、马家河组最重要的岩石类型。

岩石呈灰绿-黑色，脱玻玻晶交织结构、脱玻隐晶结构、残余球颗结构，部分具斑状结构及大斑结构。块状、杏仁状构造。

岩石由微晶斜长石及脱玻化粒状长石、绿泥石、绿帘石、粉末状赤铁矿组成。微晶斜长石呈板条状、条柱状，无规则杂乱分布。粒径 0.012mm×0.07mm~0.03mm×0.3mm。具斑状结构者，含斜长石、辉石斑晶。斜长石斑晶呈自形半自形板柱状，无规则分布，或呈聚斑产出（见图 4-22）。表面常混浊，布满次生显微鳞片状-绢云母和微粒状黝帘石。辉石斑晶，粒径 0.3mm×0.4mm~0.03mm×0.3mm。全部被绿泥石、绿帘石取代，仅保留短柱状自形晶外形。

岩石中杏仁多呈层状分布，在喷发单层顶底形成清晰杏仁流层。

岩石化学成分平均含量：SiO_2 55.32%，Al_2O_3 14.5%，TiO_2 1.2%，（Fe_2O_3+FeO）11.70%，MgO 3.5%，K_2O+Na_2O 6.34%，$w(K_2O)/w(Na_2O)=1.26$。

本类岩石 CIPW 标准矿物平均含量：钾长石（Or）32.5%，钠长石（Ab）

图 4-22　许山组大斑安山岩中聚斑特征图
（数据来源：河南省地矿局地调一队，1996）

21.1%，钙长石（An）8.2%，辉石约 10%。斜长石 An=30.3，属中长石范围。

本类岩石主要种属：

（1）安山岩：不含斑晶或含量小于 5% 的块状岩石。

（2）安山玢岩：斑晶含量大于 5%，粒径多小于 5mm。

（3）大斑安山岩：以发育粗大斜长石斑晶为特征，粒径 5mm×7mm～20mm×30mm，含量 5%～30% 不等，是组成许山组中段的主要特征岩性。

　　D　英安岩类

英安岩类在鸡蛋坪组、龙脖组少量分布。

岩石呈灰红-灰紫色，斑状结构，基质具脱玻玻晶交织结构、雏晶结构。块状构造、流纹构造、石泡构造和杏仁状构造。

岩石中斑晶主要为斜长石和石英。斜长石斑晶呈自形半自形板状，无规则分布，表面多混浊，含量 5%～10%，粒径 0.35mm×0.5mm～1mm×5.9mm。石英斑晶呈他形粒状,粒度 1.0~0.3mm,含量 1% 左右,发育裂纹,具熔蚀现象。基质主要由斜长石微晶、少量钾长石和脱玻质组成,副矿物有磁铁矿、褐铁矿、磷灰石和锆石等。

岩石主量元素的平均含量值:SiO_2 67.8%、TiO_2 0.69%、Al_2O_3 12.8%、(Fe_2O_3+FeO)6.86%、MgO 0.65%、(K_2O+Na_2O)7.83%、$w(K_2O)/w(Na_2O)$ = 2.2。

CIPW 标准矿物平均值:钾长石(Or)30.5%,钠长石(Ab)20.05%,钙长石(An)6.54%。斜长石计算值 An = 24.3,属更长石。

主要岩石种属:

(1)英安岩:为不含斑晶或斑晶含量小于 5% 的块状岩石。

(2)英安斑岩:区内主要的中酸性岩石种属。斑晶含量 5%~15%。

(3)石泡英安斑岩:以发育石泡构造为特征。

此外,岩矿鉴定根据矿物组合特点,进一步划分出安山质英安岩和流纹质英安岩等过渡类型。

E　流纹岩类

流纹岩类是组成鸡蛋坪组、龙脖组的主要岩石类型,包括英安流纹岩类和流纹岩类。

岩石多呈紫红色,部分呈灰-灰绿色,大多具斑状结构、聚斑结构,基质具微嵌晶结构、球粒结构,块状构造、流纹构造、石泡构造、珍珠构造。

岩石由斑晶和基质组成。斑晶为斜长石、钾长石及少量黑云母、石英。斜长石斑晶多呈自形、半自形板柱状,无规则分布,含量 10%~20%,粒径 0.3~2.7mm。钾长石斑晶呈板状,较自形,表面多裂纹,常具碳酸盐化,含量 3%~10%,粒径 0.2mm×0.3mm~2.5mm×3mm。黑云母呈鳞片状,普遍具绿泥石化,常与长石斑晶聚集构成联斑。石英斑晶呈他形粒状,熔蚀现象明显。基质主要由钾长石、石英微晶和粉末状氧化铁组成。

岩石化学成分平均值:SiO_2 69.08%、TiO_2 0.75%、Al_2O_3 12.34%、(Fe_2O_3+FeO)5.95%、MgO 0.66%、(K_2O+Na_2O)7.97%、$w(K_2O)/w(Na_2O)$ = 5.0,钾值显著偏高。

岩石中 CIPW 标准矿物平均值:钾长石(Or)42 29%,钠长石(Ab)12 06%,钙长石(An)3.62%。斜长石计算值 An = 23.1,属更长石。

主要岩石种属:

(1)流纹岩。

(2)流纹斑岩。

(3)石泡流纹斑岩、球粒流纹斑岩:以发育石泡构造及球粒结构为特征。

(4)珍珠岩:以具有脱玻质结构及弧形珍珠构造为特征。

(5)黑曜岩。

4.2.3.2　碱钙性岩石系列

以组合指数 δ 大于 3.3 为特征。研究区碱钙性系列岩石类型不发育，主要有碱性玄武岩类及玄武粗安岩类。此岩石系列 Al_2O_3 含量大于 16%，具高铝玄武岩特征。

A　碱性玄武岩类

碱性玄武岩类岩石不发育，分布局限。

岩石呈灰绿-灰黑色，具脱玻间隐结构、脱玻拉玄结构和脱玻玻晶交织结构，部分具斑状结构，块状、杏仁状构造。

岩石主要由斜长石微晶、辉石假象和脱玻质组成。斜长石呈板状，不规则杂乱分布，可见聚片双晶，表面常有绿泥石、帘石类矿物及绢-水云母分布，晶面混浊。粒度 0.03mm×0.2mm~0.15mm×0.8mm。脱玻质多转化为绿泥石、帘石类矿物、粒状长石及磁铁矿、粉末状赤铁矿。部分岩石具斑状结构，含斜长石及辉石斑晶。

岩石化学成分平均值：SiO_2 51.20%、TiO_2 1.00%、Al_2O_3 16.86%、（Fe_2O_3+FeO）9.95%、MgO 5.24%、（K_2O+Na_2O）6.43%、$w(K_2O)/w(Na_2O)$ = 1.09。

岩石 CIPW 标准矿物含量：钾长石（Or）20.03%，钠长石（Ab）26.22%，钙长石（An）22.25%，辉石 19.39%，部分出现橄榄石。斜长石计算值 An = 45.9，属中长石。

B　玄武粗安岩类

岩石呈灰紫-黑灰色，具脱玻玻晶交织结构、脱玻间隐结构、脱玻拉玄结构，部分具斑状结构。块状、杏仁状构造。

岩石由长石微晶及脱玻质组成。脱玻质多具雏晶结构，含大量发状、粉末状雏晶及粒状钾长石，含量 40%~60%。微晶为主者，含钾长石及钠长石 40%~45%，粒径 0.03mm×0.15mm~0.15mm×0.8mm，呈条柱状、针状，半平行排列。具斑状结构者，岩石含钾长石、钠长石斑晶，呈自形-半自形板条状、柱状，表面具绢-水云母化、绿泥石化，含量 15%~20%，粒径 0.15mm×0.3mm~0.6mm×3mm。

本类岩石化学成分平均值：SiO_2 54.8%、TiO_2 1.3%、Al_2O_3 16.1%、（Fe_2O_3+FeO）8.2%、（K_2O+Na_2O）6.3%、$w(K_2O)/w(Na_2O)$ = 1.4。

岩石 CIPW 标准矿物含量：钾长石（Or）20.5%，钠长石（Ab）25.1%~38.3%，钙长石（An）13.07%，辉石为贫钙紫苏辉石，含量 5.72%~2.65%。斜长石计算值 An = 25.4~34.2，属更-中长石范围。

主要岩石种属：

（1）玄武粗安岩。

（2）玄武粗安斑岩。

4.2.3.3 次火山相岩石

区内次火山相岩石种类甚多，其中以次流纹斑岩类最为发育。次火山相岩石的岩石化学及岩石学特征与区内相应的面状溢流亚相熔岩极为相似，很难区分。由于多数岩石类型的基本特征已在熔岩部分作了详细描述，故本段仅列出岩石种属，论述从略。

主要岩石种属：

（1）次流纹斑岩。

（2）次英安岩。

（3）次英安斑岩。

（4）次安山岩。

（5）次大斑安山岩。

（6）次粗面斑岩。

次粗面斑岩区内较少见，仅在大石涧和后孟家河一带零星出露，规模较小。岩石多呈块状，节理比较发育，与围岩呈明显侵入接触。岩石呈紫红色，具斑状或少斑状结构。基质具粗面结构，块状构造。岩石中斑晶主要为正长石，有少量更-钠长石，呈自形、半自形板状，无规则分布，粒径 0.25mm×0.6mm～0.6mm×2.3mm。正长石具卡氏双晶，更-钠长石具聚片双晶。基质中正长石呈板条状，粒径 0.02mm×0.1mm～0.1mm×0.5mm。

4.2.3.4 火山碎屑岩系列

研究区火山碎屑岩出露零星，但岩石种属较齐全。包括火山碎屑熔岩类、正常火山碎屑岩类、火山碎屑-沉积岩类。

A 火山碎屑熔岩类

本类岩石以熔浆胶结火山碎屑为特征，是火山爆发时的产物，常充填于爆发式火山岩筒中或周边，是识别火山机构的重要标志。主要岩石种属有：

（1）流纹质火山角砾集块熔岩。

岩石呈灰紫-灰黑色，具角砾集块结构，块状构造。集块、角砾成分主要为流纹斑岩，常含少量安山岩。集块大小 10～30cm，形态复杂，呈棱角状、浑圆状、椭圆状。集块间充填火山角砾，角砾大小 0.2～5cm，变化较大。角砾、集块总量 70%～80%，二者含量互为消长。

胶结物为流纹斑岩质熔浆。其岩石特征与流纹斑岩一致，含量 20%～30%。

（2）安山质火山角砾集块熔岩。

区内分布较多。岩石呈灰绿、灰红色，火山角砾集块结构，块状构造。角砾、集块成分主要为安山岩、安山玢岩、大斑安山岩，多呈棱角状和次棱角状。

集块大小 10~50cm，角砾 1~5cm。集块、角砾含量互为消长，总量 75% 左右。

胶结物为安山质熔浆，岩石特点与安山岩一致。

（3）晶屑凝灰熔岩。

岩石呈浅灰色，具蜡状光泽。有粗糙感。发育晶屑凝灰霏细结构，块状构造。主要由晶屑和熔岩胶结物组成，含少量岩屑。晶屑多呈碎屑状，含量 45% ~ 50%。斜长石晶屑，几乎全部被次生绢云母取代，钾长石多被次生方解石取代，部分具高岭土化，石英熔蚀现象清晰。岩屑较少，成分为绢云母化安山岩、流纹岩、英安岩及细粒闪长岩，多呈棱角状和次棱角状，粒径 1.5~9.5mm，多属角砾，含量 5% 左右。

熔岩胶结物占 40% ~ 45%，主要为绢云母和霏细状长英质组成。

（4）震碎安山质碎屑熔岩。

本类岩石发育在火山通道周围。为火山爆发时被震碎的围岩，由熔浆胶结而成。

岩石呈灰绿色，具集块结构，块状构造。碎屑成分为安山岩、杏仁状安山岩，呈棱角状、次棱角状，大小 10~50cm，少部分 1~10cm，含量 85% ~ 90%。岩石中碎块间位移不大，大致可以拼接，具明显震碎特征。

胶结物为安山质熔浆及硅质（见图 4-23）。

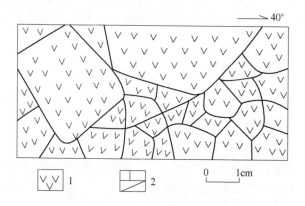

图 4-23　卢氏县官道口乡秋凉河震碎安山质碎屑熔岩素描图

（数据来源：河南省地矿局地调一队，1996）

1—安山岩碎块；2—安山质熔浆及硅质胶结物

B　正常火山碎屑岩类

（1）安山质火山集块岩。

岩石呈灰绿色-灰红色，具火山集块结构，块状构造。集块大小 10~50cm，形态复杂，多呈棱角状、次棱角状，部分为次圆状和椭圆状，含量 50% ~ 70%。成分为安山岩、安山玢岩、大斑安山岩。另有部分大小为 0.2~5cm 的角砾分布于集块间。胶结物为石英、玉髓状石英、绿帘石和少量绿泥石。

（2）安山质火山角砾岩。

岩石呈灰绿、灰红色，具火山角砾结构，块状构造。由角砾和胶结物组成。角砾呈次棱角状、棱角状和次圆状，个别呈火焰状。大小 0.5~21mm。成分以安山岩为主，部分为大斑安山岩，含量为 40%~60%。胶结物主要为火山灰和硅质。

（3）流纹质火山集块岩。

岩石呈灰红色、紫红色，具角砾集块结构，块状构造。集块大小 10~50cm，含量 50%~70%，角砾 1~8cm，含量 10%~15%。形态为棱角状、次棱角状，部分为次圆状和椭圆状。成分主要为流纹斑岩，含少量安山岩。胶结物为硅质和火山灰。

（4）流纹质火山角砾岩。

岩石呈紫红色，具火山角砾结构，块状斑杂状构造。角砾多呈棱角状、次棱角状，大小 2~6cm。成分为流纹岩和流纹斑岩，含量 60%~70%。胶结物以火山灰为主，含部分流纹质火山岩屑和少量绢云母化长石、石英晶屑，总量在 30%左右，粒径小于 0.06mm。

（5）流纹质角砾晶屑凝灰岩。

岩石呈灰红色，具角砾晶屑凝灰结构，块状构造。主要由岩屑、晶屑和胶结物组成。岩屑成分为流纹岩，呈棱角状，粒径 0.3~7mm 不等，属砾级范围，总量在 30%~35%。晶屑成分为斜长石，具绢云母化，多呈棱角状、碎屑状，粒径 0.05~1.6mm，含量 35%左右。胶结物主要为火山灰和少量火山尘。脱玻后转化为微斜长石、石英和少量绿泥石、绿帘石堆积体，含量为 25%~30%。

（6）安山质晶屑岩屑凝灰岩。

岩石呈灰红-紫红色，具晶屑岩屑凝灰结构，块状、层状构造。主要由岩屑、晶屑和胶结物组成。岩屑多呈次圆状、浑圆状及次棱角状，粒径 0.2~2mm，部分可达 5mm，含量 40%~45%，主要成分为安山岩。晶屑主要由板状、碎屑状绢-水云母化斜长石组成，含量 35%。胶结物为火山灰和火山尘，脱玻后转化为绢-水云母、绿泥石和氧化铁质，含量 20%~25%。

C 火山碎屑-沉积岩类

a 沉火山碎屑岩亚类

（1）沉火山集块岩。

岩石呈粉红、灰红、灰绿等多种色调，具集块结构，块状构造。主要由火山集块、角砾组成。集块大小 10~50cm，形态复杂，多呈浑圆状、椭圆状，部分呈棱角状和长条状，含量 50%~70%。集块成分较复杂，为流纹斑岩、大斑安山岩及安山岩，另有少量花岗斑岩。角砾大小有两个级别，2~5cm 和 2~8mm，含量为 20%~30%，杂乱分布于集块间。

胶结物主要为安山质玻屑和晶屑的火山碎屑。

（2）沉火山角砾岩

岩石呈灰绿-紫红色，具火山角砾结构，块状、层状构造。角砾成分较复杂，有安山岩、流纹岩、英安岩，呈棱角状、次棱角状和浑圆状，大小 3~15mm，含量 50%~60%。胶结物主要为火山灰，含量为 40%~45%。

（3）沉凝灰质板岩

岩石呈浅灰色-紫红色，具凝灰结构、块状构造，具清晰板理。岩石主要由绢云母（水云母）60%、高岭石 15%、粉砂质碎屑 5%~8%、氧化铁 7%~10%组成。碎屑多呈棱角状和次圆状。岩石中部分绢云母（水云母）为火山灰重结晶的产物。

副矿物有磷灰石、锆石、磁铁矿、白钛矿等。

b　火山碎屑沉积岩亚类

发育凝灰质长石砂岩，岩石呈灰红色，微带紫色，具砂状结构，显微层状-微层状构造。主要由砂屑和少量岩屑组成。砂屑呈次棱角状及次圆状，少部分呈棱角状、长条状，粒径一般为 0.05~0.3mm，成分为：长石 60%左右、石英 10%左右。岩屑成分为英安岩和安山岩，含量 15%~20%，粒径比砂屑略粗。绢云母化普遍。

胶结物由显微鳞片状绢-水云母和铁质组成。为火山灰的脱玻物，含量 10%左右。

4.2.4　岩石小结

（1）研究区熊耳群古火山岩包括火山熔岩及火山碎屑岩两大系列。以火山熔岩为主，大面积广布，厚度巨大。火山碎屑岩不发育，但种属齐全，散布全区。其中，火山碎屑熔岩类及正常火山碎屑岩类多充填于爆发式火山岩筒中或分布其周边，火山碎屑-沉积岩类则多呈夹层产于火山熔岩叠置层序中，以马家河组较发育。

（2）熊耳群古火山岩具双峰式岩石特征。其中性-中基性峰端以安山岩及玄武安山岩为主，玄武岩类不发育；中酸-酸性峰端以流纹斑岩为主，英安岩类不发育。此种双峰与玄武岩-流纹岩双峰存在明显差异。

（3）斜长石是中-基性火山岩定名的重要标志矿物之一。但研究区熊耳群古火山岩普遍具强烈钠黝帘石化，镜下所见斜长石均转变为钠长石-更长石，失去了定名意义。根据 CIPW 标准矿物 Ab、An 含量计算得出的 An 值，玄武安山岩 An=47.3，安山岩 An=30.3，英安岩 An=24.3，流纹岩 An=23.1，这组 An 值，在一定程度上校正了钠黝帘石化造成的斜长石号码偏差，但与正常岩石对比，仍显示牌号偏低。此特点表明：1）斜长石的钠黝帘石化总体是在含水封闭体系条件下的自变质作用。组分的交换主要是通过自身矿物的水解重新组合来实现的。2）在此过程中，仍存在物质组分的带入带出，并且带出的是钙，带入的是硅和钠。

4.3 火山岩相

根据火山喷发方式、喷发环境与产状特征，研究区熊耳群古火山岩可划分为喷发相、火山通道相及次火山相。

4.3.1 喷发相

根据火山喷发物质的性质和喷发强度，可进一步划分为喷溢亚相和爆发亚相。

4.3.1.1 喷溢亚相

喷溢亚相包括熊耳群各种层状火山熔岩，是区内最发育的古火山岩相。岩石成层性良好，喷发单层清晰，为火山喷发大面积溢流的产物，形成研究区熊耳群巨厚的熔岩堆积。

A 中基性-中性熔岩

中基性-中性熔岩为研究区最主要的熔岩类型。包括玄武安山岩、大斑玄武安山岩、大斑安山岩、安山岩、安山玢岩等。

中基性熔岩类主要为许山组的岩石组合，其中大斑玄武安山岩、大斑安山岩为许山组中段的特征岩性。马家河组则以安山岩、安山玢岩等中性岩为主要岩石组合。

此类熔岩普遍呈灰绿色，成层性良好，杏仁流层清晰，喷发单层十分发育。单层顶部常见紫红色红顶及古风化壳层。

B 基性熔岩

研究区基性熔岩不发育，分布局限，主要发育在许山组中，呈夹层出现，厚度由几米至十几米。

C 中酸-酸性熔岩

区内比较发育。主要分布在鸡蛋坪组和龙脖组。岩石为流纹斑岩、英安斑岩和少量流纹岩、英安岩。岩石普遍呈紫红色或深灰色。

研究区南部鸡蛋坪组以流纹斑岩为主。北部（宫前火山喷发-沉积盆地）鸡蛋坪组可分为上、下两段，上段以流纹斑岩为主，下段以英安斑岩为主。英安斑岩成层性很好，喷发单层叠置层序清晰。流纹斑岩成层性普遍较差。

龙脖组岩石主要由流纹斑岩、英安岩组成，局部夹有粗面岩。多呈侵出溢流产状，分布局限，反映熊耳晚期喷发强度明显减弱的特点。

D 枕状和球状熔岩

从研究区熊耳群火山喷发特征及岩石化学特征研究表明，熊耳群为一套陆相火山岩。但其中部分地区发育岩枕及岩球，尤以本研究区西南部发育。岩类包括安山质枕状熔岩。安山质淬碎角砾状枕状熔岩（见图4-24），在秋凉河尚发现一种粗面质球状熔岩（见图4-25），特别是这些球状熔岩，球体形似软蛋，圆形及椭圆形，小者几十厘米，大者几米，部分球体外壳为珍珠岩，内部为球粒流纹岩，同心球状流动构造十分发育。球体与球体之间，显示原始状态呈塑性状态互相挤压，并伴有复杂的流动及涡流构造。可能是一些大的熔浆团在水下滚动所成。通过这些岩枕和岩球研究发现，它们多呈层状、似层状、透镜状产出，厚度一般比较小，延伸局限，由此可见，在这套陆相火山岩中，存在有一部分水下喷发带，但并不具备海相喷发环境。

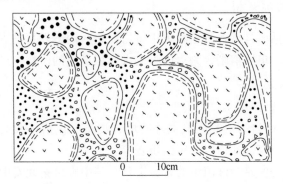

图4-24 洛宁县罗岭乡金洞沟安山质角砾枕状熔岩特征素描图

（数据来源：河南省地矿局地调一队，1996）

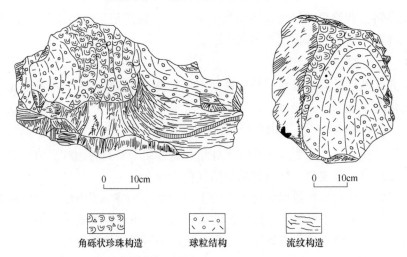

角砾状珍珠构造   球粒结构   流纹构造

图4-25 河南卢氏秋凉河粗面岩中角砾状珍珠岩呈球状产出素描图

（数据来源：河南省地矿局地调一队，1996）

4.3.1.2 爆发亚相

研究区爆发亚相火山碎屑比较发育，主要分布在火山口附近，是火山爆发时产生的各种碎屑物，如火山弹、火山集块、火山角砾、火山灰等，以不同比例混合形成的火山碎屑沉积物。

区内爆发亚相岩石主要有：

（1）火山集块岩和火山角砾集块岩。

（2）火山集块角砾岩和火山角砾岩。

（3）岩屑晶屑凝灰岩。

爆发亚相火山碎屑岩，在地表的分布形态主要有圆形、椭圆形、环带状和不规则状等。火山碎屑岩的分布一般在火山口附近为块度较大的火山集块堆积，离火山口愈远，块度逐渐变小。由近火山口向远的顺序为：火山集块岩→火山角砾岩→凝灰岩。

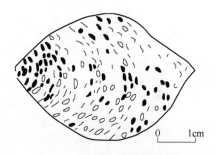

图 4-26 熊耳群许山组火山岩中火山弹特征素描图

（数据来源：河南省地矿局地调一队，1996）

在爆发亚相火山碎屑岩中，除常见到的集块、角砾外，局部尚发现有火山弹（见图 4-26）特别是在与本工作西南角秋凉河邻近的卢氏朱阳岔龙脖组中，发现大量粗面质含角砾火山弹岩，其中部分火山弹弹体形态及内部构造均十分典型（见图 4-27）。

4.3.2 火山管道相

火山管道是连接岩浆源和地表火山口的岩浆远移通道，充填于火山管道中的岩石，主要有两类：一类为熔岩，以流纹斑岩分布最广，此外尚有英安岩、粗面斑岩及安山岩。此类熔岩，多可见到与围岩呈清晰侵入接触关系，部分还是保留明显侵出-溢流产状，表明充填的管道属火山溢流通道。另一类为流纹质角砾集块熔岩、火山角砾熔岩和安山质角砾集块熔岩或凝灰熔岩等。它们主要充填于爆发火山通道中。

区内火山管道有裂隙式和中心式两种类型。熔岩充填的溢流管道，裂隙式和中心式均较发育。裂隙式管道通常规模较大。角砾集块熔岩充填的爆发管道，以中心式为主，且规模较小。

4.3.3 次火山相

次火山相岩石指的是未达地表的同火山期侵入熔岩。本书将充填于火山管道

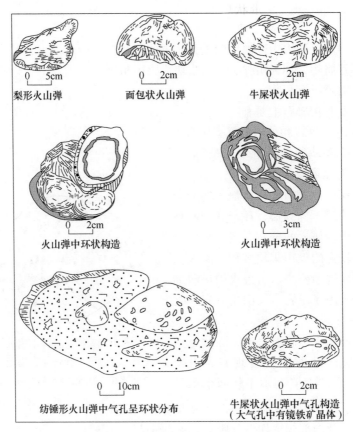

图 4-27　河南卢氏朱阳岔南部粗面质含集块火山弹岩中
火山弹之弹体形态及内部构造

（数据来源：河南省地矿局地调一队，1996）

中，且与喷出岩流没有直接关系的熔岩，统称次火山相。故此，这类次火山相熔岩，有些可能属喷发管道中的残留相，从这个意义上讲，也可将其看作是火山管道相产物。

　　区内次火山相岩石分布广泛，主要有次流纹斑岩类、次英安斑岩类、次安山岩类、次粗面岩类。研究区次火山相岩石与面状溢流熔岩具有相似的岩貌，但产状不同。它们以岩株状、不规则裂隙状侵入于先成层状熔岩中，与围岩多具有明显侵入接触关系，产状清晰，并且岩石中不发育杏仁构造。

4.3.3.1　次流纹斑岩类

　　次流纹斑岩类次火山相岩石在区内比较发育，为重要的次火山相岩石类型。有两种主要产出形态。

一种呈带状、不规则带状展布，宽1~2km，长数千米至十余千米，规模巨大，充填于裂隙式喷溢通道中。形成研究区西南部醒目的次流纹斑岩岩石带。

一种呈筒状、岩株状产出，多充填于中心式喷溢管道中，规模一般较小。在研究区星罗棋布。

次流纹斑岩类与溢流相流纹斑岩岩石学特征极相似，很难区分，但与围岩具有明确的侵入接触关系。接触界面弯曲不平，产状多变（见图4-28）。在接触带附近常含围岩捕虏体，部分区段尚可见发育2~3m宽的强劈理化带。

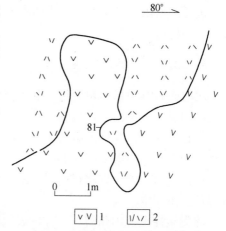

图4-28 大铁沟口流纹斑岩与马家河组安山岩侵入接触界面特征素描图
（数据来源：河南省地矿局地调一队，1996）
1—安山岩；2—次流纹斑岩

4.3.3.2 次英安岩类

区内分布局限，仅在宫前北部发育次英安斑岩。

次英安斑岩呈不规则岩株状展布，面积约2km^2，产于马家河组灰绿色安山岩中。岩石呈灰紫色，其与围岩呈显著侵入接触关系，块状构造，并以发育粗大斑晶为特征。

4.3.3.3 次安山岩类

研究区次安山岩类分布较广，但规模均较小。多呈脉状及网脉状产出，侵入于结晶基底变质岩系及熊耳群岩石中，接触关系清晰（见图4-29）。此类脉状次火山相岩石中常见包含围岩捕虏体。

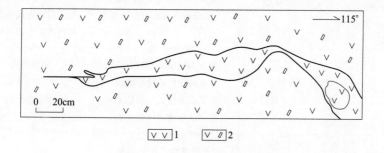

图4-29 脉状次安山岩与许山组大斑安山岩穿插关系平面素描图
（数据来源：河南省地矿局地调一队，1996）
1—次安山岩；2—大斑安山岩

包括次安山岩及次安山玢岩两类岩石。岩石以呈块状构造、不发育杏仁、成层性差为特征。

4.3.3.4　次粗面岩类

次粗面岩类包括次粗面斑岩及次粗面岩两类。区内分布零星，规模很小，仅在大石涧及后孟家河一带见到。

大石涧一带，在许山组大斑安山岩中发育一个小型古火山喷溢管道。管道出露规模约 100km×200km，其间充填次粗面斑岩。

后孟家河一带发育次粗面岩，呈脉状产出。脉宽仅 1m 左右。侵入于许山组灰绿色安山岩中。

此类碱性次火山相岩石，似代表熊耳晚期岩浆演化偏碱性阶段的产物。

4.4　古火山构造

古火山构造的级别划分，目前还很不统一。20 世纪 90 年代河南地调一队在开展嵩山地区 1：50000 区调时，根据《火山岩地区区域地质调查指南》，结合 70 年代以来豫西地区熊耳群古火山岩的研究成果，将研究区熊耳群古火山构造划分为五个级别（见表 4-10）。本次工作除补充了 1：50000 李村幅有关资料外，基本上沿用了该成果。

表 4-10　研究区熊耳群古火山构造分级

一级	二级	三级	四级	五级
熊耳古火山活动带	嵩山古火山喷发带	杜家沟-魏家洼古火山喷发区（Ⅲ₁）	桐树凹裂隙式喷发通道 凤凰台裂隙式喷发通道 曲家山管道式喷发通道 魏家洼管道式喷发通道 上纸房窝管道式喷发通道	阳八湾中心式爆发岩筒 胡疙瘩中心式爆发岩筒 中子原中心式爆发岩筒 黄家沟东中心式爆发岩筒 背沟中心式爆发岩筒 祖子窝中心式爆发岩筒 神底沟中心式爆发岩筒
		城烟-红皮河古火山喷发区（Ⅲ₂）	雷家沟裂隙式喷发通道 红皮河裂隙式喷发通道 陈家山裂隙式喷发通道 草房北裂隙式喷发通道	草店火山口 白草岭火山口 牛心寨火山口 大围圆沟中心式爆发岩筒
		刘柏-赵家古洞古火山喷发区（Ⅲ₃）	刘柏裂隙式喷发通道 前场管道式喷发通道 赵家古洞管道式喷发通道 黄鹿村管道式喷发通道	坡根火山口

一级	二级	三级	四级	五级
熊耳古火山活动带	崤山古火山喷发带	孟家河-将军岭古火山喷发区（Ⅲ₄）	铁岭庄裂隙式喷发通道 后孟家河裂隙式喷发通道 寺河裂隙式侵出-溢流通道 东渠裂隙式喷发通道 茴椿阴裂隙式喷发通道 碾底沟裂隙式喷发通道 瑶子坪裂隙式喷发通道 庙后裂隙式喷发通道 前马湾裂隙式喷发通道 大坪疙瘩管道式喷发通道 秤锤山管道式喷发通道 孟阴沟西管道式喷发通道	陈家沟火山口
		罗岭古火山喷发区（Ⅲ₅）	连坡裂隙式喷发通道 杨毛扒裂隙式喷发通道 五垛裂隙式喷发通道 罗岭北裂隙式喷发通道 草房瑶裂隙式喷发通道 前坑裂隙式喷发通道 宋铁楼山裂隙式喷发通道 前村侵出-溢流喷发区 后小坡管道式喷发区	
		宫前火山喷发-沉积盆地古火山喷发区（Ⅲ₆）	南坪裂隙式喷发通道 杨毛扒裂隙式喷发通道 西岭裂隙式喷发通道 响屏山西管道式喷发通道 岳家沟管道式喷发通道 西圪瘩管道式喷发通道	嘴上火山口 大阳凹火山口 大石涧火山口 苏家山喷发中心

4.4.1 熊耳古火山活动带

研究区一级古火山构造单元为熊耳期古火山活动带。它包括了豫西、陕东、晋东南的熊耳群及西洋河群的全部火山活动产物。

4.4.2 崤山古火山喷发带

崤山古火山喷发带为研究区二级古火山构造单元，沿崤山山脉呈北东向分布，向西南延入卢氏境内，往北东沿至豫晋交界地区，为熊耳群古火山活动带北支。研究区位于该喷发带南西段，沿崤山山脉形成巨厚的熔岩堆积，并发育复杂的裂隙或中心式古火山管道群。

4.4.3 三级火山构造

根据熊耳期古火山熔岩的产出特点及古火山构造性质，研究区可大致分为 6 个区段，分属 6 个三级火山构造。

4.4.3.1 杜家沟-魏家洼古火山喷发区（Ⅲ₁）

该区位于研究区西北部，杜家沟以东至魏家洼一带，北部及西部为三门峡、灵宝盆地，南部以凤凰峪断裂（F_9）为界，东部被坡根-张家河断裂（F_{17}）截切。

喷发区以熊耳群许山组层状安山岩、大斑安山岩为背景，发育 5 个裂隙式喷发通道和 7 个中心式爆发岩筒。喷发通道以充填流纹斑岩为主，属四级火山构造；爆发岩筒以充填火山角砾集块熔岩为特征，主要属五级火山构造。

从火山构造发育特征看，本喷发区遍布中心式爆发岩筒，显示较强的火山爆发作用。

根据区内背景岩石层序分析，通道中充填的流纹斑岩主要应是鸡蛋坪期的产物，以独立岩筒或寄生岩筒产物的火山角砾集块熔岩，则可能是鸡蛋坪晚期的爆发产物。

4.4.3.2 城烟-红皮河古火山喷发区（Ⅲ₂）

分布于城烟-红皮河一线，北以凤凰峪断裂（F_9）为界，呈北东向展布。

喷发区以许山组层状安山岩、大斑安山岩为背景，发育 4 个裂隙式喷溢通道，充填流纹斑岩。显示喷发区早期是以中-中基性熔岩呈层状溢流为主，晚期则以酸性熔岩沿喷溢通道充填、喷溢为主。

上述喷溢通道多为不规则裂隙状，呈北东向成束、成带展布，并严格发育于许山组岩石中，不穿越上覆鸡蛋坪组界线。属四级火山构造。

从喷发区背景岩石层序看，喷溢通道充填的流纹斑岩，可能为鸡蛋坪期产物。

4.4.3.3 刘柏-赵家古洞古火山喷发区（Ⅲ₃）

分布于八道河-赵家古洞一线，呈北东向展布，东被坡根-张家河断裂（F_{17}）截切，南被杨家河-孟家河断裂（F_{54}）断落。

喷发区以马河组组层状安山岩为背景，发育 4 个流纹斑岩喷溢通道。表明早期为中性熔岩层状溢流，晚期为酸性熔岩充填、喷溢的特征。

从区内背景岩石层序及充填流纹斑岩的分布特点看，似应属熊耳晚期（龙脖期）的产物。

4.4.3.4 孟家河-将军岭古火山喷发区（Ⅲ₄）

位于研究区南部，沿孟家河-陈家坪-太平圪瘩-将军岭一线，呈近东西向展布，延展长约27km。

喷发区以许山组层状安山岩、大斑安山岩为背景，发育12个酸性熔岩喷溢通道。通道中充填流纹斑岩，多呈不规则条带状裂隙产出，密集分布。这些裂隙通道，明显穿切许山组岩段界线，但严格限制于鸡蛋坪组底界之下。从通道产出的这种背景岩石层序特点，说明通道中充填的流纹斑岩应属鸡蛋坪期产物。

4.4.3.5 罗岭古火山喷发区（Ⅲ₅）

位于研究区南部，沿上戈-罗岭-铁楼山一线呈北东向展布。

喷发区以马家河组层状安山岩为背景，发育一系列条带状、椭圆状喷溢通道，分布较零散，规模普遍较小。通道中充填紫红色流纹斑岩。

背景岩石层序说明此类流纹斑岩应属龙脖期产物。通道的产出特征则反映这一时期喷溢强度明显减弱。因而规模小，分布局限。

4.4.3.6 宫前火山喷发区（Ⅲ₆）

位于研究区北东部，宫前-前官岭一带，发育于渑池-确山地层小区。

该区发育一套巨厚的中基-中酸性火山熔岩。熊耳群各组段发育齐全。产状平缓，成层性很好，具显著层状叠置堆积特征。

该区发育晚期（龙脖期），以裂隙式或中心式喷发为主，中酸性-酸性熔岩充填管道，溢出地表，具明显侵出-溢流产状。这一时期的喷发强度减弱，规模较小，分布局限。

喷发区中心的山顶上，多处发育由汝阳群砂岩、砾岩碎块组成的残坡积层，覆于马家河组安山岩及龙脖组流纹斑岩之上，表明熊耳群古火山岩剥蚀较浅，基本保留了其喷发区的完整层序。

在宫前火山喷发区，发育一个规模较大的四级火山构造前官岭-宫前裂隙式火山喷发带和一个五级火山构造苏家山火山喷发中心。

4.4.4 四级火山构造

四级火山构造主要为熔岩的喷发通道，充填熔岩以流纹斑岩为主，部分为英安斑岩和英安岩。研究区十分发育。现简述典型火山构造特征。

4.4.4.1 桐树凹裂隙式喷发通道

位于杜家沟东南桐树凹一带，平面形态不规则，大致呈北东向延伸。长约

4km，宽约 1km。南段第四系覆盖严重，实际出露面积约 1.5km²。

喷发通道发育于许山组灰绿色安山岩中，充填紫红色流纹斑岩。通道与围岩接触面清晰。边界弯曲不平，多呈港湾状。接触面总体内倾，倾角 35°~45°。

沿内接触带流纹斑岩中流纹十分发育，产状陡立，愈靠近接触面，产状和接触面愈趋平行。沿外接触带，围岩发红，具烘烤特征，且硅化显著。

4.4.4.2 曲家山管道式喷发通道

位于曲家山-黑圪瘩一带，大致呈圆形，南部突出一个尖嘴。南北长约 3km，东西宽约 2km，覆盖比较严重，实际出露面积约 5km²。

喷发通道发育于许山组灰绿色安山岩中。充填紫红色流纹斑岩。两者侵入接触关系清晰，接触边界弯曲不平。通道中流纹十分发育，多数流纹和接触面平行，中心流纹东倾。

通道北部黑疙瘩一带，发育一爆发岩筒。属五级火山构造。该岩筒大致呈椭圆形，东西长约 1.3km，南北宽约 650m，充填一套火山集块熔岩。岩筒寄生在曲家山喷发通道中，是鸡蛋坪晚期爆发作用的产物。

4.4.4.3 陈家山裂隙式喷发通道

位于城烟以东陈家山一带，形态不规则，大致呈东西向延伸。长约 3.5km，宽约 2km，出露面积约 10km²。

裂隙通道发育于许山组灰绿色安山岩、安山玢岩及大斑安山岩中。通道内充填紫红色流纹斑岩。两者侵入接触关系明显，接触边界弯曲不平，多呈港湾状、树枝状。接触面主要呈外倾，倾角 50°~70°。在流纹斑岩中，多处见巨大的安山岩残块，并沿接触带含安山岩、凝灰岩捕虏体。沿内接触带流纹发育，产状陡立，倾角 60°~80°，并发育宽 2~3m 的劈理化带。外接触带安山岩则发生破碎，部分呈角砾岩状，显示震碎破裂特征。

此外，在通道中心部位，晚期发育一小型爆发岩筒，充填火山角砾集块岩。

4.4.4.4 茵椿阴裂隙式喷发通道

位于石板河北茵椿阴一带，形态不十分规则，总体呈东西向延伸。由五个喷发通道组成一个喷发通道群。中心通道长约 11km，西段宽约 2km，东段宽约 300m。

通道中充填流纹斑岩，发育于许山组安山岩、安山玢岩和大斑安山岩中。两者侵入接触关系清晰。接触界面弯曲不平，多呈港湾状、树枝状穿插，总体产状外倾，倾角 40°~50°。并具以下特征：

（1）靠近接触带，流纹斑岩中常含安山岩捕虏体。

（2）平行接触面，流纹斑岩多发育片理化带。此种片理化带，似由流纹面理发育而来。

（3）沿接触界面局部见流纹斑岩发育不宽的杏仁带，杏仁多拉长，长轴与接触面近平行（见图4-30）。

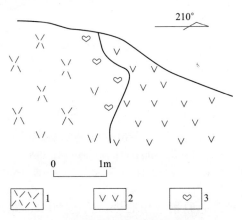

图4-30　侵入接触面特征素描图

（数据来源：河南省地矿局地调一队，1996）

1—次流纹斑岩；2—安山岩；3—杏仁

（4）沿接触带，围岩具较强的褐铁矿化、高岭土化。

4.4.4.5　前村侵出-溢流喷发区

位于大铁沟口前村一带，沿公路清晰剥露侵出-溢流过程的全貌。喷发区呈椭圆形，北西侧为侵出通道，宽约200m，南东侧为溢流区，出露宽度约400m。总体呈北东向分布。

该喷发区发育一套灰紫色安山质英安岩，出露于马家河组安山岩中。管道熔岩与安山岩呈显著侵入接触关系，溢流熔岩则明显呈层状覆于马家河组安山岩之上。

喷发通道中充填紫灰色安山质英安岩。岩石呈块状，发育一组密集的平行节理，将岩石切割成薄板状。节理产状陡立，倾角50°~70°，平行通道壁发育。在通道南东侧，沿通道壁发育宽约1m的稀疏杏仁带，并有条带状灰绿色安山岩块分布。杏仁显示熔岩具向上流动的特征。

溢流熔岩岩性和管道相一致，但岩石成层性较管道相良好，杏仁流层发育，喷发单层清晰，产状平缓，倾角20°~30°（见图4-31），并明显覆于马家河组灰绿色安山岩之上。

4.4.4.6　前官岭-宫前裂隙喷发带

这一火山喷发带呈北西向展布，东南端从洛宁县寨根向北西经前官岭、苏家

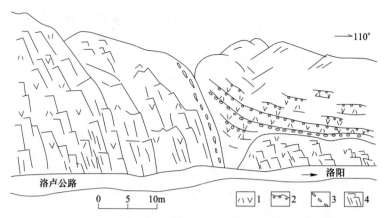

图 4-31　前村安山质英安岩侵出-溢流喷发通道发育特征素描图

（数据来源：河南省地矿局地调一队，1996）

1—安山质英安岩；2—杏仁流层；3—杏仁带；4—弧形板状节理系

山、杨家坑、韩川、岭东、宫前、杨毛扒，长达 18km，宽几百米至 5 千米，总体呈 S 形，涉及面积达 70 余平方千米，沿该带充填均为酸性-中酸性次火山岩，岩性以次流纹斑岩为主，次为次英安斑岩和次粗面岩。

这套次火山岩与围岩（许山组、鸡蛋坪组、马家河组）呈十分清楚的侵入接触关系。

4.4.4.7　杨毛扒裂隙式喷发通道

位于宫前北部杨毛扒一带，形态不规则，南部被 F_{20}、F_{46} 断裂截切，北部延出区外。区内出露面积约 2.1km^2（见图 4-32）。

喷发通道发育于马家河组灰绿色安山岩中。充填紫红色英安斑岩，两者侵入接触关系清晰，接触边界弯曲不平，部分地方呈港湾状。通道中充填英安斑岩，岩石呈显著块状构造，未见杏仁，但节理十分发育。岩石含粗大长石斑晶，密集分布，粒径 0.8cm×1.2cm 左右，岩性较独特。

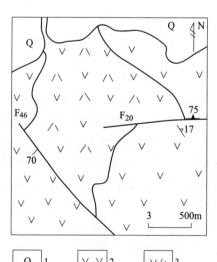

图 4-32　次英安岩分布特征平面素描图

（数据来源：河南省地矿局地调一队，1996）

1—第四系；2—安山岩；3—英安斑岩

4.4.5　五级火山构造

一般规模较小，多数呈独立爆发岩筒存在，部分寄生于熔岩喷发通道中。属火山喷发旋回晚期爆裂作用产物。

4.4.5.1 上秋凉河火山口

上秋凉河火山口位于官道口上秋凉河村西河边。火山口大致呈圆形，岩石剥露东低西高，露头可见火山颈内岩石出露高差约100m。岩颈上部集块岩相对发育，块度较大，下部集块明显减少。火山口出露宽度约200m（见图4-33）。

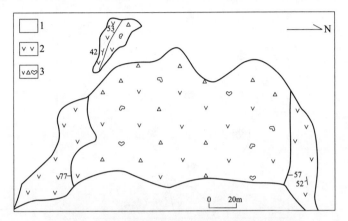

图 4-33 上秋凉河熊耳期古火山口特征平面素描图

（数据来源：河南省地矿局地调一队，1996）

1—第四系；2—安山岩；3—安山质火山集块角砾岩

具角砾集块结构。集块、角砾多呈棱角状和次棱角状，形态不规则。成分为安山岩，含量约80%，角砾多于集块。粒径最大可达40cm。

火山口内充填安山质火山集块岩。岩石多呈紫红色，部分呈灰绿、灰黑色，火山口发育于马家河组安山岩中，与安山岩接触面清楚，界面外倾，倾角50°~80°。在火山口边部发育次安山玢岩，侵入于火山集块角砾岩中。火山口周边围岩具明显震碎特征。围岩碎块基本没有移动位置，可相互拼接起来（见图4-34）。

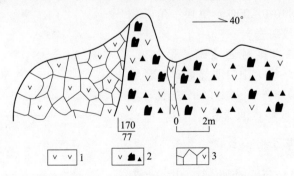

图 4-34 上秋凉河熊耳群期古火山口特征剖面素描图

（数据来源：河南省地矿局地调一队，1996）

1—安山岩；2—安山质火山集块角砾岩；3—震碎围岩

4.4.5.2　麻峪口火山口

麻峪口火山口位于陈家沟村东麻峪口。火山口总体呈圆形，直径约 200m（见图 4-35）。

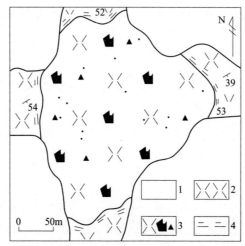

图 4-35　秋凉河麻峪口古火山口形态特征平面素描图

（数据来源：河南省地矿局地调一队，1996）

1—第四系；2—流纹斑岩；3—流纹质火山集块角砾岩；4—绢云母化

火山口中主体岩性为流纹质火山集块角砾岩，岩石多呈灰红色、紫红色，部分呈灰绿色、灰黑色，色调杂乱。集块、角砾多呈棱角状，形态不规则。集块大小一般 35cm×45cm 左右，最大可达 61cm×43cm。岩石以集块为主，含量约 60%。角砾较少，充填在集块之间。含量为 10%~20%。集块、角砾成分一致，均为流纹斑岩。

火山口与围岩接触面清晰，呈外倾，倾角 50°~60°。环绕火山口明显震碎，显示火山口内强烈爆炸外，火山口周边围岩具强绢云母化蚀变成环状蚀变带。

4.4.5.3　草店火山口

草店火山口位于草店西河沟中。火山口呈椭圆形，长约 270m，宽约 100m。沿河沟呈北西向出露（见图 4-36）。

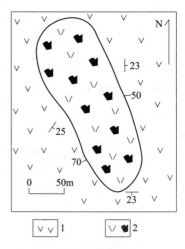

图 4-36　草店熊耳期古火山口
特征平面素描图

（数据来源：河南省地矿局地调一队，1996）

1—安山岩；2—流纹质火山集块岩

主体岩性为流纹质火山集块岩，岩石色调斑杂，呈粉红、灰红、灰绿、灰黑等各种色调，具火山集块结构。集块大小 10~50cm，含量 50%~70%。成分以流纹斑岩为主，次为大斑安山岩和安山岩。集块间分布有部分火山角砾，含量 20%~30%，大小分两个级别：较粗者为 2~5cm，较细者为 0.2~0.8cm，成分以安山岩和大斑安山岩为主。胶结物为流纹质熔浆。

火山口发育于许山组安山岩中，与围岩接触面清晰，界面外倾，倾角 50°~70°（见图 4-37）。

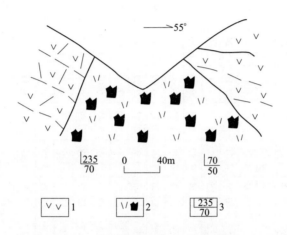

图 4-37　草店熊耳期古火山口特征剖面
（数据来源：河南省地矿局地调一队，1996）
1—安山岩；2—流纹质火山集块岩；3—产状

4.4.5.4　苏家山火山喷发中心

这一火山机体位于前官岭-宫前裂隙喷发带的东南部，次流纹斑岩围绕苏家山呈环状分布，涉及面积达 15km²，显示中心式火山喷发特征。在这一火山机体内多处发现有火山角砾岩呈岩筒产出，在遥感解译图上，苏家山一带出现三个互相套叠的环状构造，而且明确指出这些环状构造是由火山喷发中心引起，这些特征均佐证了苏家山这一中心式火山机体的存在。

4.5　地球化学特征

4.5.1　岩石化学特征

研究区熊耳群古火山岩岩石化学成分见表 4-11，扎氏数值特征见表 4-12 和图 4-38。

表4-11　嵖岈山地区熊耳群古火山岩氧化物含量

顺序号	样号	组	段	岩石名称	岩石氧化物含量/%											
					SiO₂	TiO₂	Al₂O₃	Fe₂O₃	FeO	MnO	MgO	CaO	Na₂O	K₂O	P₂O₅	LOI
1	X₅/2507	马家河组		安山玢岩	55.16	1.85	14.16	4.82	5.74	0.13	5.93	2.03	2.25	3.16	0.4	6.44
2	X₃/2508			玄武安山玢岩	55.68	1.4	14.13	3.13	7.49	0.15	3.86	4.65	3.51	2.36	0.4	3.96
3	X₄/7236			安山岩	57.04	0.9	15.88	9.3	2.43	0.11	3.54	1.97	3.92	1.56	0.26	6.68
4	X₂/2630			安山岩（玄武安山岩）	52.76	1.3	15.18	3.45	7.38	0.15	7.7	1.84	2.41	2.07	0.34	8.11
5	X₂/2361			安山岩（玄武安山岩）	52.92	1.5	13.92	3.45	7.47	0.14	7.46	2.32	2.04	2.56	0.4	8.08
6	X₆/62528			安山玢岩（玄武安山玢岩）	51.2	1	16.86	4.51	5.44	0.19	5.24	5.56	3.08	3.35	0.23	5.72
7	X₃/2634	鸡蛋坪组	上段	大斑安山岩	55.46	1.2	17.95	2.7	4.77	0.1	2.43	6.25	3.41	3.49	0.25	3.77
8	X₁₀/2511			流纹斑岩	69.08	0.75	12.34	3.82	2.13	0.03	0.66	0.92	1.44	7.2	0.2	1.88
9	X₃/2512			英安斑岩	62.24	0.9	14.01	6.47	1.87	0.06	0.94	2.03	2.78	5.67	0.2	3.7
10	X₄/2526			英安质流纹斑岩	64.46	1.05	13.26	7.05	1.17	0.09	1.06	1.91	3.14	5.17	0.34	3.14
11	X₃/2527			流纹斑岩	64.68	1	13.05	5.9	2.48	0.07	1.62	1.04	3.1	5.4	0.31	3.31
12	X₃/2535			流纹斑岩	67.66	0.8	12.58	3.5	3.42	0.1	1	1.82	2.63	5	0.19	2.15
13	X₅/3686			流纹斑岩	67.86	0.8	12.56	4.4	2.43	0.08	0.66	1.64	1.99	4.84	0.14	2.56
14	X₁/7287			流纹斑岩	68.08	0.7	13.12	6.18	1.19	0.03	0.33	0.65	2.3	5.59	0.2	2.48
15	X₁/3403		下段	安山质英安斑岩	58.4	2	13.32	5.6	4.14	0.08	4.02	2.04	0.72	6.47	0.6	4.99
16	X₁/2540			大斑安山岩	54.84	1.6	15.95	5.75	3.74	0.09	2.68	3.65	4.5	3.52	0.38	5.34
17	X₉/2520	许山组		大斑安山岩	53.92	1	15.4	5.17	5.2	0.11	4.14	4.38	2.95	3.18	0.58	5.15
18	X₉/2583			玄武安山玢岩	53.8	1.1	15.81	4.5	5.49	0.1	3.6	5.63	2.8	2.61	0.36	5.85
19	X₂/2585			玄武安山玢岩	53.1	1.1	15.92	2.35	7.33	0.12	5.03	4.91	3.27	2.5	0.28	6.42
20	X₃/2588			大斑安山岩	53.12	1	16.88	5.23	5.51	0.1	3.53	5.63	2.91	3.69	0.3	3.15
21	X₃/2590			玄武安山岩	53.74	1.1	15.53	3.55	6.66	0.12	5.51	4.97	3.38	1.9	0.28	4.11
22	X/3940	次火山相		流纹斑岩	67.6	0.45	12.97	4.05	2.25	0.05	0.61	1.96	2.62	2.27	0.28	2.1

数据来源：河南省地矿局地调一队，1996。

表 4-12 嵩山地区熊耳群古火山岩扎氏数值特征

顺序号	样号	组	段	a	c	b	s	f'	m'	c'	a'	n	Q	t	φ	a/b
1	X_5/2507	马家河组		9.52	2.45	23.95	64.08	39.77	41.48		18.75	51.43	6.67	2.55	17.05	0.4
2	X_3/2508			11.3	3.98	18.77	68.95	53.9	36.06	10		69.14	5.32	1.9	14.13	0.6
3	X_4/7236			10.86	2.44	21.52	65.18	47.32	27.44		25.24	78.75	6.2	1.15	36.59	0.5
4	X_2/2630			6.92	2.13	31.4	59.55	31.99	40.47		27.54	57.69	3.13	1.79	9.32	0.22
5	X_2/2361			8.32	2.84	26.47	62.37	33.25	48.43		18.32	53.33	5.26	2.11	11.52	0.31
6	X_6/5828			12.8	5.71	20.14	61.86	47.52	45.74	6.74		58.14	约6.54	1.5	19.86	0.61
7	X_3/2534			13.19	6.09	13.48	67.24	54.26	31.38	14.4		59.78	2.01	1.6	18.08	0.98
8	X_{10}/2511		上段	13.38	1.08	7.16	78.38	72.64	16.4	7.14	11.32	23.23	28.92	0.86	45.28	1.87
9	X_3/2512			14.84	2.26	8.9	73.99	84.92	7.94			42.86	16.05	1.05	6.35	1.67
10	X_4/2526			15.5	0.62	9.81	75.07	74.65	19.01	6.34		47.62	20.52	1.29	6.97	1.48
11	X_3/2527	鸡蛋坪组		14.5	1.22	10.43	74.05	70.13	25.97		3.9	46.73	17.68	1.19	48.05	1.39
12	X_3/2535			12.88	1.97	9.13	77.02	76.67	20.83	2.5		44.21	26.31	0.88	36.67	1.58
13	X_5/3686			12.52	1.95	8.82	76.72	68.7	12.98		18.32	34.41	26.44	0.88	42.75	1.42
14	X_1/7287		下段	12.89	0.87	9.53	76.71	66.9	4.93		28.17	38.54	26.77	0.79	54.93	1.35
15	X_1/3403			11.05	2.49	15.54	68.85	50.2	38.82		10.98	13.75	15.18	2.51	27.45	0.71
16	X_1/2540			15.61	3.34	14.9	66.15	59.05	31.9	9.05		66.35	约2.26	2.15	34.29	1.05
17	X_9/2520			11.76	4.95	18.01	65.28	55.88	40.64	3.98		58.54	2.09	1.43	26.29	0.65
18	X_9/2583	许山组		10.59	5.95	20.74	66.23	56.6	36.93	7.47		61.64	1.82	1.54	23.24	0.51
19	X_2/2585			11.43	5.43	19	64.14	50	46.62	3.38		66.25	约0.01	1.56	11.28	0.6
20	X_2/2588			12.29	5.71	17.9	64.07	57.37	34.66	7.79		54.65	约2.15	1.45	26.29	0.69
21	X_3/2590			10.54	5.41	20.24	63.81	48.61	47.22	4.67		73.33	1.13	1.54	15.97	0.52
22	X_3/940	次火山相		13.4	1.98	7.31	77.31	79.44	14.02	6.54		42.86	25.84	0.53	45.6	0.18

数据来源：河南省地矿局地调一队，1996。

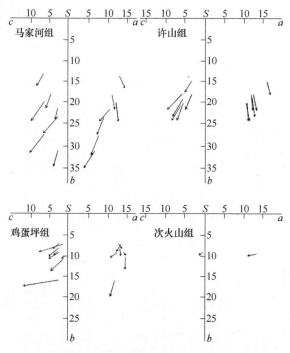

图 4-38　嵩山地区熊耳群火山岩岩石化学扎氏向量

（数据来源：河南省地矿局地调一队，1996）

4.5.1.1　中-基性岩类

本类岩石主要发育于熊耳群许山组和马家河组中。岩石扎氏数值具以下特征。

（1）许山组中-基性岩类均属正常成分类型，马家河组中-基性岩类部分属正常成分类型，部分属铝过饱和。

（2）许山组岩石 a、b、c 值具较窄的分布范围，在扎氏图解中样点分布较密集，表明岩石成分较均一；马家河组岩石 a、b、c 值分布范围较宽，b 值尤为显著，在图解中样点分散，表明岩石化学成分不均一，特别是暗色组分变化大。

（3）本类岩石 Fe_2O_3+FeO 含量多大于 10%，扎氏数值 f' 普遍大于 m' 值。许山组岩石的这一特征更清晰，表明本类岩石具富铁特征。

4.5.1.2　中酸-酸性岩类

本类岩石主要发育于鸡蛋坪组和龙脖组中，具以下特点：

（1）本类岩石铝过饱和及正常成分类型都有。

（2）岩石中 a 值较大，变化较小，多在 12.5~14.9。表明岩石中含碱性长石较多，且较稳定。

（3）岩石中 c 值普遍较小，范围在 0.6~2.5 之间。钙碱面上向量靠近 Sb 轴，说明酸性岩类钙斜长石含量少，酸性斜长石含量高。

（4）鸡蛋坪组上段岩石 b 值变化范围在 7.16~10.43 之间，下段岩石 b 值偏大 （15.5），这与下段岩石酸度较低，暗色矿物含量较多有关。

（5）本类岩石 K_2O 含量大于 Na_2O，故 η 值较小。钙碱面上向量较平缓，说明碱性长石中钾含量较高。

（6）岩石 a 值为 15.18~28.92，属 SiO_2 饱和类型。CIPW 标准矿物石英含量为 19.6%~33.8%。

4.5.1.3 次火山相

研究区熊耳群次火山相岩石较发育，多为酸性次流纹斑岩。其岩石扎氏图解如图 4-38 所示。主要特征：岩石属正常成分类型和铝过饱和类型。在扎氏图解上，投影点靠上，向量箭头较短，说明岩石中暗色矿物含量少，铁镁矿物含铁较高。这些特点与溢流相流纹斑岩相似。

4.5.2 微量元素特征

区内熊耳群古火山岩微量元素含量值见表 4-13，岩石中微量元素丰度直方图如图 4-39 所示。

表 4-13　熊耳群微量元素特征值

地层单元		样品个数	微量元素含量平均值/10^{-6}											
			Pb	Zn	Cu	Cr	Co	Ni	V	Mn	Ti	Sr	Ba	Ga
马家河组		99	22.6	93.6	11.1	38.1	12.2	8.4	69.7	490.2	2213	86.9	341.6	18.9
鸡蛋坪组	未分	43	28.1	79.5	5.6	7.7	6.8	13.9	34.5	1010	2314	41.6	413.5	24.7
	上段	8	18.1	40.5	2.8	3.8	3.1	5.0	26.5	333.8	4575	37.5	371.3	12.3
	下段	21	6.8	53.1	6.5	15.0	9.3	8.6	69.6	360.5	4066.7	155.7	463.8	23.7
许山组	上段	36	35.9	119.7	6.5	71.4	10.8	15.0	70.7	453.3	2513.9	116.8	400.0	18.0
	中段	175	13.7	64.7	9.1	39.8	9.1	8.0	71.3	483.0	2794	161.6	323.7	22.8
	下段	117	20.8	77.6	7.0	64.9	21.2	32.1	88.5	1785.5		106.7	369.8	24.5
大古石组		10	16.0	31.0	7.0	17.2	12.0	11.4	33.4	113.0	2020.0	450	384.0	19.3
克拉克值（维氏，1996）			16	83	47	83	18	58	90	1000	4500	340	650	19

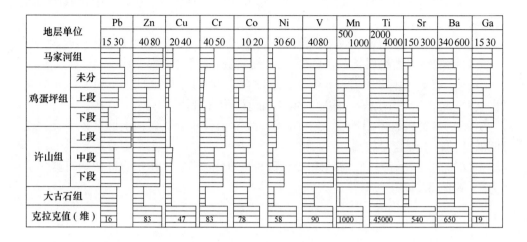

图 4-39　熊耳群微量元素丰值（×10^{-6}）

（数据来源：河南地矿局地调一队，1996）

从表 4-13 及图 4-39 可看出：

（1）研究区熊耳群古火山岩微量元素含量普遍较低，多接近维氏值或低于维氏值。

（2）Cr、Co、Ni 为亲基性元素，因此在许山组、马家河组中-基性火山岩类中的含量明显高于鸡蛋坪组酸性火山岩类。

（3）Pb 为亲酸性元素，多赋存于钾长石中。因此，研究区鸡蛋坪组和龙脖组中酸-酸性岩类含量较高。

（4）Zn 趋向于亲基性，与 Fe^{2+} 有相似的性质。鸡蛋坪组和龙脖组 Zn 含量较高，与岩石中含黑云母和角闪石较多有关。

（5）大古石组陆源碎屑岩微量元素丰值总体低于火山岩类。

熊耳群、官道口群微量元素平均含量特征值如图 4-40 所示。

4.5.3　副矿物特征

4.5.3.1　组合特征

副矿物组合特征如下：

（1）研究区熊耳群古火山岩副矿物含量很低，组合较简单。仅磁铁矿、黄铁矿、锆石分布较普遍。中酸性岩磁铁矿一般含量较高。

（2）次火山相流纹斑岩副矿物组合较复杂，并出现锐钛矿、萤石等副矿物，但含量也很低。

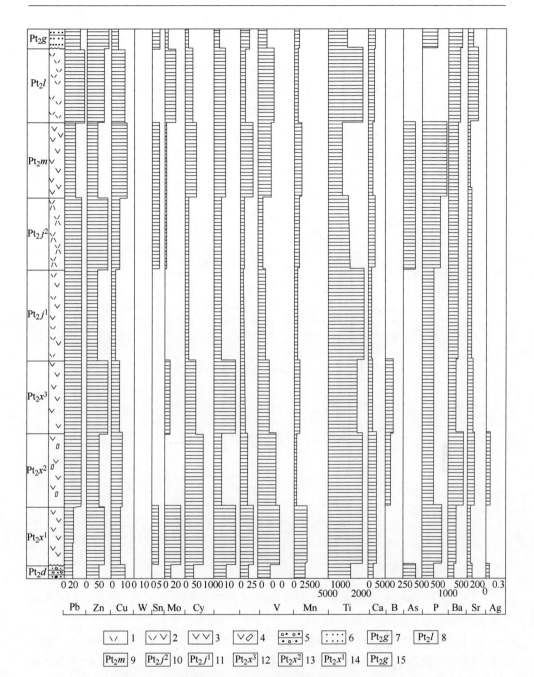

图 4-40 熊耳群、官道口群微量元素平均含量特征值（10^{-10}）
1—流纹斑岩；2—英安岩及英安斑岩；3—安山岩；4—大斑安山岩；5—含砾砂岩；6—砂岩；
7—高山河组；8—龙脖组；9—马家河组；10—鸡蛋坪组上段；11—鸡蛋坪组下段；
12—许山组上段；13—许山组中段；14—许山组下段；15—大古石组

4.5.3.2　锆石特征

研究区熊耳群古火山岩中锆石分布较普遍但含量低。酸性岩中相对高些。色调大多较单一，主要呈浅紫-紫色，北东部宫前火山喷发区中出现浅褐色。

研究区南部，锆石晶形较复杂，且多较完整（见图4-41（a）、（b））。宫前火山喷发区中，紫色锆石晶形较简单（见图4-41（c）、（d）），浅褐色锆石晶形较复杂，多不完整（见图4-41（e））。次火山相流纹斑岩中，锆石自形程度较好，呈柱状和双锥柱状（见图4-41（f）、（g））。

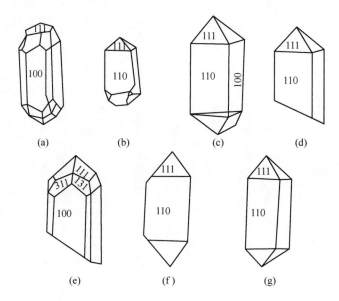

图 4-41　锆石晶形特征镜下素描图

（数据来源：河南省地矿局地调一队，1996）

4.5.4　稀土元素特征

研究区熊耳群古火山岩稀土元素含量及标准化值见表4-13和表4-14，配分曲线如图4-42所示，可以看出：

（1）中-基性岩稀土总量较低，$\sum REE = 252.93 \times 10^{-6} \sim 369.7 \times 10^{-6}$。呈向右缓倾的平滑曲线，具轻稀土富集，重稀土亏损。铕亏损弱-中等，$\delta_{Eu} = 0.60 \sim 0.98$。分馏程度中等，$(La/Yb)_N = 10.08 \sim 11.19$。

（2）酸性岩稀土总量较高，$\sum REE = 399.06 \times 10^{-6} \sim 671.53 \times 10^{-6}$，配分曲线呈向右倾斜，较中基性岩曲线稍陡些，属轻稀土富集型。铕亏损显著，$\delta_{Eu} = 0.31 \sim 0.61$。分馏程度较高，$(La/Yb)_N = 12.13 \sim 20.53$。

表 4-14 熊耳群、官道口群微量元素含量

微量元素含量/10^{-6}

组段及岩性	样品数	Pb	Zn	Cu	W	Sn	Mo	Cr	Co	Ni	V	Mn	Ti	Ga	B	Ca	P	Ba	Sr	Ag
高山河组石英砂岩	20	23.4	93.2	7.1		3.8	0.5	5	3.4	19.3	33.6	1240	1640	24.3			670	497.4	44.3	
龙脖组英安岩	23	37.7	76.3	12.4			2.5	34.6	10	13.4	61.4	872	3240	21.2				443.2	215.7	
马家河组安山岩	107	21.5	45.6	13.9		3.7	0.5	50.3	10	27.6	56.1	1654	1257	16.8		54.3	1137	425.6	59.1	
鸡蛋坪组上段流纹斑岩	62	32.4	90.5	8.7			0.5	5.7	4.7	10.2	24.8	1247	1843	30.5		50.3	834.2	431.5	94.6	
鸡蛋坪组下段流纹斑岩	10	35.1	45.3	2.6				5.7	<5	<5	32.5	350	3361	12.7			<500	427.2	43.1	
许山组上段安山岩	70	39.2	94.1	5.1			1	46.7	5.6	14.2	47.7	1230	2635	16.9	14.6		<500	328.7	149.4	
许山组中段大斑安山岩	92	32.7	54.7	10.2				74.1	6.5	17.1	71.3	740	3164	34.3	12.3		<500	673.4	181.3	0.1
许山组下段大斑安山岩	56	18.7	72.4	9.4		3.1	3	75.4	8.7	28.6	75.4	2620	3187	34.1			925.3	480.1	89.5	
大古石组砂砾岩	10	18.2	52.1	12.1			<1	30.3	10	16.7	48.2	2400	1780	24.3		50	500	342.5	181.4	0.1
玄武岩①		8	130	100	1	1.5	1.4	200	45	160	200	2000	9000	18	5	2	1400	300	440	0.11
安山岩①		15	72	35	1	0.9	0.9	50	10	55	100	1200	8000	20	15	2.4	1600	350	800	0.07
花岗岩①		20	60	20	1.5	3	1	25	5	8	40	600	2300	20	15	1.5	700	830	300	0.05

① 数据来自河南省地矿局地调一队，1996。

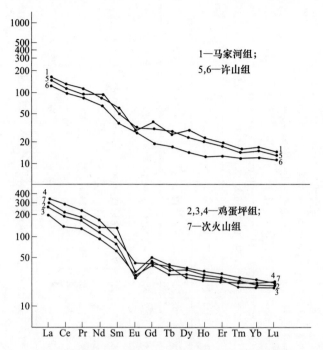

图 4-42　嵩山地区熊耳群古火山岩岩石稀土配分模式

综上所述，研究区熊耳群中基性岩类和中酸性岩类在稀土总量、配分模式、铕亏损程度等方面，存在较明显的差异，表明两类不同性质的岩石可能来源于不同的岩浆源区：中基性岩类与岛弧玄武岩稀土配分模式相似，表明岩浆主要来源于上地幔；而酸性岩类铕亏损较明显，表明有较多地壳物质参与。

5 变 质 岩

研究区变质岩发育，出露面积约 $340km^2$，约占研究区总面积的 13.45%。变质作用主要发生在新太古代和古元古代，以区域变质岩为主，动力变质岩次之。其中动力变质作用在构造有关章节中论述。

5.1 区域变质岩

研究区变质岩岩石类型丰富、岩性复杂，变质程度由轻微变质、低级变质到中级变质形成不同变质相的岩石组合。根据贺同兴等人（1988）所提出的变质岩岩石分类命名原则，并结合研究区区域变质岩矿物成分、结构构造、原岩类型等，将研究区区域变质岩分为六大类（见表5-1）。分别为轻微变质岩类、角闪质岩类、石英岩类、长英质粒岩类、片岩类、片麻状花岗岩类等六类。

表 5-1　嵩山地区区域变质岩岩石类型划分

类别	类型	主要岩石
轻微变质岩类	板岩	含粉砂质板岩、绢云板岩、粉砂质绢云板岩
	千枚岩	绢云千枚岩
角闪质岩类	斜长角闪岩	斜长角闪岩、黑云斜长角闪岩
	角闪岩	角闪岩
石英岩类	石英岩	石英岩
	磁铁石英岩	磁铁石英岩
	沉积石英岩	沉积石英岩
长英质粒岩类	浅粒岩	浅粒岩（含石榴石）黑云浅粒岩、角闪浅粒岩
	变粒岩	黑云变粒岩、黑云斜长变粒岩、含石榴石黑云变粒岩。黑云二长变粒岩
片岩类	斜长片岩	黑云斜长片岩、含残斑黑云斜长片岩、绿泥斜长片岩
	石英片岩	绢云石英片岩、白云石英片岩、绿泥斜长片岩
	黑云片岩	绿泥石化含残斑黑云母片岩
	斜长角闪片岩	斜长角闪片岩、黑云斜长角闪岩
片麻状花岗岩类	片麻状二长花岗岩	片麻状（似斑状）黑云二长花岗岩
	片麻状石英闪长岩	片麻状（似斑状）石英闪长岩
	片麻状英云闪长岩	片麻状英云闪长岩
	片麻状花岗闪长岩	片麻状（似斑状）花岗闪长岩、片麻状黑云花岗闪长岩
	片麻状斜长花岗岩	片麻状斜长花岗岩、片麻状黑云斜长花岗岩

数据来源：河南省地矿局地调一队，1996。

5.1.1　轻微变质岩类

轻微变质岩类岩石主要发育于古元古界嵩山群罗汉洞组。主要岩石类型有变质碎屑岩、千枚岩。这些岩石变质程度很低，大多保留较清晰的原岩成分、结构构造及产状特征，野外易于直接判别原岩。故本节仅论述其变质特征，不作原岩恢复。

5.1.1.1　板岩类

岩石具特征的板状构造，保存有较好的微层理，普遍具变余粉砂泥质结构、变余黏土结构，部分具显微鳞片变晶结构。变质矿物组合简单，主要是绢云母和石英，个别出现黑云母雏晶。矿物组合不同，可分为不同种类：以绢云母为主，含少量石英者称绢云板岩；含长英质粉砂成分较多者称粉砂质绢云板岩。

5.1.1.2　千枚岩类

岩石类型为绢云千枚岩，具细粒鳞片变晶结构，千枚状构造。主要矿物有：绢云母 80%~85%，石英约 10%，黑云母约 5%，黑云母呈细小鳞片状，与绢云母均呈定向分布。

5.1.2　角闪质岩类

角闪质岩类岩石广泛分布于新太古代结晶基底变质岩系（下基底）中，多呈脉状产出。脉宽数米到数十米，大多不具填图尺度。岩石主要矿物成分是斜长石和角闪石。根据矿物组合分为斜长角闪岩和角闪岩，以前者为主。

5.1.2.1　斜长角闪岩

灰黑色，粒状纤状变晶结构，平行构造或块状构造。岩石主要由斜长石（30%~35%）、普通角闪石（50%~65%）组成，此外，尚含不等量的黑云母、石英。副矿物很少，以榍石、磷灰石、磁铁矿为主。岩石普遍具绢云母化、纤闪石化、绿帘石化。黑云母含量多时为黑云斜长角闪岩，石英较多时为石英斜长角闪岩。

5.1.2.2　角闪岩

仅出露于张家河水库一带，岩石呈暗绿色，纤状变晶结构，块状构造。主要矿物为角闪石，含量大于 90%，呈 0.1mm×0.3mm~1.5mm×3.6mm 的柱状晶体，个别达 13mm，此外，含 5%~10% 的斜长石，绿帘石化较强。

5.1.3 石英岩类

石英岩类是嵩山群罗汉洞组的主要岩石类型。岩石呈块状,有时具条带状构造。副矿物以锆石、电气石为主。主要岩石类型有:

(1)石英岩。主要矿物成分为石英(95%)、绢云母(5%),此外,含少量硅质岩岩屑、长石、白云母等。

(2)磁铁石英岩。主要矿物成分有石英(80%~75%)、绢云母(约20%)、磁铁矿(约5%)。磁铁矿多呈条带状分布于岩石中,局部呈交错层理。

5.1.4 长英质粒岩类

长英质粒岩分布在宽坪、杨寺沟和铁佛寺、高贝沟一带,是新太古界杨寺沟岩组的主要岩石类型。这类岩石矿物成分以长石、石英等粒状矿物为主,一般占矿物总量的80%以上。黑云母、角闪石等片柱状矿物含量小于20%。岩石以粒状变晶结构、鳞片粒状变晶结构为主,纤状粒状变晶结构次之,且矿物粒度小于1mm。岩石不同程度地保留有原始砂状结构,常具成分-粒序层,反映了原岩的沉积韵律和沉积层纹特征。按矿物成分不同分为浅粒岩和变粒岩两大类。

5.1.4.1 浅粒岩

浅粒岩是杨寺沟岩组下岩段的主要岩石类型。岩石呈灰白色、浅肉红色,粒状变晶结构,块状、弱片麻状构造。岩石以浅色粒状长英质矿物为主,含量90%以上。其中石英一般为25%~30%,长石为50%~75%,有更长石、钠长石、微斜长石(钾长石)。暗色矿物以黑云母为主,角闪石次之。副矿物较复杂,种类多,主要有磁铁矿、锆石、磷灰石、榍石、金红石等。主要岩石类型有:

(1)浅粒岩。主要矿物成分为石英(25%~40%)、更钠长石(10%~15%)、钾长石(10%~60%)。两种长石含量相对变化较大,岩石不含或含少量黑云母,石英含量较稳定。

(2)黑云浅粒岩。长英质矿物含量与浅粒岩基本相同,含5%~10%的黑云母。

(3)角闪浅粒岩。主要矿物成分为更长石(55%~60%)、石英(25%~30%)、角闪石(8%~10%),钾长石少量。

5.1.4.2 变粒岩

变粒岩是杨寺沟岩组上岩段的主要岩石类型。岩石具鳞片粒状变晶结构,块状或条带状构造。矿物成分以长石、石英为主。暗色矿物有黑云母、角闪石。副矿物以锆石、磷灰石、榍石、磁铁矿为主,局部含少量石墨。主要岩石类型有:

（1）黑云二长变粒岩。主要矿物成分为更长石（35%~50%）、石英（30%~35%）、钾长石（10%~20%）、黑云母（10%~20%）及不等量的角闪石（小于8%）。

（2）黑云斜长变粒岩。主要矿物成分为斜长石（40%~60%）、石英（30%~40%）、黑云母（10%~20%）。部分含少量角闪石（5%~8%），称为含角闪石黑云斜长变粒岩。

上述长英质粒岩类岩石，含铁铝榴石、石墨等特征变质矿物，形成含不同特征变质矿物的岩石。

5.1.5 片岩类

片岩类岩石主要分布在后河、前兰树沟、申家瑶一带，是新太古界兰树沟岩组的主要组成部分。岩石具特征的片状构造，普遍发育鳞片粒状变晶结构。片柱状矿物以云母、角闪石为主，含量30%~60%。粒状矿物以长石、石英为主。根据主要矿物组合分为以下岩石类型。

5.1.5.1 斜长片岩

岩石呈灰黑色、灰绿色，鳞片粒状变晶结构，常具变余斑状结构、变余间隐结构及变余交织结构。斑晶为更钠长石，多平行片理分布，两端多细粒化。副矿物含量较少，有磁铁矿、磷灰石、电气石等。具绢云母化、绿泥石化、绿帘石化。岩石明显具残留火山岩的结构特征，主要岩石类型有：

（1）黑云斜长片岩。主要矿物成分为斜长石（40%~60%）、黑云母（25%~40%）、石英（5%~20%）。斜长石以更钠长石为主。

（2）二云斜长片岩。主要矿物成分为斜长石（40%~50%）、石英（15%~25%）、黑云母（10%~25%）、白云母（10%~15%）。以含两种云母为特征。

5.1.5.2 黑云片岩

岩石呈灰绿色，常具变余斑状结构、次生交代结构。斑晶有磁铁矿和斜长石。斜长石斑晶大小为0.2mm×1.3mm~0.4mm×2mm，晶体边部常发生细粒化，形成细小斜长石颗粒。基质由更细小的长英质矿物组成，显示变质火山岩的结构特征。

主要矿物成分为黑云母（55%~60%）、斜长石（10%~35%）、石英（10%~35%）。副矿物以磁铁矿、钛铁矿、磷灰石为主。具绿泥石化、绿帘石化及绢云母化。其中绿泥石交代黑云母现象非常普遍。

5.1.5.3 石英片岩

岩石呈灰白色，常具鳞片粒状变晶结构，部分具残余斑状结构，平行片状构造。粒状矿物以石英（40%～60%）为主，钠长石含量（15%～25%）不稳定。片状矿物（30%～45%）由黑云母、白云母、绢云母等组成。副矿物以锆石、磷灰石、榍石为主。根据片状矿物不同分为：

黑云石英片岩：含黑云母 30% 左右；白云石英片岩：含白云母 40%～45%；绢云石英片岩：含绢云母 35%～40%；二云石英片岩：含黑云母 10%～15%，白云母 20%～25%。

5.1.5.4 斜长角闪片岩

分布于兰树沟岩组中。岩石呈灰黑色，粒状纤状变晶结构，片状构造。粒状矿物主要为斜长石（20%～40%）及少量石英（0～5%）。柱状矿物为角闪石（50%～75%）。含黑云母者（小于 10%）称黑云斜长角闪片岩。副矿物不多，有榍石、磷灰石、磁铁矿等。常见绢云母化、绿泥石化及绿帘石化等围岩蚀变。

5.1.6 片麻状花岗岩类

片麻状花岗岩类是研究区主要岩石类型之一，构成研究区新太古代结晶基底的主体。此类岩石大多具明显变余花岗结构、似斑状结构，片麻状、弱片麻状构造，局部见块状构造。岩石副矿物含量较多，主要有锆石、磷灰石、榍石、磁铁矿及金红石，并以自形程度较好为特征。岩石特征详见第 3 章有关部分。

5.2 区域变质作用

研究区变质作用类型采用董申葆（1986）的划分方案，变质相采用贺同兴的划分方案，变质相系采用都城秋穗（1967）的划分方案。根据建造性质、变形变质特征及接触关系，将研究区划分为下基底和上基底，区域变质作用特征见表 5-2。

表 5-2 嵩山地区区域变质作用特征

变质期	构造层	变质地层	变质相带	变质相系	变质作用类型	变质作用条件	
						温度/℃	压力/Pa
	盖层	第四系-熊耳群	（未变质）				
中条期	上基底	嵩山群 罗汉洞组	低绿片岩相 黑云母级	低压	区域动力 热流变质	450～500	2000～5000
嵩阳期	下基底	龙凤沟岩墙 变质二长花岗岩 变质 TTG 岩系 杨寺沟岩组 兰树沟岩组	低角闪岩相 （单相）	中低压	区域中高 温变质	510～528	3750

数据来源：河南省地矿局地调一队，1966。

5.2.1　下基底区域变质作用

5.2.1.1　变质相带划分

下基底变质岩系包括新太古界兰树沟岩组、杨寺沟岩组、新太古代变质 TTG-G 岩系及龙凤沟斜长角闪岩（变质辉长辉绿岩）岩墙群。

兰树沟岩组为一套片岩组合，主要岩性为黑云斜长片岩、黑云片岩、斜长角闪片岩、绢云石英片岩等。变质矿物有黑云母、角闪石、更钠长石、石英等。代表性矿物组合为斜长石+黑云母+石英。杨寺沟岩组为一套浅粒岩、变粒岩组合。变质矿物有更长石、微斜长石、石英、黑云母、角闪石，多处含特征变质矿物铁铝榴石。代表性矿物组合为：更钠长石+微斜长石、石英、黑云母、角闪石。其代表性矿物组合是：更长石+微斜长石+石英+黑云母和更长石+石英+黑云母。龙凤沟岩墙变质岩石的代表性矿物组合为：斜长石+角闪石+石英+黑云母。

上述各类变质岩中片柱状矿物黑云母、角闪石与粒状矿物长石、石英、铁铝榴石为同时代平衡共生组合。黑云母普遍呈黄褐、棕褐色，角闪石 Ng 呈蓝色、绿色-深绿色，显示明显多色性。变质基性岩中斜长石 An = 23~27，出现铁铝榴石，变质矿物的上述特征表明研究区下基底岩壳早期变质属低角闪岩相。

下基底岩壳的变质显示不均匀的特征。以张家河水库-瑶店林场-摩云岭-宽坪一线为界，此线以南，角闪石主要呈绿色、深绿色，基本不出现蓝色，龙凤沟岩墙变质程度较高，以斜长角闪岩为主，划属低角闪岩相绿色角闪石变质域；此线以北，角闪石呈蓝绿色、绿色，龙凤沟岩墙以变质辉长辉绿岩为主，可见明显的变余辉长辉绿结构，变质程度较低，属低角闪岩相蓝色角闪石变质域。

下基底低角闪岩相矿物共生组合见表 5-3，矿物共生组合规律见 *ACF* 和 *A'KF* 图解（见图 5-1）。

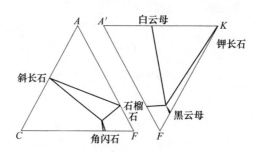

图 5-1　下基底角闪岩相 *ACF* 和 *A'KF* 图解

（数据来源：河南省地矿局地调一队，1996）

表 5-3 下基底低角闪岩相变质矿物共生组合

地质单元	矿物共生组合
兰树沟岩组	斜长石+黑云母+石英 斜长石+白云母+石英 斜长石+黑云母+石英+磁铁矿 斜长石+黑云母+石英+角闪石 斜长石+角闪石+石英
杨寺沟岩组 （长英质粒岩）	微斜长石+石英+更长石+黑云母 斜长石+微斜长石+石英+黑云母+磁铁矿 微斜长石+更长石+石英+黑云母+铁铝榴石 更长石+微斜长石+石英+黑云母+角闪石 更长石+石英+钾长石+黑云母+角闪石+铁铝榴石 更长石+石英+角闪石+钾长石 斜长石+黑云母+石英+铁铝榴石 更长石+石英+钾长石+白云母+黑云母 更长石+石英+钾长石+黑云母+石墨
结晶基底变质花岗岩类	更长石+石英+黑云母 更长石+石英+黑云母+角闪石 斜长石+石英+黑云母+白云母 更长石+微斜长石+石英+黑云母 斜长石+钾长石+石英+黑云母+角闪石 斜长石+角闪石+石英+黑云母+磁铁矿
斜长角闪岩类	斜长石+角闪石+石英 斜长石+角闪石+石英+黑云母 斜长石+角闪石+石英+钾长石+黑云母 斜长石+角闪石+铁铝榴石

该变质相的角闪石 Ng 主要呈黄绿色、绿色，黑云母普遍呈棕褐色，斜长石 An 值介于 18~27 之间，基性岩中斜长石 An 值多在 23~27 之间，这些特点代表了低角闪岩相变质矿物特征（见表 5-4）。根据贺同兴等人的研究成果，结合低角闪岩相的形成条件，推断该变质相的形成温度为 500~650℃。

表 5-4 不同变质相角闪石、黑云母、斜长石特征

矿物 \ 变质相	绿片岩相	低角闪岩相	高角闪岩相
角闪石 Ng 颜色	蓝绿色	黄绿色	棕黄色
黑云母 Ng 颜色	黄绿色	棕色	棕红色
斜长石 An 值	<17	>17	

表5-5列出了特征变质矿物和矿物组合与压力的关系。研究区杨寺沟岩组长英质粒岩属泥砂质变质岩，特征变质矿物为黑云母、铁铝榴石、角闪石，为中低压相系中常出现的矿物。斜长角闪岩属变质基性岩，也未出现高压相系矿物，其矿物组合是：普通角闪石+黑云母+斜长石+石英，是中低压相系的产物，尤其是低压相系常见的矿物组合。所以，研究区下基底岩壳应属低角闪岩相中低压相系变质。

表5-5　低角闪岩相不同相系中的特征变质矿物和矿物组合

类　别		特征矿物	常见矿物	最具代表性矿物组合
低压相系	变质泥质岩	红柱石	董青石、十字石、黑云母、锰铁铝榴石	董青石+红柱石+锰铁铝榴石+黑云母+斜长石+石英
	变质基性岩		普通角闪石、透辉石、黑云母	普通角闪石+黑云母+斜长石+石英
中压相系	变质泥质岩	蓝晶石	铁铝榴石、十字石、硅线石、黑云母	十字石+蓝晶石+铁铝榴石+黑云母+斜长石+石英
	变质基性岩		普通角闪石、黑云母、铁铝榴石、透辉石	普通角闪石+铁铝榴石+斜长石+石英
高压相系	变质泥质岩		蓝晶石、十字石、铁铝榴石、滑石	
	变质基性岩	蓝闪石硬玉	普通角闪石、白云母、单斜辉石、黑云母	

5.2.1.2　主要变质矿物特征

A　普通角闪石

角闪石主要产于龙凤沟岩墙斜长角闪岩、兰树沟岩组黑云斜长片岩、斜长角闪片岩及杨寺沟岩组浅粒岩、变粒岩中，呈柱状，粒径 0.05mm×0.2mm ~ 1.2mm×2.8mm，差异较大，具标准角闪石式解理。在蓝色角闪石变质域，其 Ng 呈浅蓝绿色、绿色，在绿色角闪石变质域呈黄绿色、深绿色，属普通角闪石。电子探针分析结果及据此计算的有关特征值见表5-6~表5-8。

从表5-6~表5-8中可以看出，下基底岩壳角闪岩（$Ca+Na$）$_B$ 为 1.77~1.98，大于 1.34；Na_B 为 0.27~0.48，小于 0.67。根据 1978 年国际矿物学协会新矿物及矿物命名委员会对角闪石的命名方案，属钙质角闪石。根据（$Na+K$）$_A$、Ti/Fe^{3+}、$Mg/(Mg+Fe^{2+})$ 含量，可定为 A 组亚铁-钙镁角闪石。在里克的 Ti-Si 图解上，研究区下基底岩石中的角闪石均落在变质角闪石区（见图5-2），表明是变质成因的。

表5-6 嵩山地区变质矿物电子探针分析结果

样品号	岩石名称	地质单元	测试对象	分析结果											
				SiO₂	TiO₂	Al₂O₃	FeO	Cr₂O₃	MnO	MgO	CaO	NiO	Na₂O	K₂O	总和
WB₁/2623	斜长角闪岩	龙凤沟岩墙	角闪石	40.35	0.77	11.98	23.04	0.12	0.39	6.59	11.55	0	1.64	0.79	97.23
WB₁/2568	斜长角闪岩	龙凤沟岩墙	角闪石	45.75	0.42	9.1	14.24	0	0.29	13.28	12.43	0.02	0.96	0.63	97.14
WB₂/4557	斜长角闪岩	龙凤沟岩墙	角闪石	40.61	0.5	14.53	20.39	0	0.34	6.64	12.14	0	1.67	0.63	97.45
WB₅/2616	黑云母斜长变粒岩	杨寺沟岩组	黑云母	36.25	3.12	15.45	27.23	0.14	0.44	4.16	0.06	0.03	0.06	8.52	95.45
WB₄/2731	含磁铁矿变斑晶	杨寺沟岩组	黑云母	37.09	1.83	19.29	19.6	0.24	0.09	8.29	0.21	0.05	0.08	8.52	95.29
WB₁₀/2731	黑云片岩	兰树沟岩组	斜长石	65.31	0	21.26	0.13	0	0	0.04	3.67	0	9.08	0.03	99.53
WB₂/2733	黑云斜长片岩	兰树沟岩组	斜长石	63.43	0.03	22.61	0.21	0.06	0.04	0.05	3.97	0	9.29	0.07	99.75
WB₂/2611	黑云斜长片岩	兰树沟岩组	斜长石	34.37	0.1	23.38	0.2	0	0.04	0.02	3.39	0	8.41	0.09	99
WB₄/2616	含榴石黑云浅粒岩	兰树沟岩组	斜长石	64.47	0.3	21.13	0.05	0.19	0.07	0	4.72	0.11	8.72	0.24	99.73
WB₄/2620	黑云斜长变粒岩	兰树沟岩组	斜长石	66.03	0	21.25	0.16	0.39	0	0	2.92	0	9.55	0.23	100.53
WB₄/2620	含榴石黑云斜长变粒岩	兰树沟岩组	斜长石	64.86	0	21.84	0	0.04	0.07	0	5.05	0	8.94	0	100.79
WB₁/2623	斜长角闪岩	龙凤沟岩墙	斜长石	65.38	0.03	21.88	0.19	0.03	0	0.05	2.84	0.05	9.36	0.06	99.87
WB₁/2568	斜长角闪岩	龙凤沟岩墙	斜长石	63.22	0.07	22.28	0.16	0.05	0.02	0.04	5.12	0.05	9.14	0.14	100.3
WB₂/4557	斜长角闪岩	龙凤沟岩墙	斜长石	62.19	0	23.28	0.3	0.11	0	0.04	5.03	0.03	8.89	0	99.87
WB₆/2554	片麻状黑云二长花岗岩	变质花岗岩类	斜长石	66.15	0.02	22.87	0.03	0.08	0.05	0.02	1.04	0	10.59	0.17	100.99
WB₆/2554	片麻状黑云二长花岗岩	变质花岗岩类	钾长石	64.74	0.11	19.06	0.07	0	0	0	0.06	0.06	0.31	15.99	100.38
WB₂/2733	黑云斜长片岩	兰树沟岩组	钾长石	64.09	0.1	19.05	0.12	0	0	0	0.11	0.07	0.49	16.02	100.04
WB₂/2611	含榴石黑云浅粒岩	杨寺沟岩组	钾长石	64.45	0	19.87	0.03	0.05	0	0	0.19	0	0.49	15.53	100.6

数据来源：河南省地矿局地调一队，1996。

表 5-7　崤山地区变质矿物的阳离子数（标准氧法）

矿物型号	样品号	阳离子数												氧原子数
		Si	Ti	Al^{IV}	Al^{VI}	Fe^{2+}	Cr	Mn	Mg	Ca	Ni	Na	K	
角闪石	WB$_1$/2623	6.03	0.09	1.97	0.15	2.87	0.02	0.05	1.47	1.85		0.48	0.16	22
	WB$_1$/2568	6.51	0.04	1.49	0.03	1.69		0.03	2.82	1.89		0.27	0.1	
	WB$_2$/4557	5.97	0.05	2.03	0.48	2.5		0.04	1.45	1.91		0.47	0.11	
黑云母	WB$_5$/2616	3.12	0.2	0.88	0.69	1.95	0.01	0.03	0.53	0.01		0.02	0.93	12
	WB$_4$/2731	3.05	0.11	0.95	0.92	1.34	0.01		1.01	0.02		0.02	0.89	
斜长石		2.88		1.11					0.01	0.17		0.78		
	WB$_{10}$/2731	2.81		1.18		0.01			0.01	0.19		0.8	0.01	
	WB$_2$/2733	2.83		1.21		0.01				0.16		0.71		
	WB$_2$/2611	2.86		1.1			0.01			0.22		0.75		
	WB$_4$/2616	2.89		1.1		0.01	0.01			0.14		0.81	0.01	
	WB$_4$/2620	2.85		1.13						0.24		0.76		8
	WB$_1$/2623	2.87		1.13		0.01				0.13		0.8		
	WB$_1$/2568	2.8		1.16					0.01	0.24		0.78	0.01	
	WB$_2$/4557	2.76		1.22		0.01			0.01	0.24		0.77		
	WB$_6$/2554	2.87		1.17						0.05		0.89	0.01	
		2.96		1.03					0.01			0.03	0.94	
钾长石	WB$_2$/2733	2.97		1.04						0.01		0.04	0.95	8
	WB$_2$/2611	2.95		1.07						0.01		0.04	0.91	

数据来源：河南省地矿局地调一队，1996。

表 5-8　下基底变质角闪石特征

特征值 / 样品数	晶体化学式中阳离子数								氧化物质量/%
	(Ca+Na)$_B$	Na$_B$	(Na+K)$_A$	Mg/(Mg+Fe^{2+})	Al^{IV}	Al^{VI}	Al^{IV}/Al^{VI}	Ti	
WB$_1$/2623	19.8	0.48	0.16	0.34	1.97	0.15	1313	0.09	2.43
WB$_1$/2568	1.77	0.27	0.1	0.63	1.49	0.03	49.67	0.04	1.59
WB$_2$/4557	1.910	0.47	0.11	0.37	2.03	0.48	4.23	0.05	2.30

数据来源：河南省地矿局地调一队，1996。

上述角闪石的特点是富 Fe^{2+}，Fe^{2+} 阳离子高达 2.87，Mg^{2+} 较低，为 1.45～1.47，Ca 为 1.85～1.91。区域变质岩中角闪石的主要化学成分受原岩成分控制，而 Ca$_2$O+K$_2$O、Ti、Al^{VI}、Al^{IV} 则主要取决于变质条件。研究区角闪石这些特征数据见表 5-8。

将角闪石的（Na+K）-Ti 值投入萨克鲁特金（1968）确定角闪石寄主岩石变

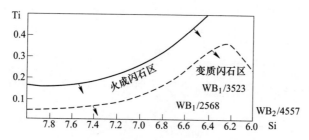

图 5-2 下基底变质岩中角闪石 Ti-Si 变异图

（数据来源：河南省地矿局地调一队，1996）

质相的图解中（见图 5-3），均落在角闪岩相区。这与前面确定的变质相一致。

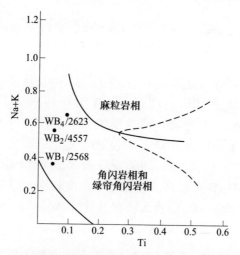

图 5-3 下基底变质角闪石的（Na+K）-Ti 的变异图

（数据来源：萨克鲁特金）

里克（1965）认为角闪石中 Al^{VI} 含量与压力呈正相关。索波列夫（1970）根据数理统计方法也得出结论，压力增大引起角闪石中 Al^{VI} 量稍增加，而温度增加引起 Al^{VI} 和碱金属稍稍增加，拉塞据此提出 $Si-Al^{VI}$ 图解，以 5000bar 为界，分为低压型（<5000bar）和高压型（>5000bar）。

研究区下基底岩石中三个样品的角闪石 Si、Al^{VI} 值均落在该图低压区（见图 5-4）。从这点看下基底属低压型。

B 黑云母

黑云母分布广泛，下基底岩壳各类岩石中均有分布。呈鳞片状，片度 0.02mm×0.05mm～0.5mm×1.5mm，定向分布，多色性清楚，Ng 普遍呈褐色、黄棕色，部分甚至呈红棕色。在兰树沟岩组和杨寺沟岩组中黑云母电子探针分析结

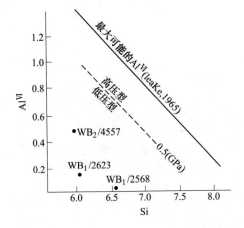

图 5-4　下基底变质角闪石的 Al^{VI}-Si 变异图（据拉塞，1974）

（数据来源：河南省地矿局地调一队，1996）

果和计算出的阳离子数分别见表 5-6、表 5-7、表 5-9，从表 5-9 中看出，两个样品中黑云母 Mg 为 0.53、1.01，$Al^{VI}+Fe^{3+}+Ti$ 为 0.89、1.03，$Fe^{2+}+Mn$ 为 1.34、1.98。按 Foster（1960）的分类，属铁质黑云母。黑云母 Si 阳离子数分别为 3.05、3.12，TiO_2 含量分别为 1.83%、3.12%，显示以富 Si、Ti 为特征。一般认为，TiO_2 含量随温度升高而增加，即随变质程度加深而增加，颜色直接与 TiO_2 含量有关。研究区 TiO_2 含量较高，说明变质程度较深，颜色也较深。将黑云母 TiO_2 和 $FeO/（FeO+MgO）×100$ 值投入特罗戈娃（1965）图解（见图 5-5），两个样均落在角闪岩相区。

表 5-9　下基底变质岩中黑云母中的特征值

特征值　　　　　样品号	阳离子数			$\dfrac{Fe}{Fe+Mg}×10$
	Mg	$Al^{VI}+Fe^{3+}+Ti$	$Fe^{2+}+Mn$	
WB₄/2616	0.53	0.89	1.98	86.7
WB₄/2731	1.01	1.03	1.34	77.8

数据来源：河南省地矿局地调一队，1956。

C　斜长石

斜长石是下基底变质岩系中分布最广泛的浅色矿物，多呈他形粒状-半自形板柱状，粒径 0.2～5mm，少数呈斑晶状达 7～10mm，绢云母化、钠黝帘石化较强。下基底各构造岩石（地层）单位中斜长石电子探针分析结果和计算出的阳离子数见表 5-6 和表 5-7，其端元组分见表 5-10，测定的斜长石牌号见表 5-11 和表 5-12。从表中数据看，用消光角法、油浸法、计算法所得出的斜长石 An 值比较一致，多在 10～29 之间，为更长石。统计的 36 个数据，其中 An＝18～29 的 18

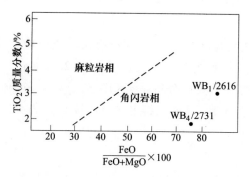

图 5-5　下基底变质岩中黑云母的 TiO_2-$FeO/(FeO+MgO)\times100$ 图解

（数据来源：特罗戈娃，1965）

个，An=10~15 的 15 个，An<10 的 3 个。从 An 值看，以大于 17 者占主导，故下基底岩壳的变质应达低角闪岩相。与原岩类型相比较，上述斜长石牌号普遍偏低。岩矿资料证实，这普遍具有显著的钠黝帘石化，表明斜长石 An 值的降低是区域性钠化的结果，受区域变质作用的控制。

表 5-10　下基底变质岩中长石的端元组分

地质单位	兰树沟岩组				杨寺沟岩组				变质花岗岩	龙凤沟岩墙		
	WB₄/ 2731	WB₁₀/ 2731	WB₂/ 2733	WB₂/ 2733	WB₂/ 2611	WB₄/ 2616	WB₄/ 2620	WB₂/ 261	WB₆/ 2554	WB₁/ 2623	WB₁/ 2568	WB₂/ 4557
	斜长石			钾长石	斜长石			钾长石	斜长石	钾长石	斜长石	
钾长石（Or）	0	1	1	95	1	1	0	95	1	96	0	1	0
钠长石（Ab）	82	80	81	4	77	84	76	4	94	3	86	76	76
钙长石（An）	18	19	18	1	22	15	24	1	5	1	14	23	24

数据来源：河南省地矿局地调一队，1996。

表 5-11　下基底变质岩中斜长石的 An 值（油浸法 Ng、Np、Nm 平均值）

地质单元	兰树沟岩组					杨寺沟岩组			
样品号	WB₃/ 2731	WB₅/ 2731	WB₃/ 2733	WB₇/ 2734	WB₁/ 1353	WB₁/ 2608	WB₁/ 2614	WB₂/ 2619	WB₂/ 2620
An 值	6	23	23	6	14	11	11	14	14

数据来源：河南省地矿局地调一队，1996。

表 5-12　下基底变质岩中斜长石的 An 值（最大消光角法）

岩石种类	片麻状斜长花岗岩				片麻状花岗闪长岩				片麻状二长花岗岩				石英闪长岩		斜长角闪岩	
样品号	WB₄/ 2571	WB₈/ 2550	WB₁₁/ 2511	WB₁/ 4223	WB₄/ 2560	WB₄/ 7161	WB₁/ 3727	WB₁/ 3731	WB₆/ 2549	WB₁/ 532	WB₁/ 144	WB₁/ 3268	WB₂/ 2735	WB₁/ 4217	WB₂/ 2705	WB₅/ 2571	WB₂/ 3724
An 值	27	27	28	14	22	27	12	14	23	12	8	13	29	11	27	27	20

数据来源：河南省地矿局地调一队，1996。

D　钾长石

钾长石主要出现在片麻状二长花岗岩系和长英质粒岩中。主要为微斜长石和微斜条纹长石，多呈他形粒状，粒径为 0.2～2mm，部分为 10～15mm，呈斑晶状。钾长石的电子探针分析结果和阳离子数见表 5-6 和表 5-7，其端元组分见表 5-10。由表 5-10 可见，钾长石 Or 较高，为 95～96，Ab = 13～4，An = 0～1。

E　石榴子石

石榴子石出现在杨寺沟岩组浅粒岩、变粒岩中，龙凤沟岩墙斜长角闪岩中零星出露。呈淡红棕色、淡黄褐色，等轴状均质体，粒径 0.07～0.95mm，个别达 1.4mm。自形或他形，常含石英、斜长石包裹体。大颗粒呈变斑晶产出，镜下鉴定属铁铝榴石。一般认为，石榴石（高铝变质矿物）是副变质岩的特征矿物。

5.2.1.3　地质温度压力计

变质作用温压条件的确定除根据矿物平衡共生组合和临界变质反应外，还可利用一些变质矿物进行必要的温压计算。

A　斜长石-角闪石矿物温压计

研究结果表明，研究区下基底变质岩系中斜长角闪岩是由基性辉长辉绿岩脉变来的，区域内分布广泛，由于基性岩和泥质岩一样对变质作用反应敏感，也就是说，它能较准确地反映变质作用的温压条件，所以，利用区内斜长角闪岩可以研究下基底的主期变质作用条件。别尔丘克（1967）对平衡共生的斜长石和角闪石进行了热力学分析，研究结果表明：当角闪石成分相近时，低温共生组合中的斜长石要比高温组合斜长石富钠贫钙。由此提出了共存角闪石-斜长石钙的分配与温度关系图解。下基底变质岩系的斜长角闪岩中斜长石和角闪石是平衡共生的，可以组成变质矿物对。将斜长角闪岩中斜长石-角闪石矿物对分析计算结果投入别尔丘克图解（见图 5-6），得出下基底的变质温度为 435℃、440℃、485℃（见表 5-13）。波利乌斯妮娜（1982）根据实验研究结果发现钙角闪石和共生斜长石之间 Al 的分配和温压有相关性，并提出了 $\sum AlHb$ 和 $CaPl$ 计算温度图。把计算结果投入该图（见图 5-7），得到温度为 510℃、525℃、528℃，压力分别为 7550bar、3750bar、8400bar。两种结果有一定差异，但低角闪岩相最低变质温度为 500℃。所以，前一种方法计算出的温度稍偏低，后一种方法比较适合角闪岩相变质基性岩的温压估测。故取波氏法的温度平均值 520℃ 作为研究区下基底岩壳主期变质的温度值。

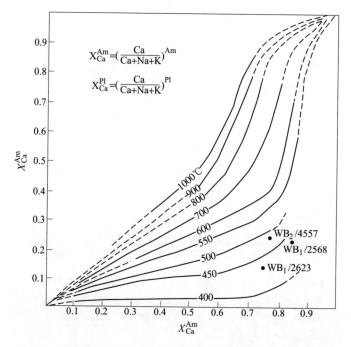

图 5-6　下基底变质岩中共存的斜长石-角闪石实验地质温度计
（底图来源：别尔丘克，1966；数据来源：河南省地矿局地调一队，1996）

表 5-13　下基底变质岩中共存的斜长石-角闪石温度计

| 样品号 | 矿物名称 | 阳离子数 | | | | X_{Ca} | 温度 $T/℃$ | | 压力/Pa |
		Ca	Na	K	Al		图解法 别尔丘克，1966	图解法 波利乌斯妮娜，1982	图解法 波利乌斯妮娜，1982
WB$_1$/2623	角闪石	1.85	0.48	0.16	2.12	0.74	435	510	7550
	斜长石	0.13	0.80	0	1.13	0.14			
WB$_1$/2568	角闪石	1.89	0.27	0.10	1.52	0.84	440	525	3750
	斜长石	0.24	0.78	0.01	1.16	0.23			
WB$_2$/4557	角闪石	1.91	0.47	0.11	2.51	0.77	485	528	8400
	斜长石	0.24	0.77	0	1.22	0.24			

数据来源：河南省地矿局地调一队，1996。

　　波氏法计算出的三个压力值差别较大，但前面根据拉塞 Al^{VI}-Si 变异图和矿物组合确定为低压型（小于 5kbar），因此，取 3750bar 为下基底岩壳主期变质的压力值。

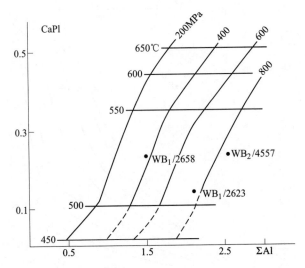

图 5-7　下基底变质岩中角闪石-斜长石的 Ca 分配等温线

（底图来源：Plyusnina. Lp；数据来源：河南省地矿局地调一队，1996）

B　二长石温度计

平衡共生的钾长石和斜长石作为变质矿物对也可以计算变质温度。研究区杨寺沟岩组浅粒岩（$WB_2/2611$）和变质花岗岩（$WB_6/2554$）中钾长石、斜长石是平衡共生的，将其电子探针分析结果应用到 Whitney 和 Stormel（1977）的计算公式中，对 $WB_2/2611$、$WB_6/2554$ 两个样品进行计算，得出两个温度值分别为 345.28℃、314.26℃，这一温度明显偏低，可能是受后期区域退变质作用影响的结果。

5.2.1.4　区域变质作用类型和变质相系

下基底主期变质作用属低角闪岩相。根据变质矿物组合和地质温压推测其变质温度为 520℃，压力为 3750bar 左右，属中低压相系。变质作用类型为区域中高温变质作用。具高热流值，且分布较均匀，反映新太古代嵩阳期地壳形成过程的特点。

5.2.2　上基底区域变质作用

5.2.2.1　变质相带的划分

上基底由古元古界嵩山群罗汉洞组组成。岩性包括石英岩、千枚岩和绢云母泥质板岩。与下伏新太古代变质岩系呈角度不整合接触，分布在研究区西北部放牛山一带，面积约 3km² 。地貌上形成醒目的陡崖。

上基底岩石变质程度较低。石英岩的变成矿物以绢云母、石英、方解石、白云石为主。代表性矿物组合是：绢云母+石英、绢云母+石英+磁铁矿。绢云母呈显微鳞片状集合体，部分过渡为白云母；石英形成清晰的次生加大边；白云石、方解石多呈他形粒状，粒径 $0.01 \sim 0.3 \mathrm{mm}$。千枚岩中除新生的绢云母、石英外，还出现了黑云母，呈细小鳞片状，定向分布，代表性矿物组合为绢云母+石英+黑云母。在粉砂质板岩中，出现新生鳞片状矿物绢云母。

综上所述，上基底岩石变质程度较低，主要表现为石英的重结晶作用，形成次生加大边，同时产生大量新生矿物绢云母，并在泥质岩中首次出现黑云母。这表明变质程度达低绿片岩相黑云母级。

该相带矿物共生组合见表5-14，平衡再生关系见 ACF 和 $A'KF$ 图解，如图5-8所示。

表 5-14 上基底低绿片岩相黑云母带矿物共生组合

岩石类型	矿生共生组合
石英岩	绢云母+石英
	绢云母+石英+磁铁矿
	绢云母+石英+白云石
	绿泥石+方解石+石英
	绢云母+石英+方解石
千枚岩	绢云母+石英+黑云母
板岩	绢云母+石英

数据来源：河南省地矿局地调一队，1996。

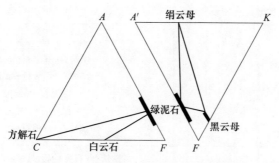

图 5-8 上基底黑云母带 ACF、$A'KF$ 图解

（数据来源：河南省地矿局地调一队，1996）

对该变质带的形成条件讨论如下：该带泥质变质岩中出现黑云母，且和白云母是平衡共生矿物。形成黑云母的反应可能是：

$$多硅白云母 + 绿泥石 \longrightarrow 白云母 + 黑云母 + 石英 + H_2O$$

低绿片岩相的温度范围为 400~500℃，上述反应代表低绿片岩相温度上限，故研究区上基底变质温度大致为 450~500℃。据区域研究成果，上基底变质为低压相系。

5.2.2.2　区域变质作用类型及变质相系

上基底嵩山群罗汉洞组，属低绿片岩相单相变质，达黑云母级。变质作用类型为区域动力热液变质作用。未出现中高压相系的特征变质矿物，推测为低压相系。

5.2.3　下基底的区域退变质作用

区域动力热流变质作用是上基底岩壳的主期变质作用，达低绿片岩相黑云母级，与此相伴随，该期变质对下基底岩壳产生区域叠加退变质作用。在退变质相中，角闪石边部或裂纹中常被绿色黑云母交代；黑云母不同程度地退变为无色白云母，或被绿泥石、绿帘石交代；斜长石普遍发生绢云母化、绿泥石化、绿帘石化，以绢云母化最强烈；铁铝榴石裂纹中常被绿泥石、绿帘石交代。上述退变质矿物粒径细小，呈细晶或微晶粒状，围绕早期矿物或在其裂纹中发育。

兰树沟岩组片岩系中暗色矿物黑云母含量较高，黑云母大多被绿泥石交代，退变质作用表现最强烈，岩石中部分斜长石牌号小于 10。为钠长石，也是退变质的产物。在变质花岗岩系中，退变作用也比较明显。退变矿物共生组合见表 5-15，平衡共生关系见 *ACF* 和 *A'KF* 图解，如图 5-9 所示。

表 5-15　下基底绿片岩相退变质矿物共生组合表

岩石类型	矿物共生组合
兰树沟岩组	钠长石+黑云母+绿泥石+绢云母 钠长石+绿泥石+白云母 绿泥石+绢云母+绿帘石 绿泥石+黑云母 绿泥石+绿帘石 钠长石+绿泥石+绢云母
变质花岗岩	钠长石+石英+绢云母+绿泥石+绿帘石 钠长石+绿帘石+绿泥石+绢云母

数据来源：河南省地矿局地调一队，1996。

5.2.4　变质期次

研究区结晶基底在地壳演化过程中，经历了两期区域变质作用。

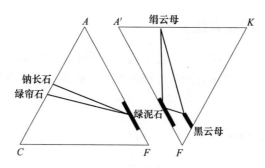

图 5-9 上基底低绿片岩退变质相 *ACF*、*A'KF* 图解

(数据来源：河南省地矿局地调一队，1996)

5.2.4.1 第一期区域变质作用

本期变质作用是下基底岩壳的主期变质作用，变质作用类型为区域中高温变质作用，变质粒度达低角闪岩相。伴随变质作用有强烈的构造变形，产生区内下基底岩壳中区域片麻理、片理或糜棱面理（S_1）。

该期变质作用发生时限讨论如下：

（1）下基底涧里河片麻状斜长花岗岩中取得一组单颗粒锆石 U-Pb 同位素年龄值，为 2451Ma。代表其成岩年龄。

（2）下基底岩壳变质岩系被古元古界嵩山群罗汉洞组所覆盖，两者间存在一个明显的不整合界面。

根据上述地质特征和同位素年龄数据，可确定本期变质作用发生于新太古代末的嵩阳运动，时限为 25 亿年左右。

5.2.4.2 第二期区域变质作用

本期变质作用是上基底岩壳的主期变质作用。变质作用类型为区域动力热流变质作用，变质程度达低绿片岩相黑云母级，与之相伴随，在上基底岩壳产生一组劈理、板理、千枚理（S'）。该期变质对下基底岩壳产生叠加退变作用，主要表现在新生矿物绢云母、黑云母、绿泥石沿先期矿物表面或裂纹进行交代。兰树沟岩组的退变作用最显著，但该期活动在下基底岩壳没有产生区域叠加置换面理。

本期变质是产生于研究区古元古界嵩山群罗汉洞组的主期变质作用。罗汉洞组明显被中元古界熊耳群不整合覆盖。故本期变质应发生于中条运动期，时限大致为 18 亿年。

5.3　区域变质岩的原岩恢复

查明变质岩的原岩性质，对重建变质岩区的地壳发展历史和找矿，具有重要意义。原岩恢复是变质岩研究的重要课题之一。研究区上、下结晶基底岩石遭受了不同程度的变质。

5.3.1　岩石矿物学特征

5.3.1.1　上基底岩石单位地质特征

上基底岩壳出露古元古界嵩山群罗汉洞组石英岩，与下伏新太古代变质岩系（下基底岩壳）呈明显角度不整合接触。该组底部发育一层厚达 20 余米的底砾岩。砾石形态呈次圆状、次棱角状（见图 5-10）。

石英岩明显保留着砂状结构。石英颗粒呈次圆状、圆状，颗粒表面多发育一层氧化铁薄膜，具明显的次生加大边。部分地段还发育清晰的交错层理、斜层理（见图 5-11）及变余粒序层理。反映了原岩沉积层理和韵律性特征。

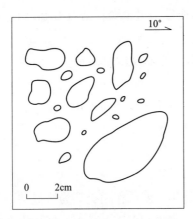

图 5-10　罗汉洞组石英岩中石英质砾石
形态素描图（放牛山 7166 点）
（数据来源：河南省地矿局地调一队，1996）

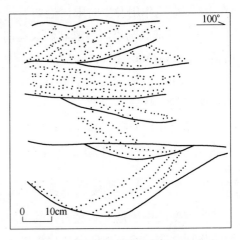

图 5-11　罗汉洞组石英岩中磁铁矿条纹
形成的交错层理素描图

石英岩中夹多层粉砂质板岩、千枚岩及变余中粗粒石英杂砂岩。这些夹层是泥岩、泥质粉砂岩等的变质产物。

综上所述，罗汉洞组石英岩变质程度较低，达低绿片岩相黑云母级。岩石较多地保留了原岩岩貌和沉积特征，是一套由石英砂岩、杂砂岩夹薄层泥岩、粉砂岩组成的沉积碎屑岩变质而成的。

5.3.1.2 下基底岩石单位地质特征

下基底岩壳包括兰树沟岩组、杨寺沟岩组、变质 TTG 岩系、变质二长花岗岩系和龙凤沟岩墙。

A 兰树沟岩组

前人研究认为兰树沟岩组是一套富钠的中基性火山岩（细碧角斑岩）系变质而成。本书基本同意上述认识，认为其原岩是一套中基性-酸性火山岩（细碧岩-石英角斑岩组合）夹沉积碎屑岩。依据如下：

（1）野外观察发现该岩组的黑云斜长片岩、黑云片岩中，普遍具变余斑状结构，斑晶为斜长石，测定其 An=29~34，为更中长石。镜下观察发现，斜长石斑晶普遍具明显熔蚀现象。在斜长石斑晶两端和熔蚀部分清楚地保留变余类间隐结构、交结结构。斜长石微晶具定向排列，格架间充填黑云母、粒状长石、石英等脱玻化产物。这些特点表明原岩是中基性火山岩。

（2）该岩组斜长角闪片岩、黑云斜长角闪片岩多具变余斑状结构，保留长柱状斜长石斑晶假象，斑晶多已被细粒长石、石英堆积取代，部分尚可见聚片双晶。基质由柱状角闪和粒状长石构成变嵌晶结构，角闪石中普遍发育长石、石英包裹体。这显示了由基性熔岩变质而成的特点。

（3）本岩组岩石一般呈层状、透镜状产出，厚度和岩相变化较大。这与火山岩产状特征吻合。该岩组下段以暗色片岩为主，应为中基性火山岩变质产物，上段以浅色片岩为主，且夹薄层暗色片岩，表明主体可能为酸性火山岩、火山碎屑岩。

B 杨寺沟岩组

杨寺沟岩组是一套变质的表壳沉积岩系，其地质依据有：

（1）野外发现杨寺沟岩组浅粒岩、变粒岩中发育清晰的粒序层理（见图5-12）。粒序层由粗粒级（粒径 0.5~1.5mm）和细粒级（粒径 0.1~0.5mm）相间产出。一般粗粒层较薄，为 3~6cm，细粒层较厚，由十厘米到数十厘米，形成明显粒序韵律。

（2）杨寺沟岩组中变粒岩与白云石英片岩呈互层产出，具韵律性（见图5-13）。浅粒岩中黑云母富集呈条纹、条痕状（见图5-14），显示岩石的沉积层状纹理特征。

（3）该岩组岩石普遍发育变余层状构造-成分层，由浅色的长石、石英薄层（3~3.5mm）和暗色黑云母薄层（10mm）相间组成，层间界限清楚平直，层理与岩石片理大体平行。

（4）该岩组变粒岩中含有石墨和石榴石。一般认为早前寒武纪变质岩系中出现的石墨多属有机成因，代表原始微生物活动的存在，而高铝变质矿物的石榴石通常被认为是副变质岩的特征矿物，表明岩石为沉积成因。

从野外地质特征及岩石结构特征分析，杨寺沟岩组浅粒岩、变粒岩组合，原岩是一套泥岩质沉积碎屑岩，且局部地段富含有机质。

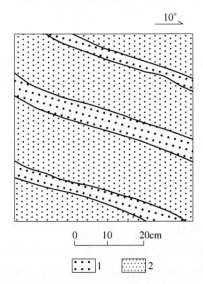

图 5-12　杨寺沟岩组变粒岩的粒序层理素描图（杨寺沟 2615 点）

（数据来源：河南省地矿局地调一队，1996）

1—粗粒级（$d = 0.5 \sim 1.5\text{mm}$）；2—细粒级（$d = 0.1 \sim 0.5\text{mm}$）

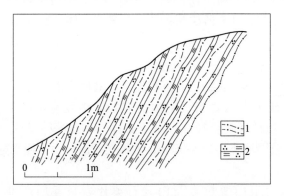

图 5-13　杨寺沟岩组变粒岩与白云石英片岩呈互层产出特征素描图（宽平 4152 点）

（数据来源：河南省地矿局地调一队，1996）

1—变粒岩；2—白云石英片岩

C　变质花岗岩系

前人多划属混合岩类，认为其原岩性质主要是沉积-火山岩系，为一套变质表壳岩组合。本书中工作发现，这是一套变质深成侵入岩系，可分两个岩石序列：（1）变质 TTG 岩系，属钠质花岗岩；（2）变质二长花岗岩系，属钾质花岗

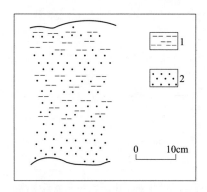

图 5-14　杨寺沟岩组浅粒岩的变余层状构造（铁佛寺 1231 点）

（数据来源：河南省地矿局地调一队，1996）

1—黑云母；2—浅色粒状矿物

岩。均为异地侵位的古老花岗岩体，不具地层意义。

（1）变质花岗岩系岩石普遍发育清晰的似斑状结构和花岗结构，岩石中发育较多的微斜长石和钠长石斑晶。

（2）岩石矿物成分较均一。特别在弱变形域中，岩石保留着块状构造和花岗结构，呈现花岗岩岩貌特征。

（3）野外宏观形态，多呈不规则岩株、岩脉状，表现为异地侵入特点。

（4）野外调查发现明显的侵入接触关系。变质 TTG 岩系侵入于兰树沟岩组和杨寺沟岩组中（见图 2-2 和图 2-3）。在变质花岗岩系各构造岩石单位间，特别是变质 TTG 岩系与变质二长花岗岩系之间，也呈明显侵入接触关系（见图 3-2）。

　　D　龙凤沟岩墙

龙凤沟岩墙指发育在下基底呈侵入产状的斜长角闪岩和变质辉长辉绿岩。野外调查表明，在不同的变形域中，形成的岩类不同。在弱变形域中多呈变质辉长辉绿岩产出，岩石具变余辉长辉绿结构；在中强变形域中，多呈斜长角闪岩产出，部分脉状斜长角闪岩核部尚保留辉长辉绿岩岩貌。研究区的斜长角闪岩均呈脉状侵入于新太古界兰树沟岩组、杨寺沟岩组及新太古代变质花岗岩系中，侵入关系明显（见图 5-15）。

上述特征表明，区内广泛发育的变质辉长辉绿岩及斜长角闪岩均由辉长辉绿岩脉变质而来，目前岩貌的差异是变质程度不同的产物。

5.3.2　副矿物特征

研究区新太古代变质岩系副矿物组合及含量见表 5-16。

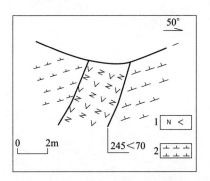

图 5-15　斜长角闪岩与变质花岗岩侵入关系素描图（7145 点）

（数据来源：河南省地矿局地调一队，1996）

1—斜长角闪岩；2—片麻状花岗闪长岩

表 5-16　嵩山地区新太古代变质岩系副矿物组合及含量

岩石单位	样号	岩石名称	副矿物组合及含量（单位：10^{-4}，+++少量，++微量，+个别）															
			磷灰石	锆石	磁铁矿	黄铁矿	褐铁矿	榍石	金红石	方铅矿	白铅矿	白钛石	锐钛石	褐帘石	石墨	黄铜矿	电气石	独居石	黄金
兰树沟岩组	R₉/2731	含残斑黑云斜长片岩	3.510	1粒	0.55	0.007	+++			0.0095	0.01					+	+++		
杨寺沟组	R₄/2610	黑云浅粒岩	1.820	0.5		0.07	0.98			+		+	+						1粒
杨寺沟组	R₄/2616	黑云斜长变粒岩	1.700	++	62.3	0.11		1.43		1粒			+	1粒		+	+		
基底变质花岗岩	R₁/2558	黑云二长花岗岩	2.800	0.04	0.42	+++	+++	0.07	+	++				0.78		+	++		
基底变质花岗岩	R₄/2571	片麻状黑云奥长花岗岩	3.260	+++	0.09	++	+++	1.23		++				++		+			
基底变质花岗岩	R₂/2562	片麻状英云闪长岩	9.021	0.552	0.089	0.005	+++	1.88		+			+	+++					

数据来源：河南省地矿局地调一队，1996。

5.3.2.1　兰树沟岩组

A　副矿物组合特征

兰树沟岩组副矿物有磁铁矿、磷灰石、黄铁矿、方铅矿、锆石、黄铜矿、电气石等。副矿物含量高，并以含多种硫化矿物及富含电气石为特征。副矿物粒度均小于 0.3mm，且以小于 0.15mm 居多，晶形比较好，光泽强。上述特征显示具中基性火山岩的副矿物组合特点。

B 锆石特征

兰树沟岩组中锆石呈紫红色，晶形不完整，表面有溶蚀现象，微透明，玻璃光泽，粒度 0.15mm，含量少。

5.3.2.2 杨寺沟岩组

A 副矿物组合

杨寺沟岩组主要副矿物有磁铁矿、磷灰石、榍石、黄铁矿、锆石等，并以含石墨为特征。总体来看，副矿物种类多，组合复杂，显示多来源、多成因特点。石墨的存在，表明成岩环境富有机质，应属沉积成因。

B 副矿物标型特征

锆石主要呈半透明-不透明，金刚光泽，晶棱、晶面清晰，晶形完整，呈四方双锥体，长宽比一般为 2∶1~3∶1，晶体有黑色包体。

磷灰石呈柱状，含黑色包体，透明，玻璃光泽；榍石半透明，油脂光泽，自形晶，含黑色包体。上述特征表明为岩浆型副矿物。

但该岩组中锆石具中等浑圆度，大部分磷灰石、榍石磨圆度较好，呈圆粒状、细粒状，显示沉积成因。

此特点表明，杨寺沟岩组的原岩应为沉积成因，但沉积物来源于岩浆岩区，并且剥蚀搬运距离不大，显示继承特征。

5.3.2.3 变质花岗岩系

A 副矿物组合

变质花岗岩系副矿物以磷灰石、榍石、锆石、黄铁矿、褐帘石为主，变质二长花岗岩中还出现独居石。

B 副矿物标型特征

变质花岗岩中副矿物大多晶形完好，晶棱清晰，光泽强。锆石呈浅紫色，半透明，玻璃光泽，具四方双锥与四方柱组成的多种聚形，晶体长宽比 2.5∶1~4∶1，自形程度高，部分表面具熔蚀凹坑，含黑色包体，具岩浆型副矿物特征。

上述副矿物组合和标型特征表明，区内新太古代变质花岗岩系是岩浆成因的。

5.3.3 岩石化学特征

研究区新太古代变质岩系共获得岩石化学分析样品 47 个（见表 5-17 和表 3-4）。对样品进行计算，所得岩石化学参数见表 5-18。根据岩性特点，分别先用尼格里四面体图解（见图 5-16）、西蒙南（al+fm)-(c+alk)-Si 图解（见图 5-17）、塔尼 TiO_2-SiO_2 图解（见图 5-18）及范德坎普和比克豪斯的 Si-Mg 图解（见图 5-19）进行投影，来判别各岩石单位原岩性质。

表 5-17　嵩山地区兰树沟岩组、杨寺沟岩组岩石化学成分

样号	氧化物百分含量/%												
	SiO_2	TiO_2	Al_2O_3	Fe_2O	FeO	MnO	MgO	CaO	Na_2O	K_2O	P_2O_5	H_2O^+	灼减
X_1/2606	71.78	0.25	14.75	2.70	0.99	0.03	0.75	1.24	0.67	4.39	0.10	0.79	2.80
X_3/2608	74.48	0.25	12.28	1.32	0.79	0.01	0.28	0.72	3.36	4.79	0.10	0.61	0.99
X_4/2610	71.44	0.30	13.96	0.73	1.19	0.01	0.47	0.85	4.14	4.52	0.10	0.60	1.37
X_4/2616	65.98	0.40	14.46	2.60	3.82	0.09	0.56	2.29	3.84	3.64	0.20	0.56	1.03
X_3/2617	69.90	0.38	13.85	1.90	2.56	0.05	0.61	1.7	3.66	3.78	0.10	0.66	0.86
X_2/2619	65.00	0.48	15.62	2.32	3.79	0.11	1.18	3.01	4.08	3.01	0.22	0.56	0.62
Y_1/100	75.36	0.20	13.59	1.47	1.01	0.10	0.44	0.68	0.16	3.06	0.05	2.29	3.22
Y_1/116	44.08	1.50	12.72	10.10	9.58	0.30	4.98	7.68	1.06	0.61	0.25	2.47	4.04
Y_1/117	76.32	0.08	12.05	1.58	0.34	0.10	0.11	0.90	4.42	0.93	0.05	1.04	1.44
Y_1/125	52.00	0.92	12.50	8.82	4.00	0.25	3.46	0.68	2.86	0.93	0.33	5.06	7.14
Y_1/126	75.88	0.08	12.37	3.30	0.81	0.20	0.11	0.75	0.36	3.16	0.5	1.25	2.56
Y_2/126	60.92	0.60	15.77	4.22	4.16	0.09	4.00	0.68	3.20	1.43	0.20	4.30	4.46
Y_1/128	41.58	2.75	13.42	16.67	4.30	0.50	4.92	7.45	1.21	0.69	0.30	1.20	5.00
Y_1/147	64.54	0.60	17.82	3.82	0.83	0.15	0.76	1.36	4.42	2.39	0.35	1.75	2.58
Y_1/ZK303	56.16	0.48	15.49	3.50	1.84	0.13	1.56	5.84	2.37	4.60	0.18	1.28	7.30
Y_2/ZK303	70.08	0.18	14.21	1.30	1.98	0.08	1.78	0.97	3.47	2.62	0.13	0.73	2.56
Y_4/ZK303	49.62	0.80	17.24	2.27	6.37	0.15	6.83	5.84	4.44	1.61	0.03	1.97	3.08
Ys-YQ2	73.00	0.15	13.54	3.42	1.15	0.10	0.67	0.23	0.30	4.00	0.04		2.81
Ys-YQ3	71.50	0.15	15.22	1.24	1.18	0.5	0.42	1.09	3.68	2.08	0.05		2.82
Ys-YQ8	75.52	0.17	13.13	1.21	1.48	0.05	0.42	0.39	1.98	2.80	0.03		2.20
Ys-YQ21	76.08	0.35	12.60	1.40	1.08	0.02	0.53	0.37	3.00	3.10	0.10		1.80
Ys-YQ13	56.70	0.60	14.59	2.02	7.18	0.13	5.89	2.41	2.70	0.94	0.21		6.10
Ys-YQ5	57.80	0.60	15.63	1.68	6.95	0.10	6.35	0.97	2.40	1.34	0.20		4.78
Ys-YQ6	49.26	0.93	19.81	4.66	7.28	0.10	5.58	0.85	1.70	0.25	0.35		6.31
Ys-YQ15	62.54	0.65	13.69	1.05	6.93	0.05	4.94	1.20	3.20	1.92	0.30		2.94
Y_1/290	48.54	1.97	12.21	11.15	5.53	0.15	4.03	6.90	1.10	0.97	0.20		
Y_1/108	47.32	2.25	12.70	4.95	11.92	0.45	4.76	8.06	2.02	1.73	0.45	1.36	

表 5-18 嵩山地区新太古代变质岩岩石化学参数

岩石单位	样号	岩石名称	尼格里岩石化学参数								投影区
			Al	fm	c	alk	(al+fm)-(c+alk)	Si	Mg	c/fm	
变质二长花岗岩	$X_1/791$	片麻状（似斑状）二长花岗岩	41.8	16.4	7.6	34.2	16.4	400.3	0.4	0.46	IV
	$X_2/1671$		42.9	17.7	6.5	32.9	21.2	367.4	0.26	0.37	III
	$X_{12}/2623$		40.6	19.3	10.8	29.3	19.8	314.6	0.41	0.56	IV
	$X_{10}/2626$		39.2	21.8	10.5	28.5	22.0	298.7	0.36	0.48	
	$X_7/2555$		43.2	16.6	11.8	28.4	19.6	346.7	0.36	0.71	V
	$X_1/2558$		41.5	19.0	11.2	28.3	21.0	324.1	0.32	0.59	IV
	$X_2/2706$		41.4	16.6	8.5	33.5	16.0	352.6	0.20	0.51	
变质TTG岩系	$X_9/2572$	片麻状花岗闪长岩	39.9	18.9	15.5	25.7	17.6	277.6	0.41	0.81	V
	$X_8/2703$		41.0	17.1	8.9	33.0	16.2	361.5	0.39	0.52	
	$X_5/2549$	片麻状奥长花岗岩	37.4	24.9	15.5	22.2	24.6	225.7	0.46	0.63	IV
	$X_1/2550$		41.6	12.5	6.7	34.7	17.2	412.8	0.19	0.54	
	$X_7/2551$		37.7	24.1	16.1	22.0	23.7	234.8	0.49	0.67	
	$X_4/2571$		42.5	16.0	14.7	26.7	17.1	305.6	0.35	0.92	V
	$X_1/790$	片麻状英云闪长岩	33.1	37.3	8.0	21.6	40.8	270.6	0.31	0.21	II
	$X_2/2562$		38.5	24.6	13.2	23.7	26.2	235.1	0.51	0.54	
	$X_3/2578$		37.4	27.7	12.7	22.2	30.2	272.6	0.33	0.46	IV
	$X_2/2705$		39.3	23.8	12.8	24.1	26.2	292.7	0.35	0.54	
	$X_4/1671$	片麻状石英闪长岩	36.5	23.3	15.0	25.2	19.6	254.6	0.31	0.64	
	$X_3/1672$		39.9	21.9	16.6	21.6	23.6	257.0	0.27	0.76	V
	$X_1/3684$		43.0	17.9	12.0	27.1	21.8	328.5	0.43	0.67	
杨寺岩组	$X_1/2606$	白云变粒岩	49.7	22.9	7.5	19.9	45.2	409.2	0.28	0.33	
	$X_3/2608$	浅粒岩	44.1	12.5	4.8	38.6	13.2	455.9	0.21	0.38	
	$X_4/2610$	黑云变粒岩	44.9	12.5	4.9	37.7	14.8	389.8	0.29	0.39	III
	$X_4/2616$	黑云斜长变粒岩	37.0	26.0	10.7	26.3	26.0	285.9	0.14	0.41	
	$X_3/2617$	黑云浅粒岩	39.9	22.3	8.8	29.0	24.4	341.1	0.20	0.39	
	$X_2/2619$	含角闪黑云斜长变粒岩	36.6	27.0	12.9	23.5	27.2	258.9	0.26	0.48	IV

数据来源：河南省地矿局地调一队，1996。

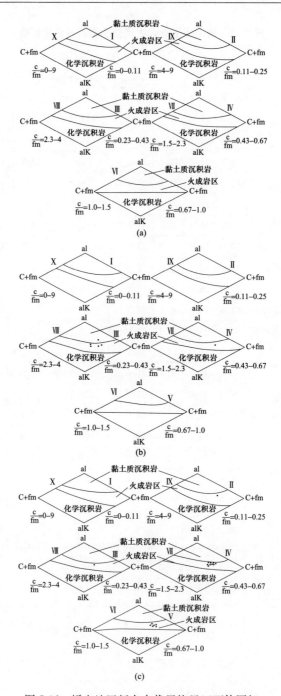

图 5-16 嵩山地区新太古代尼格里四面体图解

（数据来源：河南省地矿局地调一队，1996）

（a）兰树沟岩组；（b）杨寺沟岩组；（c）变质花岗岩

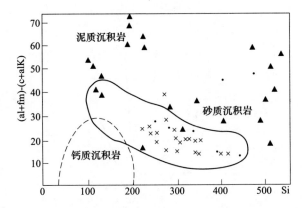

图 5-17 嵩山地区新太古代变质岩系 (al+fm)-(c+alK)-Si 图解

(底图来源：西蒙南，1953；数据来源：河南省地矿局地调一队，1996)

▲—兰树沟岩组；·—杨寺沟岩组；×—片麻状花岗岩

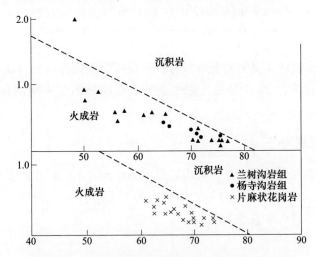

图 5-18 嵩山地区新太古代变质岩系 TiO_2-SiO_2 图解

(底图来源：塔尼，1976；数据来源：河南省地矿局地调一队，1996)

  兰树沟岩组 21 个样品，在尼格里图解中 11 个落入火成岩区，6 个在黏土质沉积区，4 个在两者分界线上；西蒙南图解中，4 个落入火成岩区，其余均落在泥质、砂质沉积区；在塔尼 TiO_2-SiO_2 图解和 Si-Mg 图解中，样点绝大多数投在火成岩区。从图解看，比较复杂，但总体显示以火成岩为主。并且，部分样品 Na_2O 含量大于 K_2O，具细碧岩、石英角斑岩成分特点。因此，这套岩系可能为富钠的海相细碧-角斑岩系变质产物。

  杨寺沟岩组有 6 个样品。在尼格里四面体图解和西蒙南图解中，一个样落入沉积岩区，其余落入火成岩区，在塔尼 TiO_2-SiO_2 图解和 Si-Mg 图解中，6 个样均落在火成岩区，这与地质观察结论不一致。前已述及，该岩组副矿物特征表明沉

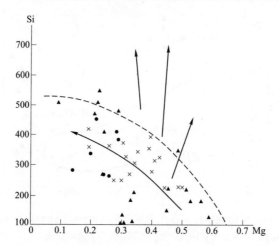

图 5-19　嵩山地区新太古代变质岩系岩石 Si-Mg 图解

（底图来源：范德坎普和比克豪斯，1978；数据来源：河南省地矿局地调一队，1996）

▲—兰树沟岩组；●—杨寺沟岩组；×—片麻状花岗岩

积物来源于岩浆岩区，其岩石化学成分特征很可能是物源区岩石成分的结果。

变质花岗岩系有 20 个样品，除个别外，在四种图解中全部落在火成岩区，与地质结论十分吻合。

5.3.4　稀土元素特征

研究区新太古代变质岩系兰树沟岩组、杨寺沟岩组的稀土元素含量及标准化数据见表 5-19 和表 5-20，配分模式如图 5-20 所示。变质花岗岩系的稀土元素含量及配分曲线见第 3 章表 3-5 和图 3-7。

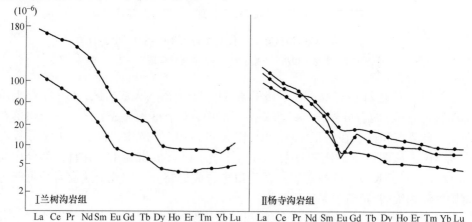

图 5-20　嵩山地区新太古代变质岩系稀土配分曲线

（数据来源：河南省地矿局地调一队，1996）

表 5-19　嵩山地区新太古界变质表壳岩系稀土元素含量

岩石单位	岩石名称	样号	稀土元素含量/10^-6															ΣREE/10^-6	LREE/10^-6	HREE/10^-6	LREE/HREE
			La	Ce	Pr	Nd	Sm	Eu	Gd	Tb	Dy	Ho	Er	Tm	Yb	Lu	Y				
兰树沟岩组	含斑绿泥钠长岩	C₃/2731	256	496	59.8	211	29.8	4.68	10.2	1.56	4.5	0.92	2.67	0.43	2.1	0.52	21.3	1109.48	1065.28	22.9	46.52
	绢云石英片岩	C/19	50.5	92.1	9.12	31.5	5.2	0.89	2.58	0.42	1.95	0.39	1.13	0.2	1.3	0.23	7.95	205.46	189.31	8.2	23.09
	黑云浅粒岩	C/2610	41.2	71.6	7.58	26.9	4.87	0.64	2.78	0.44	2.21	0.49	1.34	0.21	1.26	0.18	10	171.7	152.79	8.91	11.15
杨树沟岩组	黑云变粒岩	C/2616	55.7	93.6	11.3	47.2	8.32	1.72	6.26	1.05	6.3	1.3	3.43	0.44	2.64	0.37	22	261.63	217.84	21.79	10
	白云母变粒岩	C/2606	66.1	10.8	12.5	45.5	8.07	0.62	5.38	0.7	4.45	0.9	2.47	0.33	1.98	0.31	17.4	274.71	240.79	16.52	14.58

数据来源：河南地矿局地调一队，1996。

表 5-20　嵩山地区新太古界变质表壳岩系稀土球粒陨石标准化数据

岩石单位	岩石名称	样号	稀土元素含量/10^-6															(La/Yb)ₙ
			La	Ce	Pr	Nd	Sm	Eu	Gd	Tb	Dy	Ho	Er	Tm	Yb	Lu	Y	
兰树沟岩组	含斑绿泥钠长片岩	C₃/2731	698	508	433	295	130	54	32.8	27.5	11.5	10.6	10.5	10.8	8.43	13.4	0.66	82.8
	绢云石英岩	C/19	134	94.4	66.4	44	22.6	10.3	8.3	7.39	5	4.49	4.43	5.01	5.22	5.94	0.67	25.67
杨寺沟岩组	黑云浅粒岩	C₄/2610	109	73.4	54.9	37.6	21.2	7.39	8.94	7.75	5.67	5.65	5.25	5.26	5.06	4.65	0.49	21.54
	黑云变粒岩	C₄/2616	147	95.7	81.9	65.9	36.2	19.9	20.1	18.5	16.2	15	13.5	11	10.6	9.56	0.71	13.87
	白云母变粒岩	C₁/2606	175	111	90.6	63.5	35.1	7.16	17.3	12.3	11.4	10.1	9.69	8.27	7.95	8.01	0.27	22.01

数据来源：河南地矿局地调一队，1996。

可以看出：

（1）兰树沟岩组上、下岩段稀土总量差异较大，配分曲线上、下分离，但两者均显示轻稀土富集，重稀土亏损，配分曲线右倾，倾斜度相似。并具极为相似的铕亏损，$\delta_{Eu} = 0.66 \sim 0.67$。

（2）杨寺沟岩组稀土总量为 $171.7 \times 10^{-6} \sim 274.71 \times 10^{-6}$，$\delta_{Eu} = 0.27 \sim 0.71$，具较明显的铕亏损，分馏值 $(La/Yb)_N = 13.87 \sim 22.0$，曲线右倾，但比较平坦。

（3）变质花岗岩系，稀土总量为 $143 \times 10^{-6} \sim 288 \times 10^{-6}$，$\delta_{Eu} = 0.53 \sim 0.80$，$LREE/HREE = 19 \sim 29$，$(La/Yb)_N = 24.1 \sim 55.8$。总体来看，其稀土总量较高，轻重稀土分馏明显，铕弱亏损，曲线表现为向右陡倾的平滑曲线，其特征与 TTG 花岗岩岩石稀土相似。

5.3.5　微量元素特征

研究区兰树沟岩组和杨寺沟岩组的微量元素平均含量见表 5-21，变质花岗岩系的微量元素平均含量见表 3-6。由表 3-6 看出：

（1）兰树沟岩组中黑云斜长片岩，含残斑黑云片岩及斜长角闪片岩等暗色片岩类，Cr、Ni、V、Ti 富集，含量较高；Sr、Ba 含量较低；Cr/Ni 值为 2.18。此特征与拉斑玄武岩的微量元素含量特点相似。

（2）杨寺沟岩组变粒岩、浅粒岩中，Cr、Ni 含量较低，Sr、Ba 较富集。这一特点与花岗岩相似。其 Cr/Ni 值为 0.98，Sr/Ba 值为 0.53，与沉积岩很接近。这说明，杨寺沟岩组岩石属沉积成因，但物源可能与花岗岩有关。

（3）变质花岗岩类的 Co、Cr、Ni 丰度较低，Sr、Ba、Ti 相对富集，与钙碱性花岗岩特点相似，含量也很接近。

表 5-21　嵩山地区新太古代界变质表壳岩系微量元素含量　　　　　(10^{-6})

序号	岩石类型		Ag	Cu	Pb	Zn	Cr	Co	Ni	V
1	杨寺沟岩组		0.1	11.82	22.72	19.82	6.34		6.55	8.74
2	兰树沟岩组	绿片岩段	0.1	9.55	14.36	36.82	67.91		31.18	190
3		石英片岩段	0.15	8.25	9	45	17.75		15.5	42.86
4	维诺格	沉积岩					100	20	95	130
5	多拉夫	基性岩					200	45	165	200

序号	岩石类型		Ti	Mn	Sr	Ba	Ga	Cr/Ni	Sr/Ba	Rb/Sr	Ba/Rb
1	杨寺沟岩组		155.69	187.17	52.07	98.03	30.15	0.98	0.53		
2	兰树沟岩组	绿片岩段	2509.1	419.09	74.09	191.82	26.55	2.18	0.38		
3		石英片岩段	1100	126.25	23.13	121.25	20.13	1.14	0.19		
4	维诺格	沉积岩	4500		450	800		1.05	0.56	0.44	4
5	多拉夫	基性岩	9000		440	300		1.25	1.47	0.1	6.67

数据来源：河南地矿局地调一队，1996。

5.3.6 原岩类型的综合判别

研究区上基底罗汉洞组石英岩经历了低绿片岩相黑云母级变质，原岩沉积特征较清晰，为一套石英砂岩夹薄层泥岩沉积，野外和镜下易于识别。下面对下基底变质岩系的原岩类型进行综合论述。

5.3.6.1 兰树沟岩组

兰树沟岩组分上、下两个岩段。上岩段由黑云斜长片岩、黑云片岩、斜长角闪片岩互层产出。岩石呈灰绿色、灰黑色，具变余斑状结构，变余类间隐结构、变余交织结构。斑晶斜长石熔蚀现象明显。此类岩石 SiO_2 含量 44%~64%，介于中基性岩范围，在岩石化学图解中主要落入火成岩区，表明上岩段暗色片岩应为中基性火山岩的变质产物。下岩段以绢云石英片岩、绢云斜长片岩为主，夹薄层暗色片岩，岩石 SiO_2 含量 70%~76%，属酸性岩范畴，岩石化学图解多落入火成岩区，部分落入沉积岩区，故下岩段应以酸性火山岩为主，可能夹有沉积碎屑岩层。从部分样品 Na_2O 显著高于 K_2O 含量来看，似具有细碧-角斑岩系成分特征。因此，上述中基性火山岩（暗色片岩），其原岩可能属细碧岩，酸性火山岩（绢云石英片岩）则可能是石英角斑岩的变质产物。

该岩组呈夹层产出的斜长角闪片岩，应由基性火山岩变质而成，岩石中 Al_2O_3 含量小于 16%，应属拉斑玄武岩系列。在都城秋穗的 SiO_2-FeO^*/MgO 图解（见图 5-21）中，样点均落在拉斑玄武岩区域。冯本智（1981）研究了不同构造环境中拉斑玄武岩的一般成分范围，研究区 2 个样品斜长角闪片岩的成分与之对比（见表 5-22），可以看出，样品成分与洋中脊深成拉斑玄武岩的成分最接近，其中，FeO^*%、K_2O% 与洋岛 TH 系含量高的特点吻合。从这点看，研究区的玄武岩可能为洋中脊附近海底喷发物。

综上所述，兰树沟岩组的原岩可能以深海拉斑玄武岩（细碧岩）为主，下部以酸性火山岩（石英角斑岩）为主，夹基性火山岩（细碧岩）和沉积岩层。

5.3.6.2 杨寺沟岩组

杨寺沟岩组为一套浅粒岩、变粒岩组合，岩石普遍发育粗细相间的变余粒序层理、韵律成分层及变余沉积纹理。岩石中含有机成因的石墨，显示成岩环境存在有机生命活动。副矿物以种类较多、组合复杂、具磨圆度较好为特征，而且微量元素具有与沉积岩相似的 Cr/Ni、Sr/Ba 比值。所以，杨寺沟岩组原岩应为一套沉积碎屑岩。

该岩组岩石化学成分及微量元素含量特征与花岗岩近似，且部分副矿物晶形也显示火成岩特点。造成这种情况的原因，很可能是沉积碎屑物源区是花岗岩分

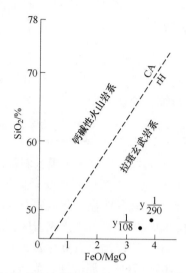

图 5-21　兰树沟岩组斜长角闪片岩 $SiO_2\text{-}FeO^{※}/MgO$ 图解

表 5-22　兰树沟岩组基性火山岩与不同构造背景拉斑玄武岩成分对比

成分	岛弧 TH 系	洋中脊深成拉斑玄武岩	洋岛 TH 系	兰树沟岩组基性火山岩
$FeO^{※}/MgO$	1~7	0.8~21	0.5~2.5	3.4~3.9
$SiO_2/\%$	46~76	47~51	45.65	47.32~48.34
$FeO^{※}/\%$	6~16	6~14	8~16	15.6~16.4
$Na_2O/\%$	1.1~3.6	1.7~3.3	0.7~4.5	1.10~2.02
$K_2O/\%$	0.1~0.2	0.07~0.4	0.06~2.0	0.97~1.73
$TiO_2/\%$	0.3~2.0	0.7~2.3	0.2~5.0	0.97~2.25

数据来源: 河南地矿局地调一队, 1996。$FeO^{※} = FeO + Fe_2O_3 \times 0.899$ (据冯本智, 1981)。

布区, 因此其成分具有继承性特点。

5.3.6.3　变质花岗岩系

区内变质花岗岩系岩石普遍具变余花岗结构, 部分发育似斑状结构, 岩石组构及矿物成分较均一, 具有花岗岩岩貌特征。野外观察, 单元及构造-岩石单位间具侵入接触关系, 并侵入于新太古界变质表壳岩系中。

岩石的化学成分、副矿物、微量元素及稀土元素特征均表现为岩浆型特征。按岩石化学成分, 可分为两个系列: 变质 TTG 岩系, 以 Na_2O 含量大于 K_2O 为特征; 变质二长花岗岩系, 以 K_2O 含量大于 Na_2O 为特征。

据此认为, 区内变质花岗岩系属深成侵入岩组合的变质产物。根据侵入关系, 可分为两个序列: 早期为变质 TTG 岩系, 晚期为变质二长花岗岩系。

6　构　　造

6.1　构造单元及构造层划分

研究区位于华北陆块南缘。根据研究区地质构造特征，结合前人划分意见将研究区划分为四个Ⅳ级构造单元（见表6-1和图6-1）。不同构造单元控制了不同构造层的发育。

表6-1　研究区构造单元划分

华北陆块（Ⅰ）	华北陆块南缘（Ⅲ）	灵宝断陷盆地（Ⅳ₁）
		五亩断陷盆地（Ⅳ₂）
		崤山断隆（Ⅳ₃）
		卢氏-洛宁断陷盆地（Ⅳ₄）

6.1.1　灵宝断陷盆地（Ⅳ₁）

分布于研究区内赵家岭-马家河-黑山沟断裂以北西大王-石门水库一带，为灵宝断陷盆地的东部边缘，在研究区内大部为第四系覆盖，仅在断裂带附近及东缘出露有少量熊耳群及汝阳群。由其边界断裂带影响的最新地层为古近系项城组判断，推测灵宝断陷盆地为一向东仰起的新近系断陷盆地。

6.1.2　五亩断陷盆地（Ⅳ₂）

分布于研究区内杨树园-寺河-竹园沟-张家河断裂带以北西的寺河-凤凰峪一带，盆地基底为中元古界熊耳群。五亩断陷盆地为一向南倾斜的单断盆地，区域上断陷盆地早期沉积为下白垩统枣疙组，研究区城烟-凤凰台-赵家岭一带发育的一套紫红色砂砾岩、黏土岩、泥质灰岩划分为上白垩统南朝组-古近系项城组。构造活动表现为发育轴向近东西向展布的小型开阔褶皱及脆性断裂活动。

6.1.3　崤山断隆（Ⅳ₃）

区域上，崤山断隆呈北东-南西向展布。北西、北分别受五亩断陷盆地边界和灵宝断陷盆地边界断裂所限，北东被三门峡-鲁山断裂截切，东南侧发育卢氏-洛宁断陷，显示四周断陷、核部断隆的构造格局。断隆区具典型地台双层结构：结晶基底和盖层，显示清晰层型结构特征。

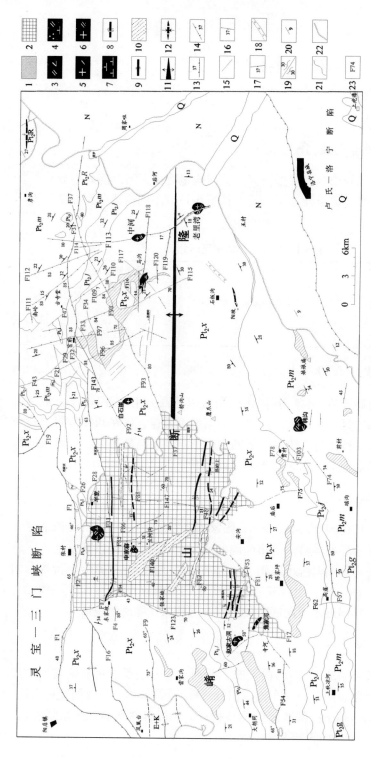

图 6-1 崤山地区构造纲要图

Q—第四系；E—新近系；K—白垩系；P t₂R—汝阳群；P t₂g—高山河组；P t₂l—龙胖组；P t₂m—马家河组；P t₂m—鸡蛋坪组；P t₂x—许山组；1—斑状流纹斑岩（次火山相）；2—新太古界太华变质杂岩群（表壳岩及 TTG 岩系）；3—角闪二长花岗斑岩；4—石英二长闪长岩；5—斜长花岗斑岩；6—二长花岗斑岩；7—闪长岩；8—基底变质杂岩；9—基底变质杂岩中变形构造；10—基底变质杂岩中褶棱岩带；11—倾伏背斜构造；12—短轴向斜构造；13—东西向断裂；14—北东向断裂；15—北北西、北北东向断裂；16—南北向断裂；17—Au、Ag、Cu、Pb、Zn、W 及重晶石控矿断裂；18—构造破碎角砾岩带；19—片理、片麻理、片麻状岩带；20—沉积地层产状；21—地层界线；22—构造不整合界线；23—断裂编号

6.1.3.1 结晶基底

根据建造性质、变质、变形特征及接触关系，研究区结晶基底可进一步划分为上、下基底。

A 新太古代结晶基底（下基底）

新太古代结晶基底属新太古代嵩阳期构造层。由兰树沟岩组、杨寺沟岩组、变质 TTG-G 岩系及龙凤沟变质辉长辉绿岩（斜长角闪岩）岩墙组成。岩石组合特征及时序关系反映这一时期经历了喷发-沉积-岩浆侵入等演化阶段。早期为中基性-酸性火山喷发阶段，形成富钠低钾的细碧-角斑岩系，变质形成兰树沟岩组绿泥斜长片岩、斜长角闪片岩、绢云石英片岩组合。第二阶段为类复理石碎屑沉积阶段，经变质形成了杨寺沟岩组含磁铁矿浅粒岩，含铁铝榴石、石墨黑云变粒岩。代表成熟度不高的陆源碎屑沉积壳层。第三阶段为以英云闪长岩-奥长花岗岩-花岗闪长岩（TTG）为代表的钠质花岗岩及以二长花岗岩为代表的钾质岩系。晚期以龙凤沟岩墙为代表，广泛发育规模不等的变质辉长辉绿岩（斜长角闪岩）墙（脉）。上述不同性质的岩石组合共同组成了研究区新太古代基底岩壳。

嵩阳运动使新太古代基底岩壳发生变质变形，形成区域性片麻理、片理（S_1）并产生一组平行片（麻）理（S_1）的花岗质条带。由于区内应力的不均衡分布，产生强、中、弱不同的变形域（带）。片麻理（S_1）置换了早期层（面）理，并使 $S \approx S_1$。伴随产生紧闭线形褶曲，形成嵩阳期背、向形褶皱系列。与此同时，发生区域中高温变质作用，达低角闪岩相，呈单相大面积分布。

B 古元古代结晶基底（上基底）

古元古代结晶基底属古元古代吕梁期构造层。由嵩山群罗汉洞组组成，岩性为石英岩夹绢云板岩、千枚岩，含石墨、磁铁矿。原岩为石英砂岩夹泥质岩组成，属典型滨-浅海相陆源碎屑沉积岩系。

吕梁运动使古元古代基底产生片理、板理，片（板）理（S_0'）平行层理（S_0），同时遭受区域低温动力变质作用，变质程度为低绿片岩相黑云母级。

吕梁运动使得下基底产生低绿片岩相退变质作用。退变质矿物杂乱分布，不具片理化。

综上所述，上、下基底岩系在原岩建造、变形变质特征及矿物组合上均存在明显差异，其间呈显著角度不整合接触，表明罗汉洞组底界面经历了一次成岩及构造环境的突变事件，代表研究区嵩阳运动的存在。

6.1.3.2 盖层

断隆区盖层由中元古界熊耳群、高山河组-官道口群、汝阳群、黄连垛组及寒武系组成。根据岩相建造及接触关系，可进一步划分为两个亚层。

A　下亚层

由中元古界熊耳群古火山岩组成。发育中（基）性-中酸（酸）性层状熔岩堆积，呈角度不整合覆于结晶基底岩系之上，是华北地台南缘的第一盖层。其上被高山河组（熊耳山地层小区）和汝阳群（渑池-确山地层小区）不整合覆盖。

下亚层自下而上发育大古石组砂砾岩、粉砂质板岩，许山组大斑安山岩夹安山岩，鸡蛋坪组英安斑岩、流纹斑岩，马家河组安山岩，龙脖组英安斑岩、流纹斑岩。底部大古石组属河流相沉积，分布不稳定，厚度变化大。中上部分则由许山组-鸡蛋坪组、马家河组-龙脖组组成两个中（基）性-中酸（酸）性演化的完整喷发旋回。研究区南部，熊耳群古火山活动以陆相喷发为主，北部为海、陆交互相。

B　上亚层

由高山河组-官道口群和汝阳群、黄连垛组、寒武系组成。高山河组-官道口群分布在研究区西南部卫家磨、石大山一带，超覆不整合于熊耳群之上。自下而上出露高山河组石英砂岩、板岩，官道口群龙家园组结晶白云岩，属滨-浅海相沉积。区内堆积厚度约350m。汝阳群分布于研究区东北部连家洼及东北部李米庄一带，超覆不整合于熊耳群之上，自下而上出露小沟背组砂砾岩、云梦山组石英砂岩、白草坪组泥岩夹石英砂岩、北大尖组海绿石石英砂岩夹泥岩、崔庄组页岩、三教堂组石英砂岩及洛峪口组白云岩。黄连垛组及寒武系分布于李米庄一带。

崤山断隆区在漫长的地史演化过程中，经历了多期构造热事件的叠加改造。熊耳期除大规模火山喷发外，尚有小规模中基性-酸性岩浆侵入活动。以辉长岩小岩株及辉绿（玢）岩、闪长（玢）岩脉为主，有少量花岗斑岩脉侵入。印支期表现为小规模碱性正长斑岩脉侵入，燕山期构造作用强烈，以脆性断裂构造及断块不均匀升降为主，褶皱构造简单，奠定了崤山断隆的总体构造格架。燕山期为研究区重要的岩浆活动期和金及多金属成矿期。区内有9个酸性小岩株侵入，围绕岩体有规模不等的金、银、铅锌矿（化）点分布。

6.1.4　卢氏-洛宁断陷盆地（IV₄）

卢氏-洛宁断陷由卢氏、洛宁两个新生代断陷盆地斜列构成，洛宁盆地呈北东向延伸，南东边缘由洛宁山前断裂控制，北西边缘为新生界不整合于熊耳群之上。研究区东南长水-泉水沟一带位于洛宁盆地的西北边缘部位，出露新近系紫红色砂砾岩。

6.2　主要构造边界

6.2.1　赵家岭-马家河-黑山沟断裂（F1）

断裂展布于研究区北部。西起张汴乡赵家岭，向东经杨树园、大峪沟、庙岭头后转向北东，经马家河、黑山沟、东坡后延入邻幅，向西被第四系掩盖，全长约 32km。总体走向呈略向南凹的弧形，弧顶在庙岭头-马家河附近。马家河以西断裂带走向 280°~300°，倾向 10°~30°，倾角 42°~85°，断裂带宽 10~350m，北侧（上盘）为许山组，南侧（下盘）为许山组、新太古代变质花岗岩系及古近系项城组。马家河以西断裂带走向 30°~40°，倾向 300°~310°，倾角 65°~80°，断裂带宽 5~20m，西北侧（上盘）为马家河组、汝阳群，东南侧（下盘）为许山组。

可识别出两期活动。早期活动具正断层性质，形成最大宽度约 350m 的断层角砾岩、碎裂岩带，角砾含量约 80%，成分与断裂两侧岩石类型相关，大小不一，一般 1.5~5cm，最大可达 10cm×25cm，呈棱角状-次棱角状杂乱分布。硅质钙质胶结。晚期活动表现为逆断层性质，表现为早期角砾岩发生挤压，形成片理化角砾岩带及片理化带。在张汴乡大峪沟一带可见片理化角砾岩带中的片（劈）理揉皱（见图 6-2）。在菜园乡马家河南，带中挤压片理及逆冲面十分发育，片理间隔为 5~20cm。多数地段断层角砾岩被改造成构造透镜体及透镜化角砾岩带。透镜体定向排列，侧伏角 68°~70°，指向上盘向上逆冲（见图 6-3）。

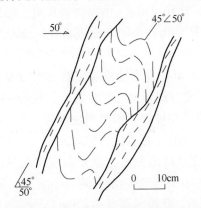 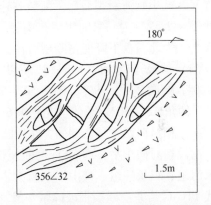

图 6-2　大峪沟 F1 断裂带劈理褶皱素描图　　图 6-3　马家河 F1 断裂带中透镜体特征素描图

（数据来源：河南省地矿局地调一队，1996）　　（数据来源：河南省地矿局地调一队，1996）

根据断裂带两侧出露的地层判断，早期正断层规模较大（鸡蛋坪组-汝阳群与许山组斜交），推测最大断距在 200m 以上。晚期逆断层规模较小，仅表现为对早期构造角砾岩进行了改造。

沿断裂矿化蚀变强烈，主要有褐铁矿化、硅化、碳酸盐化、绿泥石化等。

断裂带地貌标志明显，在断裂带东北端常形成明显的负地形，发育宽阔的冲沟，局部地段发育陡峭的断层崖及构造三角面。在断裂带西段为平坦黄土塬区及黄土深切冲沟地貌区与中-高山地貌区的分界带。

该断裂为灵宝新生代断陷盆地的边界断裂，是研究区内两个Ⅳ级构造单元的分划性界线。该断裂影响的最新地层为古近系项城组，因此推测其边界断裂带最早形成于古近纪晚期。

6.2.2　杨树园-寺河-竹园沟-张家河断裂带

断裂带西自杨家河进入研究区，向东经周家咀、孟家河、柳林后转向北东，经寺河、小妹河后被小妹河断裂截切，在坡根东再次出现，走向近南北，经竹园沟、北垴、小西坡、张家河至土坡根被葛家沟-马家河断裂（F1）截切，平面上呈向东凸出的弧形展布，区内长约28km。按其走向可划分为三段：

（1）杨家河-柳林（F54）段断裂走向280°～290°，倾向10°～20°，倾角57°～80°。沿走向呈舒缓波状，发育断层崖、断层三角面，并形成一系列负地形。断裂破碎带宽为80～200m，发育碎裂岩及构造角砾岩，角砾成分以安山岩为主，次为流纹斑岩、大斑安山岩，多呈棱角状、大小不一。带内岩石褐铁矿化较强，并发育网状石英脉，断面上擦痕、阶步清晰，表明断裂性质为南盘（下盘）大幅度抬升，北盘强烈下降的正断层。

（2）柳林-寺河（F59）段断裂走向50°～55°，倾向320°～325°，倾角50°。在寺河北被小妹河断裂截切。断裂破碎带宽为10～50m，由碎裂岩构成，断裂带西北侧（上盘）为马家河组，东南侧（下盘）为许山组和新太古代片麻状二长花岗岩，为北西盘下降的正断层。

（3）坡根-张家河（F17）段断裂带为走向近南北的追踪张断裂，一组走向4°～20°，倾向274°～290°，倾角50°～70°，另一组走向240°～260°，倾向330°～350°，倾角42°～50°。总体呈北北东6°延伸。在坡根一带被南庄断裂（F57）截切，南段相对向西平移2.6km。在竹园沟一带被北北西向张村坡断裂（F51）截切，南段相对向东平移约300m。断裂带西北或西南侧（上盘）由南向北依次为马家河组、鸡蛋坪组、许山组、新太古代TTG-G岩系，东南侧（下盘）为新太古代TTG-G岩系。断裂带破碎带一般宽约5m，北段局部宽约250m，早期为北西盘下降的正断层，发育断层角砾岩、碎粉岩、断层泥等，分带性不明显。角砾成分有安山岩、大斑安山岩、流纹斑岩、片麻状花岗岩等。角砾呈次圆状-次棱角状，一般5～10cm，最大可达50～70cm，硅质及铁质胶结，较为疏松。断带中石英脉发育。晚期具逆断层性质，发育挤压片理及挤压透镜体。透镜体大小为20cm×50cm，斜列式排列，AB面与主断面锐角约15°。成分为安山岩、片麻状花岗岩及少量脉石英等，为早期构造角砾岩及石英脉挤压改造产物。

断裂带南部杨家河附近许山组下部与马家河组上部断层接触，推测累计断距大于2000m，由坡根向北，断距逐渐变小，至张家河以北断裂沿河床延伸，由断裂带两侧地层基本可以相连的情况判断断距不大。因此，五亩断陷盆地为沿南侧断裂带下降的单断式断陷盆地。

五亩断陷盆地早期沉积为下白垩统枣疙组，因此推测其南缘断裂带最早形成于白垩纪早期。区域上与五亩断陷盆地大致同期发育的断陷盆地还有九店火山-沉积断陷盆地、大营火山-沉积断陷盆地，表明河南省中部在白垩纪早期发育一次强烈拉张事件。由西向东断陷盆地中火山活动规模变强，喻示该次拉张力的强度向西变弱。白垩纪晚期工作区作为三门峡-鲁山推覆断裂带上盘，杨树园-寺河-竹园沟-张家河断裂带继承性活动，叠加向北的逆冲推覆作用。

该断裂破碎带中局部褐铁矿化、硅化发育，是寻找铅锌银矿的有利部位。

6.2.3 洛宁北山山前断裂带

断裂带全部为第四系覆盖，为遥感解译标出的断裂（见图6-4和图6-5），断裂带位于洛宁县城之北0.5~1km至东上原-崖底一线，区内延长大于30km。总体走向70°，倾向南东。该断裂以山前断裂的形式截然区分洛宁河谷和崤山山区两大地貌单元，折线状断裂构造面，显示出南盘下沉，北盘上升的运动趋势，属于地堑式的构造形迹。

图6-4 洛宁北山山前断裂影像

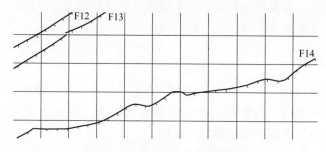

图6-5 洛宁北山山前断裂解译

洛宁断陷盆地早期沉积为始新统张家村组，因此推测其边界断裂带最早形成于始新世早期。北东向构造即为李四光所称的古中华夏系构造。其主要发育于燕山期。为太平洋板块与亚洲大陆板块俯冲对接时来自东南与西北方向挤压应力作用下形成的一组构造。

6.3　面理和面理置换

区内结晶基底变质岩系中面理构造发育，面理置换强烈。发育四种面理类型：（1）层理；（2）板劈理；（3）片理；（4）片麻理。前一类属原生面理，以 S_0 表示，后三类属次生面理，具两个显著的构造序次：早序次为嵩阳期变质变形事件的产物，在下基底形成片理、片麻理，以 S_1 表示，属区域透入性面理；晚序次为中条期变质变形事件的产物，在上基底形成板劈理，以 S_0' 表示。

6.3.1　原生面理-层理（S_0）

属原生沉积面理，在上基底浅变质岩系中原生面理多保存完好，易于识别。下基底变质岩系中，面理置换强烈，不易辨认。通常采用下列识别标志：

（1）不同岩性层的接触面。在兰树沟岩组、杨寺沟岩组中发育，野外易于识别。

（2）特殊成分夹层，如兰树沟岩组中含残斑绿泥钠长片岩夹层、杨寺沟岩组中白云石英片岩夹层等。

（3）原生沉积构造层面。

1）粒序层理。在杨寺沟岩组变（浅）粒岩中发育。矿物粒径呈有规律变化，底部粒径 $1.0 \sim 1.5 mm$，向上逐渐变细至 $0.5 \sim 0.1 mm$，宏观上显示由粗到细的粒序层理。

2）沉积韵律构造。在杨寺沟岩组中发育，由浅（变）粒岩、白云石英片岩多次交互出现形成，单层厚 $5 \sim 20 cm$。

3）矿物条纹（条带）。在杨寺沟岩组中见到。表现为暗色矿物黑云母、磁铁矿、铁铝榴石、石墨等相对集中呈条纹、条带状分布，与浅色矿物条带相间排列组合而成。条带长 $0.1 \sim 1.0 m$，宽 $1 \sim 20 mm$。

6.3.2　次生面理

区内次生面理在上、下基底具有不同的表现形式。并对岩性具有明显的选择性：变质花岗岩及浅（变）粒岩、绿片岩及板岩透入性强，发育完全，斜长角闪岩次之，石英岩等脆性岩层则发育微弱。

6.3.2.1　板劈理

在上基底绢云板岩中发育，代表 S_0'。由细小片状矿物绢云母、绿泥石、黑云母等定向排列构成。板劈理面上常见褶纹线理，为浅构造相岩石变形变质产物。

6.3.2.2 片理

在下基底兰树沟岩组中发育，代表 S_1。由片状矿物黑云母、白云母、角闪石等定向排列形成，平行片理发育石英质条带。构成片理的黑云母呈红棕色，角闪石为绿-深绿色，代表低角闪岩相变质环境，为中-深构造相产物。

6.3.2.3 片麻理

在下基底变质岩系中普遍发育，代表 S_1。由浅色粒状长英质矿物和暗色片状矿物黑云母、角闪石等相间排列定向分布组成，平行片麻理有各种成分的条带产出。

6.3.2.4 条带

在下基底变质岩系中普遍发育，尤以中-强变形带中更为显著。主要类型有：

（1）长英质条带。在杨寺沟岩组及变质花岗岩系中普遍发育，由长石（60%~70%）、石英（30%~35%）及少量黑云母（小于5%）组成。根据结构可分为花岗质条带和伟晶质条带，一般长 0.5~3m，宽 1.2~1.5cm。

（2）黑云母条纹、条带。主要在变质花岗岩系中发育，暗色矿物黑云母相对富集，呈条带状、条纹状、条痕状分布，一般长 0.5~30cm，宽 0.5~5mm。宏观上与浅色矿物相间定向排列，构成片麻状构造。

（3）石英条带。在兰树沟岩组及具较强变形的斜长角闪岩岩墙中发育，条带宽 1~10mm，延伸长 0.5~30cm。

上述各种成分条带均平行片麻理、片理分布，代表 S_1 面理。据野外观察及镜下研究发现，条带是在变质变形作用过程中，先期矿物组合受到压溶、扩散及变质分异作用形成的，为变质分异条带。

6.3.3 面理置换

研究区上、下基底经历了不同的构造演化阶段，具有不同的面理置换特征。

6.3.3.1 下基底的面理置换

新太古代末期，下基底岩石经历了嵩阳运动的构造改造，在不同岩系中产生显著的片理、片麻理（S_1），叠加置换了先期面理（或层理 S_0）。这种置换具有不同的表现形式：

（1）兰树沟岩组原岩为一套富钠的海相细碧-角斑岩系，属基性-酸性火山岩组合，经变质产生大量片柱状矿物黑云母、角闪石等，平行分布构成 S_1 理，置换了先期存在的火山熔岩流（层）面（S_0），为完全置换，仅在局部残留褶皱中，可见 S_1 与 S_0（不同岩性层接触面）斜交（见图6-6）。在片理形成的同期稍晚阶段，还有一些流动性的长英质脉产生，虽然形状复杂，但它们的褶皱轴部却大多平行于片理（见图6-7）。

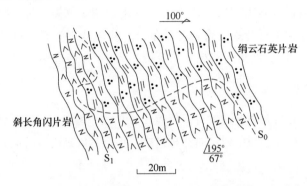

图6-6 兰树沟岩组内片理（S_1）转换 S_0 特征素描（老驴沟）

（数据来源：河南省地矿局地调一队，1996）

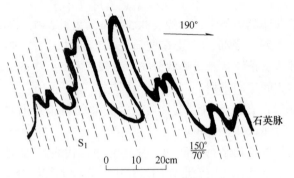

图6-7 兰树沟岩组中石英脉的复杂褶皱素描（老驴沟）

（数据来源：河南省地矿局地调一队，1996）

（2）杨寺沟岩组为一套副变质岩系，原生面状构造发育，岩石多具矿物成分结构层。此种成分结构层代表岩石的原生沉积面理（S_0），而次生的构造面理 S_1（片理、片麻理）基本与之一致，即 $S_0 \approx S_1$。且平行 S_1 发育有长英质条带。

（3）变质花岗岩系属非层状体，不具原生层（面）理，产生的区域性片麻理用 S_1 表示。先期侵入于花岗岩系中的各类细脉（以花岗质为主）伴随产生同构造期 S_1 片麻理。

6.3.3.2 上基底的面理置换

上基底岩壳受中条运动的影响发育一期次生面理，表现为一组板劈理或千枚理，用 S_0' 表示，平行原生面理 S_0 发育，显示 $S_0' \approx S_1$。

6.4 褶皱

研究区总体为一短轴背斜产出。核部出露新太古代-早元古代结晶基底，经历强烈的变质变形，内部褶皱形态复杂。盖层熊耳群、汝阳群、官道口群围绕结晶基底分布，以流面和（或）层面向四周低角度倾斜构成一穹状背斜。中新生界断陷盆地中褶皱构造简单，主要为开阔褶皱。

根据野外露头观察及室内构造分析，区内可确定两个主要的褶皱期，分别为：嵩阳期和燕山期（见表 6-2 和图 6-1）。下面分述主要褶皱特征。

表 6-2 主要褶皱及向、背形构造特征

编号	褶皱名称	构造旋回	卷入地层	两翼产状/(°) 北翼	两翼产状/(°) 南翼	轴面产状/(°) 走向	轴面产状/(°) 倾角	两翼夹角/(°)	长度/km	长宽比
1	王家崖向斜	燕山期	上白垩统南朝组	135∠30	320∠20	69	86	129	3	>1.5:1
2	楼底背斜			320∠20	150∠15	55	88	145	3.5	3.5:1
3	薛家河向斜			150∠15	300∠15	60	近直立	150	5	1.5:1
4	高家寨背斜		熊耳群	5~20 ∠25~36	130~150 ∠30~40	近东西向	近直立	150	8	1.5:1
5	崤山背斜		熊耳群-寒武系	25~30 ∠20~25	130~185 ∠20~25	近东西向	近直立	150	28	1.5:1
6	兰家洼背形	嵩阳期	兰树沟岩组变质	335~20 ∠20~50	200~240 ∠36~70	275~305	72~89	80	8	2:1
7	南岭向形		TTG-G岩系	160~163 ∠85~87	342~10 ∠70~85	76~80	75~86	15~3	8.5	1.5:1
8	摩云岭背形		杨寺沟岩组、变质TTG-G岩系	348~10 ∠60~67	190~210 ∠33~70	263~288	86~89	52~7	5	1.7:1
9	仁头沟向形			200~210 ∠55~80	25~30 ∠43~45	294~300	75~86	54~8	3	3:1
10	大岔背形			345~15 ∠52~60	200~210 ∠45	272~292	80~89	82~8	2	4:1
11	窑子坪向形			174~190 ∠70~71	345~15 ∠60~71	260~280	88~89	42~5	4	4:1
12	君草沟向形			200~210 ∠50~70	340~10 ∠65~80	268~288	85~89	44~7	5.2	10:1
13	竹园沟背形			340~10 ∠65~80	170~205 ∠60~65	76~78	85~86	48~5	5.2	10:1
14	南窑沟向形			170~205 ∠60~65	5~20 ∠42~85	267~290	88~89	40~6	4.5	5:1

6.4.1 嵩阳期向、背形构造

嵩阳期褶皱见于区内下基底中，表现为片麻理（S_1）褶曲，属片褶序列。被卷入褶皱的岩石单元主要为不具层序意义的变质花岗岩系及部分呈层状无序产出的变质表壳岩系。因此，嵩阳期褶皱为仅具形态特征的向、背形构造。研究区下基底中共识别出 9 个向、背形构造。现由北向南分述。

6.4.1.1 兰家洼背形

西起张家河水库，向东经兰家洼、大余家，至岩里一带倾没。轴线呈北西-南东向展布，长 8.0km，宽 3~4km。背形核部及两翼由新太古界兰树沟岩组及新太古代变质花岗岩系构成，北翼片麻理倾向北北西，倾角 20°~50°。南翼东部倾向南南西，倾角 35°~70°；西部片理产状偏转，倾向南西，倾角 40°~70°。轴面走向 275°~305°，倾向 5°~35°，沿走向时有摆动，倾角 72°~89°，两翼间夹角约 80°。

6.4.1.2 南岭向形

位于三孔窑、南岭、冯家沟一线，在三孔窑以西扬起尖灭，在冯家沟以东被熊耳群不整合覆盖。轴线呈近东西向展布，长 8.5km，宽 6~6.52km。向形核部及两翼由新太古代变质花岗系构成，在向形北翼近核部发育冯家沟韧性剪切带，与轴线近平行。北翼片麻理倾向 160°~173°，南翼片麻理倾向 340°~350°，倾角 70°~85°。轴面走向 76°~80°，基本稳定，倾向作南北摆动，倾角 75°~86°，两翼夹角为 15°~30°。

6.4.1.3 摩云岭背形

位于研究区中西部摩云岭一带向东、西两端倾没。轴线近东西向展布，长 5.0km，宽 3.0km，背形核部及两翼由新太古界杨寺沟岩组及新太古代变质花岗岩系构成，背形北翼倾向北，倾角 50°~70°；南翼倾向南南西，倾角 33°~70°。轴面走向 263°~288°，倾向南北摆动，倾角 86°~89°。两翼夹角 52°~72°。

6.4.1.4 仁头沟向形

位于摩天岭背形南侧，向东、西两端扬起尖灭。轴线近东西向展布，长 3.8km，宽 1.0km，向形核部及两翼由新太古代变质花岗岩系构成，北翼倾向南西，倾角 55°~80°，南翼倾向北东，倾角 43°~45°。轴面走向 294°~300°，倾向北东，倾角 75°~86°。两翼夹角为 54°~84°。

6.4.1.5　大岔背形

位于仁头沟向形南侧,东西两端均被熊耳群不整合覆盖。轴线呈北西西-南东东向展布,长 2.0km,宽 0.5~0.8km,背形核部及两翼由新太古代变质花岗岩系构成,北翼片麻理北倾,倾角 52°~60°,南翼片麻理倾向 200°~210°,倾角 45°~65°。轴面总体走向为 272°~292°,倾向南、北摆动,倾角 80°~89°。两翼夹角 82°~86°。

6.4.1.6　窑子坪向形

位于大岔背形南侧,向东、西两端倾没。轴线呈近东西向展布,长 4.0km,宽 1.0~1.5km,向形核部及两翼由新太古代变质花岗岩系构成,北翼片麻理倾向 174°~190°,倾角 70°~71°,南翼片麻理倾向 345°~15°,倾角 60°~71°。轴面总体走向 260°~280°,倾向南北摆动,倾角 88°~89°。两翼夹角 42°~50°。

6.4.1.7　君草沟向形

西起南垴东,经君草沟往东被熊耳群不整合覆盖,西部被杨树园-寺河-竹园沟-张家河断裂(F17)截切。轴线呈近东西向展布,延展长 5.2km,宽 0.5km,向形核部及两翼由新太古代变质花岗岩系构成,南翼片麻理倾向 340°~10°,倾角 65°~80°;北翼倾向 200°~210°,倾角 50°~70°。轴面走向 268°~288°,倾向南南西,倾角 85°~89°。两翼夹角 44°~74°。

6.4.1.8　竹园沟背形

位于君草沟向形南侧,西部被杨树园-寺河-竹园沟-张家河断裂(F17)截切,东端被熊耳群不整合覆盖。轴线近东西向展布,延展长 5.2km,宽 0.5km。背形核部及两翼由新太古代变质花岗岩系构成,北翼片麻理倾向 340°~10°,倾角 65°~80°,南翼片麻理倾向 170°~205°,倾角 60°~65°。轴面总体走向 266°~286°,倾向南、北摆动,倾角 85°~86°。两翼夹角 48°~56°。

6.4.1.9　南瑶沟向形

位于竹园沟背形南侧,西部被杨树园-寺河-竹园沟-张家河断裂(F17)截切,东端被熊耳群不整合覆盖。轴线近东西向展布,长 4.5km,宽 1.0km。向形核部及两翼由新太古代变质花岗岩系构成,北翼片麻理倾向 170°~205°,倾角 60°~65°;南翼倾向 5°~20°,倾角 42°~85°。轴面走向 267°~290°,西端倾向北,东端倾向南,倾角 76°~88°。两翼夹角 40°~66°。

从向、背形构造分布特点看，在研究区摩云岭南及竹园沟-君草沟一线密集发育一系列背向形构造。这种发育特征，反映研究区嵩阳期构造应力场的复杂性和不均衡性特征。

综上所述，研究区嵩阳期向、背形构造轴线均为近东西向展布，轴面陡立，两翼夹角较小，属直立闭合构造。该期向、背形构造发育于新太古代变质岩系中，普遍被中元古界熊耳群不整合覆盖。研究区北部放牛山-塔山一带，古元古界嵩山群罗汉洞组以角度不整合覆于其上，说明该期构造形成于新太古代末期嵩阳运动（2500Ma）。

6.4.2　燕山期褶皱

6.4.2.1　崤山背斜

崤山背斜为一轴面近直立，两翼大致对称，为平缓开阔的褶皱，轴线呈东西向展布，西自宽坪、桥沟山，向东经燕尔岭至宅延南倾没于第四系之下，全长大于28km，轴部由许山组构成，两翼依次由鸡蛋坪组、马家河组构成。在北翼葫芦沟-龙脖一带，尚出露龙脖组和汝阳群-寒武系。北翼地层倾向 20°~40°，倾角 20°~30°；南翼地层倾向 130°~150°，倾角 20°~30°。

6.4.2.2　高家寨背斜

西自黄家沟，向东经高家寨、西岐村后被北东向断裂截切消失，轴线呈东西向展布，全长大于8km，高家寨背斜为一轴面近直立，两翼大致对称的一个平缓开阔的褶皱，轴部及两翼由许山组构成，北翼地层倾向 5°~20°，倾角 25°~36°；南翼地层倾向 130°~150°，倾角 30°~40°。

6.4.2.3　王家崖向斜

向斜西起观音堂，向东至王家崖以东，轴线呈南西-北东向展布，延长 3.0km，宽 2.5km，大部分区段被第四系掩盖。向斜核部及两翼由上白垩统南朝组构成，北翼倾向 100°~130°，倾角 28°~40°；南翼倾向 300°~310°，倾角 10°~24°。轴面倾向 321°，倾角 86°，两翼夹角为 129°。

6.4.2.4　楼底背斜

位于王家崖向斜南。西起尚庄，向东经楼底至上纸窝，轴线呈北东-南西向展布，延长 3.5km，宽 1.0~1.5km，向西延出图外。背斜核部及两翼由上白垩统南朝组构成，北翼倾向 320°~335°，倾角 15°~36°；南翼倾向 150°~190°，倾角 15°~32°。轴面倾向 145°，倾角 88°，两翼间夹角 145°。

6.4.2.5 薛家河向斜

位于楼底背斜南，西起官家洼，向东经薛家河至杜家沟，轴线呈向北东-南西向展布，延伸长约5.0km。向斜核部及两翼由上白垩统南朝组构成，北翼倾向150°~190°，倾角15°~32°；南翼倾向330°~360°，倾角10°~50°。轴面走向60°，近直立，两翼夹角150°。

6.5 韧性变形带

韧性变形带是变质岩区常见的变质构造岩带。深入研究韧性变形带的产出特征对查明变质岩区基本构造格架、探讨区域构造演化都具有十分重要的意义。

6.5.1 韧性变形带的划分标志

根据岩石韧性变形强度的差异，区内新太古代变质岩系可划分出三类不同强度的韧性变形域（带），分别为弱变形域（0-Ⅰ级）、中变形域（Ⅱ级）、韧性剪切带（Ⅲ级）。不同变形域（带）具有不同的特征，其划分标志见表6-3。

表6-3 新太古代结晶基底变质岩系韧性变形强度划分标志

标志 ＼ 变形域	弱变形域（0-Ⅰ）	中变形域（Ⅱ）	韧性剪切带（Ⅲ）
片（麻）理	无（或）弱	中等发育	极发育
条带状构造	无	发育，断续分布，条带较宽，一般大于5mm，劈开性弱	极发育，分布连续、界面平直，较窄，一般小于3mm，劈开性较好
包体长宽比	< 5:1	5:1~20:1	> 20:1
石香肠	不发育	偶见	较多见
矿物拉伸线理	不发育	中等发育	较多见
剪切褶皱	未见	偶见	较多见
矿物粒度	大	———→	小
石英颗粒长宽比	大	———→	小
矿物定向性	大	———→	小

6.5.1.1　弱变形域（0-1）

　　弱变形域分布于张家河水库大坝—涧里河水库大坝以北地区。出露奥长花岗岩、石英闪长岩辉长辉绿岩等。该变形域内岩石主要呈块状构造，局部地段以形成微弱片麻状构造为特征，岩石原生结构（如花岗结构、似斑状结构）多保存完好，矿物基本未变形。岩石中暗色包体呈浑圆状-次圆状，长短轴比小于5∶1（见图6-8）。岩石中条带、线理、小型褶曲等变形构造不发育。先期存在的长英质脉体呈网脉状，矿物变形微弱，不具定向性（见图6-9）。

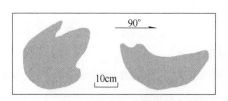 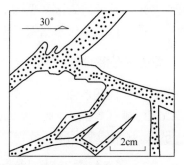

图 6-8　韧性弱变形域暗色
包体形成特征素描
（数据来源：河南省地矿局地调一队，1996）

图 6-9　弱变形域斜长角闪岩中网状长英
质脉体发育特征素描（张村涧里河）
（数据来源：河南省地矿局地调一队，1996）

6.5.1.2　中变形域（Ⅱ）

　　中变形域分布于张家河大坝-涧里河水库大坝以南地区。出露变质花岗岩系及杨寺沟岩组浅（变）粒岩。该变形域岩石变形程度中等，以普遍发育片麻状构造为特征。矿物多发生定向，以石英表现明显，长短轴比多为2∶1~3∶1，一般不超过5∶1。片麻状奥长花岗岩中所含斑晶已圆化、长轴定向。矿物细粒化现象显著。岩石中发育较宽的稀疏长英质条带，一般宽5~15mm，劈开性较弱。包体具显著变形，多呈长椭圆状，长宽比一般为5∶1~10∶1（见图6-10）。岩石

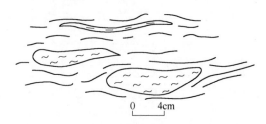

图 6-10　中变形域的包体发育特征素描（坡根）
（数据来源：河南省地矿局地调一队，1996）

中拉伸线理、小褶皱发育。变形前的网状脉受改造发生平行化，矿物被定向拉长（见图6-11）。

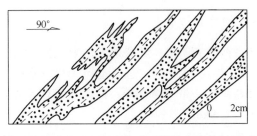

图 6-11 韧性中变形域斜长角闪岩中的平行状长英质脉体发育特征平面素描（寺河罗家河北）

（数据来源：河南省地矿局地调一队，1996）

6.5.1.3 韧性剪切带（Ⅲ）

在中变形域中呈带状或长透镜状分布。延长5～15km，宽0.5～2km不等。发育初糜棱岩、糜棱岩、千糜岩及构造片岩。岩石片理、糜棱面理、条带状构造发育，矿物强烈定向。拉伸线理、钩状褶皱、杆状构造、石香肠等构造发育。包体变形强烈，长宽比多大于10∶1，多呈条带状（见图6-12）。先期存在的各种脉体多被改造呈透镜状、长条状石香肠状产出（见图6-13）。

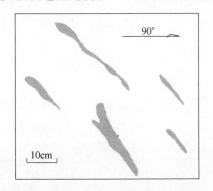

图 6-12 韧性剪切带中包体形成特征素描

（数据来源：河南省地矿局地调一队，1996）

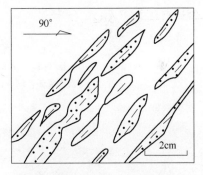

图 6-13 韧性剪切带中石香肠状长英质脉发育特征素描（张村十八盘）

（数据来源：河南省地矿局地调一队，1996）

上述弱变形域、中变形域、韧性剪切带之间，多为渐变过渡，没有明显界线。

6.5.2 韧性剪切带分述

在研究区新太古代结晶基底变质岩系中共发育有四条韧性剪切带，分别为：（1）十八盘韧性剪切带；（2）刘家河韧性剪切带；（3）天爷庙韧性剪切带；

（4）冯家沟韧性剪切带。除冯家沟韧性剪切带呈近东西向延伸外，其余均呈北西-南东向延展（见图6-1）。

6.5.2.1　十八盘韧性剪切带

十八盘韧性剪切带西起老驴沟，经荆条沟、十八盘、桐树沟，向东尖灭。总体呈北西-南东向延伸，长约15.0km，总体走向310°~350°，倾向南西-南西西，倾角50°~65°。西段老驴沟一带宽2.0km，向西被第四系覆盖，向东逐渐变窄，在桐树沟一带，宽约为0.9km。

A　构造岩及分带

带内发育糜棱岩系列及构造片岩系列岩石。糜棱岩系列岩石主要有：糜棱岩化岩石、初糜棱岩、糜棱岩，原岩以奥长花岗岩为主。构造片岩系列岩石主要有：绢云石英片岩、绿泥钠长片岩、斜长角闪片岩等。带内主要以糜棱岩系列岩石为主。现以老驴沟路线剖面（见图6-14）和十八盘剖面（见图6-15）为例介绍该带岩石分带特征。

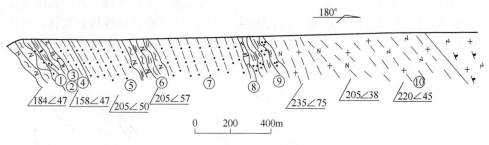

图6-14　老驴沟韧性剪切带剖面

（数据来源：河南省地矿局地调一队，1996）

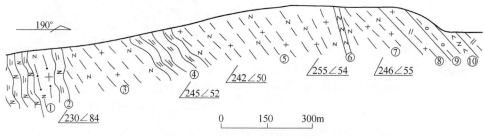

图6-15　十八盘韧性剪切带剖面

（数据来源：河南省地矿局地调一队，1996）

a　老驴沟剖面

剖面位于张村老驴沟。由北向南岩石位置分带如下：

黑云斜长片岩（兰树沟岩组上段）

——————— 渐变过渡 ———————

① 奥长花岗质糜棱岩。揉皱发育

② 绢云石英糜棱片岩

③ 斜长角闪糜棱片岩

④ 花岗质糜棱岩

⑤ 花岗质糜棱岩

⑥ 绢云绿泥钠长糜棱片岩，变形花岗质捕虏体发育，长轴平行拉伸线理

⑦ 花岗质糜棱岩

⑧ 斜长角闪糜棱片岩

⑨ 白云石英糜棱片岩

⑩ 糜棱岩化奥长花岗岩

——————— 渐变过渡 ———————

弱片麻状奥长花岗岩（中变形域）。

从剖面特征看，①和⑥层以构造片岩为主，夹有花岗质糜棱岩、初糜棱岩。⑦~⑩层以花岗质糜棱岩、糜棱岩化奥长花岗岩为主，夹白云石英糜棱片岩。糜棱岩化奥长花岗岩中矿物拉长定向特征明显，但岩石矿物组合与原岩相比变化不大。斜长角闪糜棱片岩、构造片岩与糜棱岩边界清晰，片岩中往往含有已变形的花岗质捕虏体，显示构造片岩的原岩为基性岩脉。从剖面特征看，由北向南，糜棱岩化程度总体显示由强渐弱的特征，由糜棱岩→初糜棱岩→糜棱岩化岩石，渐变过渡为弱片麻状奥长花岗岩。韧性剪切带与中变形域呈渐变过渡关系。

b 十八盘剖面

剖面位于陕县张村十八盘。由北向南岩石分带为：

绢云斜长片岩（兰树沟岩组）

① 片理化糜棱岩化奥长花岗岩

② 绢云斜长糜棱片岩

③ 片理化糜棱岩化奥长花岗岩

④ 绢云石英糜棱片岩

⑤ 片理化糜棱岩化奥长花岗岩

⑥ 斜长角闪糜棱片岩

⑦ 片理化糜棱岩化奥长花岗岩

⑧ 糜棱岩化二长花岗岩

⑨ 片理化奥长花岗质初糜棱岩

⑩ 斜长角闪糜棱片岩

——————— 渐变过渡 ———————

片麻状斑状二长花岗岩（中变形域）

从剖面特征看，构造岩以片理化糜棱岩化奥长花岗岩为主夹构造片岩，仅在南部边缘出露不宽的初糜棱岩。岩石糜棱岩化作用较弱。

该带南侧与中变形域呈渐变过渡关系，北侧界线大致沿兰树沟岩组与涧里河片麻状奥长花岗岩接触边界分布。总体来看，该带西段变形较强，向东逐渐减弱，趋于消失。

B　韧性变形标志

十八盘韧性剪切带发育矿物拉伸线理、旋转碎斑系、S-C 组构、剪切褶皱、杆状构造、石香肠、双晶扭折、核幔构造等各种韧性变形标志。

（1）A 型拉伸线理。线理主要由石英、捕房体等组成。石英矿物线理一般长 1~5mm，宽 0.1~0.5mm，长宽比可达 10∶1。老驴沟一带线理倾伏向为 265°~275°，侧伏角北部较缓，为 25°~30°，南部较陡为 45°~55°。向东至十八盘，线理倾伏向为 230°~255°，倾伏角为 30°~45°。总体来看，该带线理倾伏向为北西-西，较为稳定，倾伏角变化稍大，为 25°~55°。（见图 6-16 和图 6-17）。

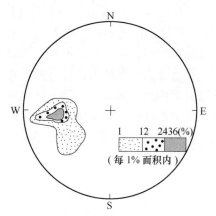

图 6-16　十八盘韧性剪切带 A 型拉伸线理赤平投影

（数据来源：河南省地矿局地调一队，1996）

（2）旋转碎斑系。碎斑成分以钾长石、斜长石和石英为主，偶见岩石碎块及长英质团块。大小不等，多为 0.5~3mm，钾长石碎斑稍大，为 10~35mm，个别长英质碎斑可达 5×10cm。碎斑呈眼球状、透镜状、不规则状，长轴具明显平行定向排列。波状消光明显。部分长石碎斑发育碎裂纹。碎斑旋转以 σ 型为主，少数为 δ 型。据拖尾判断，属左行剪切，指示上盘向南西运动。

（3）S-C 组构。发育程度与糜棱岩化程度有关。一般在糜棱岩化岩石中开始出现，在初糜棱岩、糜棱岩中较为发育，而在构造片岩或千糜岩中趋于消失。S-C 面理锐夹角指示构造上盘（南西盘）向南西方向运动，与旋转碎斑系指向一致（见图 6-18）。

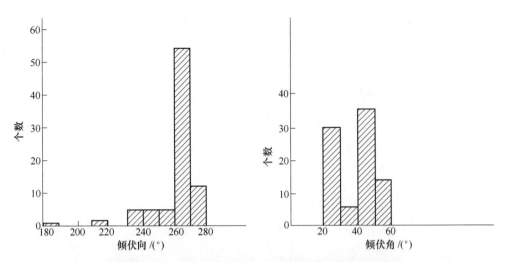

图 6-17 十八盘韧性剪切带 A 型拉伸线理倾伏向及倾伏角

（数据来源：河南省地矿局地调一队，1996）

（4）剪切褶皱。带内剪切褶皱发育，根据褶皱枢纽与 A 型拉伸线理的关系，分为 A 型、AB 型、B 型三种。多表现为石英脉脉褶。A 型褶皱枢纽倾伏向 255°~285°，倾伏角 30°~50°，与拉伸线理一致。十八盘一带。褶皱属紧闭同斜型，规模较小，两翼间宽 3~10cm，高 5~7cm，翼部较薄而核部加厚。枢纽产状 245°∠24°，平行拉伸线理（见图 6-19）。B 型褶皱枢纽倾伏向多变，主要有两组，一组为 330°，一组为 165°，倾伏角 22°~55°，枢纽倾伏向与 A 型拉伸线理近直交。褶皱多为不对称型，指示构造带位移方向（见图 6-20）。AB 型褶皱枢纽倾伏向为 290°，倾伏角 30°左右，与 A 型拉伸线理有 10°~30°的交角。

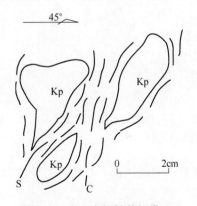

图 6-18 十八盘韧性剪切带 S-C
组构特征素描（十八盘）

（数据来源：河南省地矿局地调一队，1996）

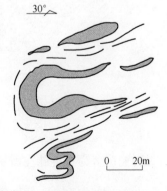

图 6-19 十八盘韧性剪切带中 A 型
褶皱素描（十八盘）

（数据来源：河南省地矿局地调一队，1996）

（5）变形捕房体。老驴沟一带构造片岩中发育奥长花岗岩捕房体。捕房体多被变形拉长，长轴与 A 型拉伸线理平行。捕虏体 xy 面均呈椭圆状，x 轴长 8.5~25.3cm，y 轴长 3.6~13.4cm，z 轴长 2.1~6.7cm（见图6-21）。

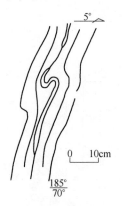

图 6-20 十八盘韧性剪切带中硅质
条带褶皱素描（老驴沟）
（数据来源：河南省地矿局地调一队，1996）

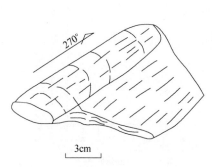

图 6-21 十八盘韧性剪切带中变形捕虏
体特征素描（老驴沟）
（数据来源：河南省地矿局地调一队，1996）

（6）杆状构造及石香肠构造。杆状构造均由脉石组成。横断面呈圆形、椭圆形，个别呈雨滴状，大小 17cm×38cm ~ 17cm×31cm，延长一般均超过 60cm，个别可达150cm，石英总体延伸方向与 A 型拉伸线理一致（见图6-22）。

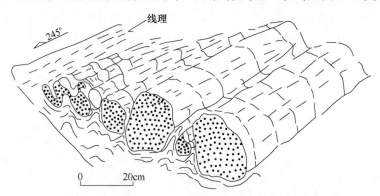

图 6-22 十八盘韧性剪切带中 A 型褶皱及杆状构造素描（老驴沟）
（数据来源：河南省地矿局地调一队，1996）

石香肠构造多为石英脉在剪切应变中拉断而形成，在十八盘一带较发育。

6.5.2.2 刘家河韧性剪切带

剪切带西起胡家嘴，向东经江林，至刘家河东消失。呈北西-南东向延伸，长约3.8km，江林一带最宽，约900m，大体呈长透镜状展布。倾向南西-南西西，倾角25°~57°。

A 构造岩组合

刘家河韧性剪切带发育花岗质糜棱岩、糜棱岩化花岗岩及绿泥钠长片岩。以糜棱岩系列岩石为主，构造片岩主要分布在江林-刘家河一带。

B 韧性变形标志

刘家河韧性剪切带岩石发育 A 型拉伸线理、旋转碎斑系、剪切褶皱等韧性变形标志。

（1）A 型拉伸线理。主要由石英组成。倾伏向为 216°～230°，倾伏角为27°～35°。刘家河一带倾伏向为 255°～273°，倾伏角为 39°～48°，总体来看，优选倾伏向为 210°～230°，倾伏角为 30°～40°（见图 6-23 和图 6-24）。

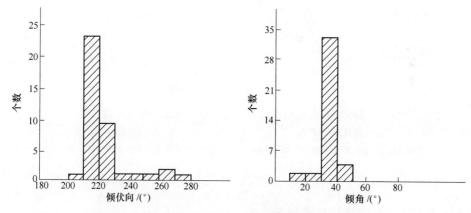

图 6-23　刘家河韧性剪切带 A 型拉伸线理倾伏向及倾伏角
（数据来源：河南省地矿局地调一队，1996）

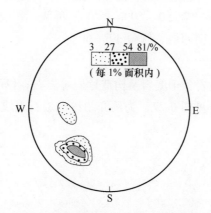

图 6-24　刘家河韧性剪切带 A 型拉伸线理赤平投影
（数据来源：河南省地矿局地调一队，1996）

（2）旋转碎斑系。碎斑成分以钾长石、斜长石和石英为主。碎斑大小不等，一般为 0.5～3mm。呈眼球状、透镜状、不规则状。碎斑旋转类型多为 σ 型，碎斑拖尾显示上盘向南西方向滑移（见图6-25）。

（3）剪切褶皱。带中剪切褶皱不发育。仅在构造片岩中出现，由片理弯曲而形成。多属B型褶皱，枢纽与拉伸线理近直交。多为不对称褶皱类型，指示变形带上盘向南西下滑（见图6-26）。

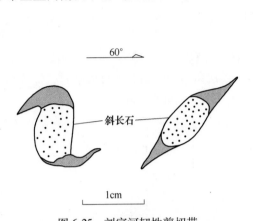

图 6-25　刘家河韧性剪切带
旋转碎斑特征素描
（数据来源：河南省地矿局地调一队，1996）

图 6-26　刘家河韧性剪切带
中剪切褶皱特征素描
（数据来源：河南省地矿局地调一队，1996）

（4）S-C组构。在初糜棱岩中发育。其锐夹角指示上盘向南西下滑。

6.5.2.3　天爷庙韧性剪切带

天爷庙韧性剪切带西起荆条沟，向东经盖沟口、印里沟，在天爷庙南被F52断裂截切。全长6.4km，宽50~500m，呈北西西-南东东向延伸，总体走向295°~310°，倾向南西-南西西，倾角30°~60°。

A　构造岩及分带

带内主要发育糜棱岩、千糜岩及构造片岩等岩石，以糜棱岩系列岩石为主。现以天爷庙剖面（见图6-27）为例介绍该带岩石组成与分带特征。

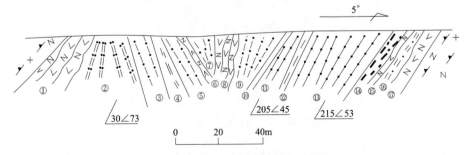

图 6-27　天爷庙韧性剪切带实测剖面
（数据来源：河南省地矿局地调一队，1996）

剖面位于陕县张村天爷庙南。由北向南岩石分带如下：

片麻状奥长花岗岩（中变形域）

——————— 渐变过渡 ———————

① 斜长角闪糜棱片岩

② 花岗质超糜棱岩

③ 花岗质初糜棱岩

④ 斜长绿泥千糜岩

⑤ 花岗质初糜棱岩夹透镜状斜长角闪岩

⑥ 斜长角闪糜棱片岩

⑦ 花岗质糜棱岩

⑧ 斜长角闪糜棱片岩

⑨ 花岗质初糜棱岩

⑩ 花岗质千糜岩

⑪ 花岗质糜棱岩

⑫ 绢云千糜岩

⑬ 花岗质糜棱岩

⑭ 花岗质超糜棱岩

⑮ 斜长角闪糜棱片岩

⑯ 花岗质超糜棱岩

⑰ 斜长角闪糜棱片岩

——————— 渐变过渡 ———————

片麻状奥长花岗岩（中变形域）

从剖面可见，该带以发育花岗质初糜棱岩、糜棱岩、超糜棱岩、千糜岩为主，夹斜长角闪片岩。剖面总体显示由北向南变形逐渐增强，由初糜棱岩→糜棱岩→超糜棱岩→千糜岩，强变形带与南、北两侧围岩呈渐变过渡关系。

B 韧性变形标志

该带发育拉伸线理、旋转碎斑系、S-C 组构、剪切褶皱、多米诺构造等多种韧性变形标志。

（1）A 型拉伸线理。主要由石英构成。线理一般长 3~15mm，宽 0.1~0.8mm，形成石英拔丝及条痕、条纹状构造，线理倾伏向多数集中分布于 230°~270°之间，仅天爷庙南倾伏向为 295°~340°，倾伏角 20°~41°，多为 20°~30°（见图 6-28 和图 6-29）。

（2）旋转碎斑系。成分以长石、石英为主，局部见脉石英团块。矿物碎斑大小为 0.5~2mm，脉石英团块碎斑大小为 30cm×15cm~20cm×5cm。碎斑呈眼球状、透镜状，个别呈不规则状。长轴明显定向排列。长石碎斑呈眼球状、透镜状，个别呈不规则状。长轴明显定向排列。长石碎斑多发育裂隙，偶见核幔构

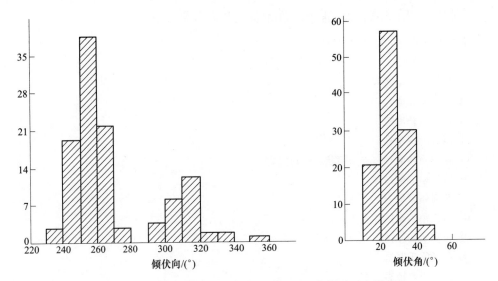

图 6-28　天爷庙韧性剪切带 A 型拉伸线理倾伏向及倾伏角

（数据来源：河南省地矿局地调一队，1996）

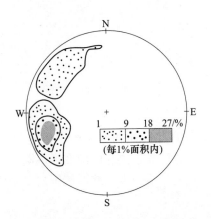

图 6-29　天爷庙韧性剪切带 A 型拉伸线理赤平投影

（数据来源：河南省地矿局地调一队，1996）

造。长石、石英碎斑波状消光明显。多数碎斑发生旋转，以 σ 型为主，少数为 δ 型。据拖尾判断，属左行下滑剪切，上盘向南西下滑（见图 6-30）。

（3）S-C 组构。仅在初糜棱岩及糜棱岩中发育。其锐夹角指示构造上盘向西-南西下滑，与旋转碎斑系指向一致。

（4）剪切褶皱。该带剪切褶皱不发育，仅在千糜岩中有零星出现，多由糜棱面理挠曲形成。褶皱枢纽与线理斜交或近直交，为 B 型或 AB 型褶皱，多为不对称类型，据此可指示该带上盘向南西下滑（见图 6-31）。

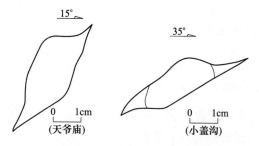

图 6-30 天爷庙韧性剪切带中旋转碎斑特征素描图

（数据来源：河南省地矿局地调一队，1996）

（5）多米诺构造。仅在天爷庙见及。由斜长角闪岩组成，呈透镜状分布于花岗质初糜棱岩中。单个透镜体大小 40cm×20cm～30cm×50cm。透镜体扁平面平行片理及糜棱面理，在露头范围形成巨大多米诺骨牌状构造（见图 6-32）。

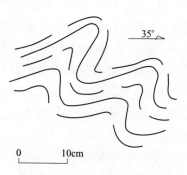

图 6-31 天爷庙韧性剪切带中
揉皱素描图（小盖沟）

（数据来源：河南省地矿局地调一队，1996）

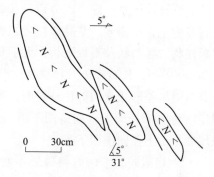

图 6-32 天爷庙韧性剪切带中由斜长角闪岩
透镜体构成的多米诺构造（天爷庙）

（数据来源：河南省地矿局地调一队，1996）

6.5.2.4 冯家沟韧性剪切带

冯家沟韧性剪切带西起涧里河水库南高岭，向东经车宝峪，至冯家沟以东被中元古界熊耳群覆盖，全长 6.5km，宽 0.2～0.5km。总体呈近东西向延伸，走向 70°～85°，倾向南南东，倾角 70°～85°。

A 构造岩及分带

带内发育花岗质糜棱岩、变晶糜棱岩及片理化奥长花岗岩等。以车宝峪为例，由北向南为：

片麻状奥长花岗岩（中变形域）

——————— 渐变过渡 ———————

1. 灰白色奥长花岗质变晶糜棱岩

2. 灰黑色奥长角闪糜棱片岩

3. 灰白色奥长花岗质初糜棱岩

4. 灰白色片理化奥长花岗岩

———————— 渐变过渡 ————————

片麻状奥长花岗岩（中变形域）

由剖面可见，该带以发育糜棱岩系列岩石为主，由南向北糜棱岩化作用渐强，由片理化××岩→初糜棱岩→糜棱岩。

B　韧性变形标志

带内发育矿物拉伸线理、旋转碎斑系、S-C 组构、剪切褶皱等韧性变形标志。

（1）A 型拉伸线理。主要由石英、角闪石等矿物组成。线理倾伏向为 174°～198°，倾伏角为 47°～62°。

（2）旋转碎斑系。碎斑成分以钾长石、更-钠长石、石英为主。其中初糜棱岩以石英为主，糜棱岩、变晶糜棱岩以钾长石和更-钠长石为主。碎斑多呈透镜状、短柱状、椭圆状及不规则状，大小 0.4mm×0.5mm～2.4mm×4.6mm，个别可达 6.8mm×9mm，长石碎斑发育裂纹，沿裂隙纹有细粒化物质分布。个别长石碎斑发育两组呈菱形相交的剪切破裂面，菱形长对角线为剪切指向，据此判断上盘剪切指向为 198°，即上盘向南西下滑。长石碎斑多发生旋转，以 σ 型为主，碎斑拖尾亦指示上盘向南西下滑。

（3）剪切褶皱。带内剪切褶皱不发育，仅在车宝峪零星见及，由糜棱面理（片理）弯曲形成。枢纽倾伏向 70°～80°，与线理有较大夹角，属 B 型或 AB 型褶皱。

6.5.2.5　韧性剪切带的运动学特征

据拉伸线理 S-C 组构、剪切褶皱、旋转碎斑系等标志指示区内韧性剪切带上盘均向南西-西方向下滑，属左行正剪切。说明区内变形带的形成受控于统一的应力场。

6.5.2.6　韧性剪切带的应变分析及古应力值估算

A　利用 S-C 面理锐夹角求剪应变

S-C 面理锐夹角（θ'）随剪应变量的增大而减小。

对研究区韧性剪切带中 S-C 组构锐夹角的测量统计结果（见表 6-4）表明，θ' 的变化范围为 20°～31°。根据剪应变：$\gamma = \alpha / \tan\theta'$，$d = 2$，则应变值为 3.32～5.49，反映研究区韧性剪切带的应变较强。

表6-4 韧性剪切带S-C锐夹角及剪应变

韧性剪切带	位置	岩性	S-C面理锐夹角/(°)	剪应变
十八盘韧性剪切带	十八盘	初糜棱岩	31	3.32
			30	3.46
		糜棱岩	25	4.29
			23	4.71
			20	5.49
天爷庙韧性剪切带	天爷庙南	初糜棱岩	25	4.29
			24	4.49
	天爷庙东	糜棱岩	21	5.21
			20	5.49

数据来源：河南省地矿局地调一队，1996。

B 利用弗林参数分析应变

岩石中的石英在韧性变形过程中发生畸变，改变形态。畸变程度反映了应变的强弱。

在岩石定向薄片 xz 面和 y 面上统计石英动态重结晶颗粒的大小，用弗林参数处理后，K 值为 0.24～0.69（见表6-5），说明应变椭球体为扁球，变形属压扁类型。

$$K = \frac{x/y - 1}{y/z - 1}$$

表6-5 韧性剪切带弗林参数统计表

样品编号	颗粒数	x/y	y/z	x/z	弗林参数
DB4/163	100	1.2364	2.0009	2.4738	0.24
DB2/3723	100	1.30717	1.4443	1.88794	0.69

数据来源：河南省地矿局地调一队，1996。

C 古应力值估算

在韧性变形作用下，矿物的动态重结晶颗粒的大小与差异应力成反比。本书对韧性强变形带中糜棱岩的石英动态重结晶颗粒统计结果表明，差异应力大小在 20.84～26.68MPa（见表6-6）。差异应力的计算采用 Twlss（1977）的公式：

$$\alpha_1 - \alpha_3 = AD^{-m}$$

式中，$\alpha_1-\alpha_3$ 为差异应力，MPa；$A = 0.61$；$m = 0.68$；D 为动态重结晶颗粒直径，mm。

表 6-6　韧性剪切带差异应力估算

样品编号	颗粒数	动态重结晶颗粒大小/mm	差异应力/MPa
DB4/163	100	0.1163	26.68
DB2/3723	100	0.1642	20.84

数据来源：河南省地矿局地调一队，1996。

6.5.3　韧性变形时代及变形环境分析

韧性变形带的识别标志主要为糜棱岩发育程度，岩石中片理、片麻理、条带的发育程度，以及矿物的变形特征等，这些构造现象均发育于区内新太古代变质岩系中，又被古元古界罗汉洞组不整合覆盖，故韧性变形带的形成时代应为新太古代末期，是嵩阳运动的产物。

区内韧性变形带内片理、片麻理、条带状构造发育，以出现糜棱岩系列岩石为主，矿物普遍产生塑性变形，岩石中矿物线理、石香肠、杆状构造等发育。上述构造形迹均反映研究区韧性变形带形成于中构造相环境。

6.6　断裂

研究区断裂构造纵横交错，十分发育。按其展布方向可分为六组：北东向、北北东、北北西、北西向、东西向和南北向（见图 6-1 和表 6-7）。

6.6.1　北东向断裂

北东向构造为研究区最发育的一组构造，规模宏伟，影响广泛。其中规模较大的北东向断裂有 F37、F34、F117、F92、F29、F32、F33 等，此外利用遥感影像特征解释有多条规模较大的北东向断裂。现以 F37 为例介绍如下，其他断裂见断裂登记表。

何家瑶沟-店子-塔罗断裂带（F37）：

西起店子乡湾子村，呈北东向延伸，经店子、丹里坪、陈家原、鹰爪山、塔罗后转向近东西向延伸，经龙脖后北第四系覆盖，全长 62km，总体走向 40°~80°，倾向南东，倾角 60°~80°，其中小老虎沟以西、陈家原-园子沟及鹰爪山-塔罗区间倾向北西，倾角 79°~83°。沿走向多处北北东、北西向断裂破坏。断裂北西盘为熊耳群，南东盘西端为晚太古界杨寺沟岩组及新太古代变质花岗岩系，中部为熊耳群，东端为汝阳群-寒武系。断裂带走向上呈舒缓波状延展，宽 20~50m，在何家瑶沟一带发育有 3~4 条与之平行的次级断裂，在韩沟-骆驼山一带有5~6 条次级断裂。可识别出早、晚两期活动。

早期活动发育角砾岩，角砾含量 50%~70%，角砾成分为大斑状安山岩，大小为 2~3cm，胶结物为碎粉岩，发育强褐铁矿化。为南东盘下降的正断层。

晚期活动在店子附近发育较好（见图 6-33），可识别出两个阶段。第一阶段在早期形成的角砾岩带中形成片理化带，并伴有石英细脉沿片理产出。片理产状与主断面平行，在片理化发育较强地段尚见有大斑状安山岩构造透镜体，大小为30cm×15cm，其 AB 面与断裂带锐夹角指示断裂南东盘（上盘）上升。近断裂处发育密集节理，远离断裂渐稀疏，共轭节理显示断裂性质为南东盘（上盘）上升的逆断层。第二阶段在早期断层角砾岩中发生碎粉岩化、断层泥化带，宽 2～4m，带内可见断面清晰的次级断裂及构造透镜体，次级断裂切割第一阶段片理及石英细脉，并有晚期石英脉沿次级断裂发育。构造透镜体大小为 10cm×5cm，其 AB 面与断裂带锐夹角指示断裂南东盘（上盘）上升的逆断层。

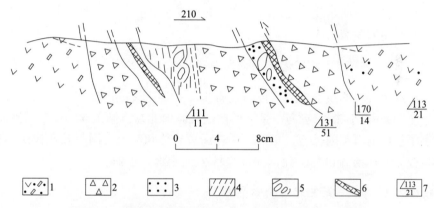

图 6-33　店子-陈家原断裂带（F37）剖面（店子东公路处）

（数据来源：河南省地矿局地调一队，1996）

1—大斑安山岩；2—断层角砾岩；3—断层岩粉；4—片理；5—透镜体；6—石英脉；7—产状

　　该断裂在西南段控制了五里坡根、安沟、大岔沟等环状构造的产出，同时也控制着大岔沟、湾子（宽坪）、下竹园、陈家园、孤山岭、五峪等金、铜矿点的形成。北东向断裂对金、铜等矿产具控制作用。典型实例为宽坪的湾子金矿点和卜鱼沟铜金矿点。前者控矿断裂走向 70°～75°，倾向南西，倾角 80°，断带宽 5m 至数十米，断裂带中充填有多条含金石英脉。后者控矿断裂走向 55°～60°，倾向南西，倾角 70°～78°，由黄铁矿化、硅化、碳酸盐化蚀变安山岩组成含铜金蚀变构造带，其中充填含铜、金石英脉，平均含 Cu 品位 0.2%～0.3%，偶见 0.5～1cm 的富铜小团块，含铜品位高达 5%。含金 0.05g/t。

　　该断裂带在遥感图上（F9、F10）显示为直线形沟谷，或为笔直的山脊。

6.6.2　北西向断裂

　　北西向断裂研究区也比较发育，而且从西南向东北集中成带产出。其中，相当一部分断裂为金、铜、重晶石等矿产的控矿构造。如申家窑、后河、葫芦峪、白石崖的金和宫前-盘头坡-五峪-中河一带的铜（金）、铅、银重晶石等。

本组断裂走向以 310°~315°方向为主，次为北西西（280°~290°）和北北西向（340°~350°）。该组断裂在研究区中西部地区与北东向断裂互相交错，形成菱形棋盘格式构造。这两组构造从排布形式来看，有可能是在同一构造应力场作用下所形成的共轭剪切配套构造，研究区北东向断裂多具压扭性质，且普遍具逆时针扭动特点。而北西向断裂则普遍具张扭性质，具顺时针扭动特征。这就为研究区岩浆和热液上侵、运移和成矿提供了开放型的有利空间。

研究区成矿斑岩体和隐伏岩体以及遥感解译的环状构造，大多位于北东和北西两组构造的交汇部位。

研究区自西南向东北，北西向断裂一共形成四个带，每个带均由多条相互平行且分布集中的断裂组成。

6.6.2.1　东庙凹-雷家沟南西向断裂带

为一遥感解释的线型构造，该断裂带由 2~3 条断裂组成，走向 315°，区内长度大于 26km，小妹河-寺河一带北西向断裂倾向北东，倾角 60°~65°。该断裂带控制了小妹河石英闪长岩、角闪二长花岗斑岩体和赵家古洞斜长花岗斑岩体，同时也控制着前场 Au 甲-12 化探异常和赵家古洞西环状构造。

6.6.2.2　长水-大王北西向断裂带

为一遥感解释的线型构造，此断裂带由洛宁长水向北西以 315°~320°方向经韩沟、高贝沟、雷公庙、十八盘、兰树沟、张家沟至灵宝大王东，长达 50km，由多条断裂组成，东南端在韩沟角闪二长花岗斑岩体的外围卫星式分布的金矿点中，有一组含金构造带即受北西向构造带控制。在中段不仅控制了大岔沟、雷公庙、刘家河-兰树沟-申家窑一带金矿床（点）的分布，而且还控制着刘家河、十八盘两条发育于太华变质杂岩群中的糜棱岩带，其中刘家河糜棱岩带延伸方向为 310°，十八盘糜棱岩带延展方向为 330°。遥感影响特征显示在该断裂带附近还发育有大岔沟和小东沟两个环状构造。

6.6.2.3　东宋-老里湾-宫前-留沟北西向断裂带

此断裂带沿北西方向延伸，长大于 44km，主要断于熊耳群火山岩中，东南段有东宋-跃进沟间渡洋河流向和山川分布表明北西向构造存在。在老李湾-中河堤-鹰爪山-盘头坡一带由 F110~F114 等 5 条张扭性断裂构成一花状构造，波及面积约 80km²。该花状构造向北西方向撒开，向南东方向在中河堤-宋瑶一带收敛，外旋具顺时针，内旋具逆时针扭动特征。其旋扭中心即位于寨根倾状背斜轴部及苏家山火山喷发中心部位。中河铅银矿和中河含矿花岗斑岩体即产出于该花状构造收敛端。老里湾二长花岗斑岩体的出露亦受该北西向断裂构造带的控制。

该断裂为铅锌银矿含矿构造带，矿床规模已达大型。这组断裂向北延伸至青铜沟一带走向转为南北向西倾，倾角81°，成为青铜沟重晶石矿床的主要控矿构造。

该带北西段在宫前、盘头坡、大芦池、五峪、跃进沟一带，由多条（5~6条）北北西向含矿断裂构造带组成，带宽达 8~10km，控制着 16 个铜钨矿点（个别为铜金矿点）的产出，形成一个铜钨矿（含金）成矿区。遥感影响特征显示在这一带还发育有穆达山环状构造和水葫芦沟隐伏岩体。

6.6.2.4 成村-才坡北西向断裂带

为一遥感解释的线型构造，断裂走向315°，由三条相互平行的断裂组成，主要断于熊耳群中，次为汝阳群中。该断裂为区域三门峡-鲁山北西向推覆型大断裂带的一部分，区内长大于 20km，控制了王玲西环状构造。研究区东北角永昌河谷走向亦显示该组断裂的存在。

6.6.3 近东西向断裂

区内十分发育，大多规模巨大，正断性质显著，剖面上北盘成渐次断落，造成地层的重复、缺失，对研究区地层分布具明显控制作用。现将主要断裂特征分述如下。

6.6.3.1 凤凰峪断裂（F9）

分布于研究区中西部，沿凤凰峪延展，西端在张汋乡于家坡以西被第四系覆盖，向东经前场、王平河，止于瑶湾底，全长 11km，在走向和倾向上均呈波状弯曲，总体走向75°~90°，倾向北北西，倾角60°~75°。

断裂发育在熊耳群许山组火山岩中。为一规模巨大的正断层。北盘出露许山组上段安山岩，南盘出露许山组下段安山岩夹大斑安山岩。断裂北盘明显断落，造成许山组重复出露。断带宽 15~70m 不等，由强烈硅化碎裂岩、碎粉岩及构造透镜体等组成，具明显分带性。在马家洼一带，断带宽 35m，由断裂中心向边部依次发育碎粉岩带、碎裂安山岩带（见图 6-34），中部碎粉岩带宽 5~8m，岩石呈灰红色，具强烈褐铁矿化和硅化。带内石英脉密集发育，平行主断面分布，脉间间距 10~15cm。碎粉岩带两侧为碎裂安山岩（角砾岩）带，宽为 5~7m。角砾成分为安山岩，均呈棱角状-次棱角状。由断带中心向两侧角砾由小变大。砾径由 1~3cm 渐增至十几厘米，边部最大可达 1.5m×0.7m。该带发育稀疏石英脉，脉间间距 1~2m，平行主断面分布。在主断带两侧各宽约 10m 范围内，安山岩相

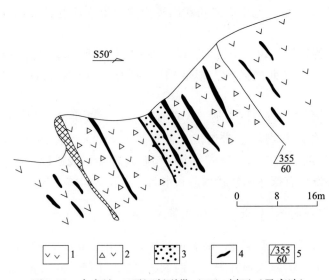

图 6-34　余家坡-王平河断裂带（F9）剖面（马家洼）

（数据来源：河南省地矿局地调一队，1996）

1—安山岩；2—碎裂安山岩；3—碎裂岩；4—石英脉；5—产状

对破碎、硅化强烈，发育脉状、网脉状石英细脉平行分布。

沿断裂具强硅化、褐铁矿化及微弱方铅矿化。

6.6.3.2　放牛山韧-脆性断裂（F28）

展布于研究区北部。西起放牛山东，呈舒缓波状向东延伸至塔山东。全长 2.5km，总体走向 315°，倾向北东，倾角 25°~30°。断裂北盘（上盘）出露古元古界嵩山群罗汉洞组石英岩，南盘出露新太古代变质斜长花岗岩。

断带宽 10~30m，具分带性。半宽金矿三号采坑附近，断带宽 25m，分四个带（见图 6-35），由南向北依次为：

（1）灰白色斜长花岗岩，具弱片麻理。

（2）青灰色花岗质糜棱岩带，岩石具流状构造，矿物多被定向拉长，向南西方向糜棱岩化程度渐弱。宽 15~20m。

（3）灰白色高岭土化花岗斑岩，顺断带贯入。宽窄不一，一般为 0.2~2m，沿走向延伸大于 1000m。

（4）乳白色、黄褐色褐铁矿化含金石英脉，延展稳定，矿化显著。顶部石英岩层面上可见断层阶步、擦痕等，宽 0.2~1.5m。

（5）具揉皱的中粒石英岩。层面多具揉皱，石英碎屑明显具拉长、定向，宽 2~4m。

（6）灰白色巨厚层状石英岩。

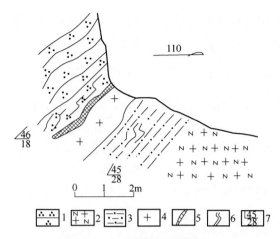

图 6-35　F28 断裂带剖面素描

（数据来源：河南省地矿局地调一队，1996）

1—石英岩；2—斜长花岗岩；3—糜棱岩；4—花岗斑岩；5—石英脉；6—揉皱；7—产状

由上述特征可知，该断裂明显具两期活动：早期为韧性，表现为斜长花岗岩、石英岩的糜棱岩化，砾石、矿物定向拉长及层面揉皱，具正断层性质。在塔山西部，石英岩底部发育一层含砾石英岩，其中砾石经变形拉长，均呈长条状、蝌蚪状，长短轴比可达 3∶1~8∶1（见图 6-36）。该期活动发生于中条期。晚期为脆性活动，沿断裂面有花岗斑岩侵入，晚期含金石英脉顺裂隙充填。脆性活动发生于燕山期。

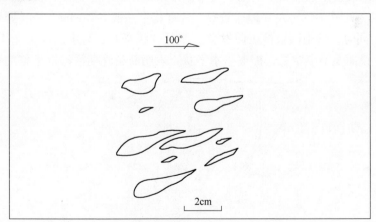

图 6-36　F28 断裂带顶部含砾石石英中砾石被拉长特征

（数据来源：河南省地矿局地调一队，1996）

该断裂沿罗汉洞组石英岩底界面发育。反映不整合面-韧性断层-脆性断层的形成与发展具有继承性。在放牛山见石英岩与斜长花岗岩呈明显不整合接触，并且断裂上盘石英岩中普遍含下伏岩系的砾石，表明该断裂并未造成地层的大规模缺失，断层的活动仅是沿不整合面的层间滑动。

6.6.3.3　涧里水库大坝-宫前-黄沙岭断裂（F31）

展布于研究区北部，西起涧里水库大坝，向北东东方向延伸，经后河滩、大土门、阳坡一带被井池沟-小池断裂（F32）切错，东段向北平移约 2km，过宫前向东沿永昌河向东延至黄沙岭一带。区内出露长约 35km，总体走向 70°～100°，涧里水库大坝-后河滩段倾向南，倾角 60°～72°，后河滩-阳坡段倾向北，倾角 82°～85°，黄沙岭段倾向南偏西，倾角 80°。断裂西段发育在新太古代变质花岗岩系中，中段、东段在熊耳群中发育，断裂造成地层大规模错移，南盘相对向东平移 3～5km。

断裂通过部位，多为宽缓沟谷，发育直线状水系，山梁处呈哑口，显示负地形。沿断层走向分布一系列断层崖、断层三角面等，地貌标志十分明显，断带宽数十至数百米，发育碎裂岩带，具明显两期活动。

早期活动发育角砾岩，角砾成分以大斑安山岩为主，次为片麻状斜长花岗岩、片麻状石英闪长岩，角砾呈棱角状-次棱角状，大小为 0.2～1.5cm，大者可达 3～5cm。中、西段涧里水库大坝-小池芦表现为正断层性质，在后河滩一带，断裂两盘岩石强烈破碎，局部呈粉末状。北盘安山岩中形成牵引褶皱，从褶皱轴面与主断面的锐夹角指向判断，断裂北盘下降，亦为正断层。

晚期断裂发生强烈挤压活动，使早期形成的角砾岩普遍发育片理、劈理、挤压透镜体（见图 6-37）及片理揉皱等。片理化带一般宽 2～3m，片（劈）理间隔仅 2mm，同时，带中次级挤压面发育，多呈波状弯曲，与主断面夹角 10°～20°。挤压面上镜面及擦痕常见，擦痕呈水平状，表明断裂晚期活动以平移为主。早期

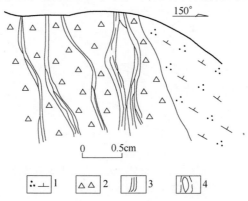

图 6-37　大池芦断裂带（F31）挤压片理及挤压透明体特征剖面素描（后河滩）

（数据来源：河南省地矿局地调一队，1996）

1—石英闪长岩；2—碎裂岩；3—片理；4—透镜体

沿断裂侵入的花岗斑岩及石英脉也受该期挤压作用影响，发生碎裂、片理化，并形成构造透镜体。

断裂在大池芦一带被井池沟-小池断裂（F32）截切，野外露头可见近东西向片理化带（代表涧里水库-宫前断裂）明显被北东向片理化带（代表 F32）所截切（见图6-38），东段向北平移2km至宫前一带延展。

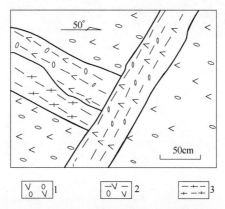

图6-38　大池芦断裂带（F31）被北东向井池沟-小池断裂带（F32）截切平面素描图

1—大斑安山岩；2—片理化大斑安山岩；3—片理化花岗斑岩

（数据来源：河南省地矿局地调一队，1996）

沿断裂硅化较强，多数地段沿片理面有绿泥石、绢云母等新生矿物分布，表明断裂的动力变质作用明显。

6.6.3.4　中河-泉水沟断裂

为一遥感影像解释断裂。该断裂西起李家坪，向东经下河湾、中河堤至泉水沟。走向280°~90°，长大于18km，该断裂西段形成渡洋河东西向河谷，断于许山组安山岩和次火山相流纹岩中，其东段湮没于第四系黄土之下，在遥感图上，沿走向形成折线状形态，表明具正断层性质（见图6-39和图6-40）在渡洋河谷南北两侧，从许山组安山岩和次火山相流纹岩产状和界线顺走向被截切来看，断裂活动十分明显，同时显示南盘向东平移1.5km之左旋扭动特征。

6.6.4　南北向断裂带

研究区南北向断裂构造不发育，据遥感解译资料在大岔沟-桃王村存在一南北向线型影像带。

线型影像带南起洛宁南瑶子坪、大岔沟经陕县王树胡同、半宽至菜园桃王村延出区外，全长26km。南北被第四系覆盖。线型影像主要发育在新太古代斑状花岗岩中，南端控制着大岔沟环状构造，北部控制着半宽环状构造及半宽金矿。北部涧里河南北流向，反映了该线型影像带可能为一断裂。

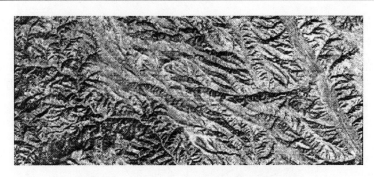

图 6-39 F4 泉水沟-朱家河-鱼爬沟构造影像

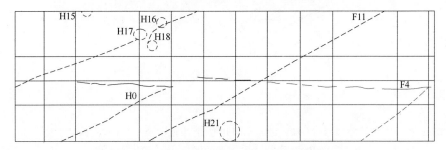

图 6-40 F4 泉水沟-朱家河-鱼爬沟构造解译

6.6.5 岩脉构造

研究区新太古代基性岩墙（脉）十分发育，晚期岩脉较少。新太古代岩脉经变质多转变为斜长角闪岩、变辉长辉绿岩等，原岩为辉长辉绿岩，岩脉与围岩侵入接触关系清晰，边部多平直，偶见岩枝穿插。岩脉内含有围岩捕房体。岩脉与围岩间无构造岩产出，说明新太古代基性岩脉是沿一组裂隙贯入的，而非断层。多数岩脉具冷凝边，表明岩脉是在地壳固结环境下侵入的。据研究区 414 条新太古代岩脉产状要素统计，其走向以近东西向及北西向为主，倾角较陡，多数近直立，倾向多变，总体产状与区域片麻理一致（见图 6-41）。

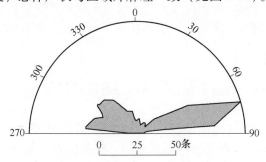

图 6-41 新太古代龙凤沟岩墙群走向玫瑰花园（据 414 条岩脉统计）

（数据来源：河南省地矿局地调一队，1996）

6.7 动力变质岩

6.7.1 动力变质岩分类

区内韧、脆性断裂发育。沿剪切带及断裂带常形成一定规模的动力变质带，并产生相应的动力变质岩。其分布受线状构造控制，多呈狭长带状展布。根据变形岩石的组构特征，可划分为碎裂岩系列、糜棱岩系列和构造片岩系列（见表6-7）。

表 6-7 嵴山地区动力变质岩分类

断层岩系列	固结程度	构造		基质性质	基质含量/%	碎块粒径/mm	岩石名称
碎裂岩系列	固结的	一般不具流动构造	无定向	碎裂作用为主	<10	>2	断层角砾岩
							断层磨砾岩
					0~10	>2	碎裂岩化××岩
					10~50		初碎裂岩
					50~90	2~0.5	碎粒岩
					90~100	0.5~0.02	碎粉岩
糜棱岩系列		具流动构造	眼球状片麻状	糜棱作用为主	0~10	<0.02	糜棱岩化××岩
					10~90		初糜棱岩
					50~90		糜棱岩
					90~100		超糜棱岩
糜棱片岩系列		具结晶片理	平行纹片理状条带状	重结晶及新生矿物显著增长	重结晶程度	<50%	千糜岩
						>50%	糜棱片岩
					岩石全部重结晶		变晶糜棱岩

6.7.1.1 碎裂岩系列

发育在脆性断裂带内。根据断层构造岩的研磨程度分为两类。

A 构造角砾岩类

构造角砾岩由仍保持原岩特点的岩石碎块组成。胶结物为磨碎的岩屑、岩粉、岩石压溶物质以及其他外源物质。根据角砾特征可分为两类：构造角砾岩和构造磨砾岩（构造圆化角砾岩）。

（1）构造角砾岩。主要发育在正断层中。角、砾碎块多呈棱角状，少数为次棱角状。大小混杂，一般在0.5~5cm，大者可达10~30cm。角砾内部仍保留原岩的特点，胶结物铁质、钙质、泥质、硅质等（见图6-42）。这类岩石往往被再次改造为磨砾岩。

（2）构造磨砾岩。主要发育在逆断层和受后期挤压性质改造的断裂带中。多沿断裂中心部位成带状发育，宽者1～5m，窄者仅几厘米至几十厘米。角砾碎块具有不同程度的圆化特点，多呈浑圆状、压扁拉长状、次圆状、次棱角状及透镜状。角砾大小一般为0.2～3cm，大者可达5cm，角砾常呈定向排列，有时呈雁行式。角砾AB面与断层面常呈近平行或以小角度相交。胶结物主要为碾磨更细的岩粉及硅质，胶结紧密。胶结物也常显示定向或半定向。在压扁角砾中常夹杂有新生应力矿物绿泥石、绢云母等，呈细条痕状、条纹状定向分布。岩石胶结物蚀变强烈，主要为硅化、高岭土化、褐铁矿化、绿帘石化、绿泥石化等。

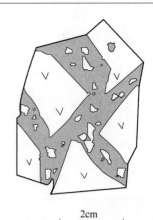

2cm

图6-42　构造角砾岩标本
素描图（宫前雁翎关北）
（角砾成分为安山岩、硅质胶结，
数据来源：河南省地
矿局地调一队，1996）

B　碎裂岩类

根据岩石被研磨破碎程度，可分为四类。

（1）碎裂岩化××岩。岩石发育细小的碎裂纹，宽一般小于3mm。沿碎裂纹有次生方解石、硅质、绿泥石、绿帘石等分布。原岩的整体结构和基本特征保持完好。碎基含量小于10%，一般为3%～8%，该类岩石在脆性断裂旁侧围岩中较发育。

（2）碎裂岩。岩石由方向不一的碎裂纹切割岩石形成碎裂结构。不规则的碎块外形大致可以拼合。原岩整体结构没有破坏，其碎裂纹较宽，由磨碎物质及粉末状铁质氧化物、硅质、泥质细鳞片绢云母、绿泥石等充填。矿物边部破碎，石英具波状消光。区内常见的岩石类型有安山质碎裂岩、流纹质碎裂岩、花岗质碎裂岩、大理岩质碎裂岩、石英岩质碎裂岩等。

（3）碎粒岩。是碎裂程度更强的一类岩石，具碎粒结构。大部分矿物被辗成细粒状。较细的矿物颗粒一般为0.02～0.5mm。粉状物和碎粉物杂乱分布，无定向性，原岩性质已难恢复。该类岩石后期热液蚀变较强，可见硅化、钾化、绢云母化、高岭土化。新生应力矿物见有绢云母、绿泥石、方解石等。

（4）碎粉岩。具碎粉结构，岩石被研磨成粉末状，粒度均一，无定向性。碎粉物质含量大于90%，原岩结构难恢复。区内所见多已硅化蚀变，主要在近东西向断裂的中心部位发育，如凤凰峪断裂（F9），发育宽5～7m的碎粉岩带。

6.7.1.2　糜棱岩系列

主要在韧性剪切带中发育，根据糜棱岩化程度的差异，可分为四类。

A 糜棱岩化岩石

具糜棱结构、定向构造。原岩结构构造保持较好。碎斑由长石、石英等矿物组成，形态不完整。碎基含量小于10%，由石英、黑云母、绢云母、绿泥石等矿物组成，呈定向排列。该类岩石主要在十八盘韧性剪切带发育。主要岩石类型有：（1）糜棱岩化奥长花岗岩；（2）糜棱岩化二长花岗岩。

B 初糜棱岩

原岩包括结晶基底岩系各种成分的岩石。一般具初糜棱结构、流动构造。碎斑由钾长石、斜长石、石英等组成，呈眼球状、透镜状，含量50%~90%。碎斑粒径由原岩结构决定：原岩粒度粗时，碎斑较大，粒度细时，碎斑较小。石英碎斑波状消光显著，具定向拉长。长石碎斑具波状消光，发育变形双晶、网状碎裂纹。碎基含量10%~50%，主要由两部分组成：一部分为长英质新晶粒组成的显微粒状及霏细状眼球体，呈条痕状、条纹状沿裂隙分布，粒径由0.01~0.2mm，接触边不规则，波状消光明显，趋向分布清晰，应为大颗粒长英质矿物动态重结晶产物；另一部分则是由细小鳞片状黑云母、绿泥石、绢云母、榍石等矿物堆积体组成的条痕、条纹，黑云母片度为0.02~0.3mm，榍石则更细。初糜棱岩中S-C组构发育。其锐夹角介于25°~35°之间，以25°~30°为主。初糜棱岩在各韧性剪切带中均较发育，岩石类型复杂，主要有：（1）花岗质初糜棱岩；（2）石英质初糜棱岩。

C 糜棱岩

岩石一般具糜棱结构、流状构造、眼球状构造、条纹条带状构造等。碎斑呈透镜状、眼球状，成分以钾长石、斜长石为主，石英黑云母少见。粒径一般为0.5~3.0mm。其大小与原岩结构及应变强度密切相关。长石碎斑常发育碎裂纹，具波状消光、带状消光、核幔构造及双晶扭折、弯曲现象；黑云母碎斑多具波状消光及鳞片揉皱等现象。碎基含量50%~90%，主要由长石、石英、黑云母、绢（白）云母、绿泥石等矿物组成，呈单矿物或复矿物条带、条痕、条纹平行产出，并围绕碎斑旋转，局部可见两组面理组成的S＝C组构，其锐夹角一般在12°~15°之间。主要岩石类型为花岗质糜棱岩，在韧性剪切带中普遍发育。

D 超糜棱岩

强烈塑性变形产物，岩石一般具糜棱结构、流动构造、片状构造及眼球状构造。碎斑含量小于10%，成分以长石为主，石英少见。长石碎斑具波状消光、核幔构造及显微破裂，粒径多小于0.5mm。碎基由长石、石英、绢云母、绿泥石等矿物组成，呈条痕、条纹状产出。超糜棱岩中S-C组构趋于消失。主要岩石类型为花岗质超糜棱岩，仅在天爷庙韧性剪切带内发育。

6.7.1.3　构造片岩系列

构造片岩系列岩石是指重结晶及新生矿物有显著增长的糜棱岩系列岩石。按重结晶程度可分为三类，分别为千糜岩、糜棱片岩和变晶糜棱岩。

A　千糜岩

岩石具千糜状结构，平行片状构造、流状构造。含有5%～15%的碎斑，以斜长石为主，呈透镜状、眼球状，长轴明显平行定向排列，其粒径多在0.08mm×0.15mm～0.3mm×0.5mm之间，基质主要成分为绿泥石、绢云母、方解石、斜长石、石英等。具有明显的变晶作用，部分岩石向糜棱片岩过渡，岩石以发育大量片状矿物为特征且往往集中成条纹条带呈平行定向分布，仅在天爷庙韧性剪切带中发育。主要岩石类型有：（1）斜长绿泥千糜岩；（2）绢云千糜岩；（3）绿泥绢云千糜岩。

B　糜棱片岩

岩石具显微粒状鳞片变晶结构、变余碎斑结构，残余眼球状构造、残余核幔构造、平行构造、片状构造。碎斑以斜长石、石英为主，具波状消光，边缘有树枝生长现象。碎基矿物呈鳞片定向排列。该类岩石的重结晶矿物含量大于50%。主要岩石类型有：（1）白（绢）云石英糜棱片岩；（2）绿泥斜长糜棱片岩；（3）绢云斜长糜棱片岩；（4）黑云角闪糜棱片岩；（5）角闪斜长糜棱片岩。

C　变晶糜棱岩

岩石具变余糜棱结构，平行构造、细条纹、条痕状构造，主要由钾长石、斜长石、石英及少量黑云母组成。岩石中长英质矿物多呈等轴状及延伸状颗粒集合体分布，大都具有变晶外形，其间多以平直边缘相接触。石英呈单矿物条纹，较粗，个别可达0.6mm×2mm，并具明显定向排列。岩石静态重结晶作用完全。主要岩石类型有：（1）奥长花岗质变晶糜棱岩；（2）二长花岗质变晶糜棱岩。

仅在冯家沟韧性剪切带内有分布。

6.7.2　韧性剪切带中岩石的变形与变质

变形包括在构造应力作用下产生的各种碎裂，原矿物的形状、位置和粒度变化。变形又分为脆性变形和韧性变形两种情况，前者是单纯的机械破碎，服从刚体（固体）物理学法则，后者是伴随着动态重结晶的一种塑性变形，它可能服从流变法则，还与结晶学有关。总之，韧性变形是一门边缘学科，它介于变质与变形之间，既是变形，也是变质（重结晶）。

与韧性变形作用相关的变质是在构造应力作用下的动力变质（动态重结晶）。变质作用表现在矿物组合的转变。这种新生矿物的重新组合，是在化学条件下，通过晶体化学作用来完成的。

岩石在韧性变形中的变化主要有细粒化作用、片麻理及条带的发育、矿物的变形等方面，下面分述它们的特征。

6.7.2.1 细粒化作用

细粒化作用一般是指在封闭系统内无外来流体介入，原岩无改变的现象。细粒化作用在中变形域-韧性剪切带均表现明显，且随变形强度的加大，细粒化岩石受应力作用而发生机械破碎（碎裂性形变），原来较粗的矿物变成较细小的矿物，而矿物成分并无明显变化。以研究区奥长花岗岩为例，从弱变形域-中变形域-韧性剪切带，主要矿物的粒径呈有规律地减小（见表6-8）。

表 6-8　涧里河片麻状奥长花岗岩不同变形强度带岩石变形特征

标　志			变形域（带）		
			弱变形域（0-Ⅰ）	中变形域（Ⅱ）	韧性剪切带（Ⅲ）
暗色矿物组合			Bi+Hb	Bi+Hb+(chl)	Bi+Hb+(chl)+Ep+Ms
石英	形态		（图）	（图）	（图）（单晶）（多晶）
			他形粒状、波状消光	拉长形、具变形纹	条纹、条带状
	粒径/mm	变化范围	0.5~1.5	0.05~0.6	0.01~0.5
		平均值	1.0	0.4	0.13
斜长石	形态		（图）	（图）	（图）
			板柱状、双晶纹平直	弱定向，显微破裂	定向拉长，双晶扭折、粒化
	粒径/mm	变化范围	1~4	0.6~2.2	0.17~0.50
		平均值	2.5	1.7	0.28

从表6-8中还可以看出，从弱变形域-中变形域，石英的细粒化现象显著，斜长石则相对较弱。从中变形域-韧性剪切带，斜长石的细粒化现象则十分显著。这种差异取决于不同矿物的不同变形强度和韧-脆性变形转化点。石英塑性强，在较弱的变形条件下即发生显著的细粒化作用，相对刚性的斜长石只有在较强的变形条件下才能发生较显著的细粒化作用。

6.7.2.2　岩石的片（麻）理及条带状构造

随变形作用的增强，岩石的片理化作用也逐渐加强，最终形成条带状构造。以 10cm 宽为单位，面理在弱变形域为 3~5 个，中变形域为 7~20 个，而在韧性剪切带中则一般大于 50 个。条带状构造在中变形域一般较稀疏，并呈断续分布，而在韧性剪切带则密集发育，且分布连续、边界平直。随变形作用加强，条带由宽变窄，最后成为条纹。条带状构造分浅色条带和暗色条带（纹）。浅色条带主要由浅色矿物长石、石英等矿物组成，而暗色条带则主要由黑云母组成。暗色条带形成于应力更为集中的地段，表现为以碎基为主，碎斑小而少。浅色条带中则碎斑多而大，一般可达 25%~30%。

上述条带的成因一般认为：随变形作用增强，石英颗粒的空间分布由分散而逐渐聚集，与斜长石一起组成浅色条带。而黑云母、角闪石等暗色矿物则聚集成暗色条带，且发生明显的矿物定向、拉长和细粒化作用。浅色条带和暗色条带在岩石中相间产出，是一种变质分异条带。

6.7.2.3　主要矿物的变形特征

同一矿物在不同强度变形域以及不同矿物在同一强度变形域，其变形特征都有明显差异。

（1）石英。是一种最容易发生韧性变形的敏感矿物。在弱变形域表现为他形粒状，具较弱的波状消光，中变形域粒度变细，略具拉长、定向，显示较强的波状消光。韧性剪切带中石英强烈拉长、定向，形成矿物线理及拔丝构造，构成拉长的石英条带。条带可分单晶条带、复晶条带两种。单晶条带是由单个石英颗粒经韧性变形拉长形成的。复晶条带则由石英集合体组成，是重结晶作用的产物，在变晶糜棱岩中发育。

（2）斜长石。韧性变形较弱，脆性变形较显著。在弱变形域表现为板柱状外形，聚片双晶纹平直；在中变形域表现为显微破裂，略具定向分布；在韧性剪切带则发生显著细粒化并伴有显微破裂、双晶弯曲，并形成核幔构造等。矿物颗粒明显被拉长。

（3）黑云母、角闪石。矿物形态及分布特征均随变形强度发生变化。在弱变形域星散分布，具弱定向。随变形作用加强，黑云母、角闪石等集中定向分布，具波状消光（中变形域），并逐步发生弯曲、褶皱及细粒化现象，在韧性剪切带中定向分布，形成暗色条带。

6.8　地史演化

研究区位于华北陆块南部，其地质发展史既有与华北陆块一致的地方，也有其独有的地方。根据区内火山-沉积建造、岩浆热事件、构造变形、变质作用的发育特点及重要的不整合界面、同位素年龄等资料，研究区地史演化可划分为新太古代、古元古代、中元古代、古生代及中生代等几个重要时期（见表6-9）。

表 6-9　研究区地史演化

地质时代		构造期	构造运动	沉积作用	岩浆作用		变质作用	构造作用
					喷发作用	侵入作用		
新生代	Q	喜马拉雅期	喜马拉雅运动	黄土堆积				洛宁、灵宝断陷盆地生成，崤山隆起，东西向宽缓褶皱
	N							
	E							
中生代	白垩纪 晚世	燕山期	燕山运动	陆内盆地碎屑岩		赵家古洞斜长花岗斑岩		五亩断陷盆地生成
	白垩纪 早世					后河斑状石英二长闪长岩-龙卧沟二长花岗斑岩		
						小妹河花岗斑岩-石英闪长斑岩		
						老里湾二长花岗岩-中河钾长花岗斑岩		
						韩沟-白石崖角闪二长花岗斑岩		
	J							
	T 晚世	印支期	印支运动 210			正长岩脉		脆性断裂
古生代	S-P							
	O		加里东运动 415					
	寒武纪 中世	加里东期		滨浅海陆源碎屑岩-碳酸盐岩				
	寒武纪 早世							

地质时代		构造期	构造运动	沉积作用	岩浆作用		变质作用	构造作用
					喷发作用	侵入作用		
元古代	Pt₂							
	中元古代	蓟县纪		黄连垛组、官道口群碳酸盐岩台地	火山凝灰岩			
		晚长城世		汝阳群、高山河组滨浅海陆源碎屑岩-碳酸盐岩				
		早长城世		熊耳群大古石组陆源碎屑岩	玄武安山岩-流纹岩组合	辉长岩脉、辉绿岩脉、花岗斑岩脉		
	古元古代	晚世	中条期	中条运动 1800	嵩山群滨海相陆源碎屑岩			绿片岩相黑云母带	片理化事件 S₀'
		早世							
太古宙	新太古代		嵩阳期	嵩阳运动 2500		基性岩墙			
					杨寺沟岩组陆源碎屑岩		TTG-G 岩系（2500）	低角闪岩相	片理化事件 S₁、紧闭褶皱、韧性变形
					兰树沟岩组火山-沉积岩	中基性火山岩			

6.8.1　新太古代（大于 2500Ma）

新太古界兰树沟岩组、杨寺沟岩组的出现表明华北板块基底至少在新太古代经历了明显的增生过程，新太古代晚期发生的强烈变质变形及大规模岩浆活动基本奠定了华北陆块的形成。其地质演化史大致经历了以下几个演化阶段。

第一阶段以火山喷发作用为主，发育一套中基性火山岩系夹黏土质岩石，称兰树沟岩组。第二阶段以沉积作用为主，形成一套陆源碎屑岩沉积，称杨寺沟岩组。杨寺沟岩组与兰树沟岩组未见直接接触，推测两者之间可能存在一次沉积建造性质改变的地质事件。

第三阶段为花岗质熔浆侵入阶段，分两个期次。早期为钠质的英云闪长岩-奥长花岗岩-花岗闪长岩（TTG 岩系）侵入，晚期为钾质的钙碱性二长花岗岩侵入。钾质花岗岩系明显侵入于钠质花岗岩系，并且都显著地侵位于兰树沟岩组和杨寺沟岩组，时序关系清晰。通过太古代这次强大的（花岗）岩浆热事件，意味着早期硅铝壳的生成。且随地壳的不断演化，岩石由富钠、贫钾、低铝向贫钠、富钾、高铝方向演化。

第四阶段为变质辉长辉绿岩墙侵入阶段，以龙凤沟岩墙为代表，在新太古代变质岩系中普遍发育。这是继大规模酸性岩浆侵入之后的一次拉张事件产物。

嵩阳运动使新太古代基底岩系发生变形，伴随产生区内第一次片理化事件，形成醒目的区域性片理、片麻理（S_1）及平行 S_1 的条带状构造。同时发生区域中高温变质作用，达低角闪岩相。区内新太古代基底变质岩系与古元古界嵩山群罗汉洞组间形成的显著不整合界面，是太古代与元古代的分划性界面，也是嵩阳运动存在的标志。

6.8.2 古元古代（2500~1800Ma）

古元古代时期，新太古代基底变质岩系下降接受了罗汉洞组滨-浅海相碎屑岩沉积。从石英砂岩成熟度较高，且未见同期火山活动，表明此时地壳渐趋稳定。

吕梁运动在区内产生第二次片理化事件，使岩石形成板劈理、千枚状构造（S_0'），同时发生区域热流动力变质作用，达低绿片岩相黑云母级。对新太古代基底岩系产生低绿片岩相叠加退变，但未形成区域性置换面理。吕梁运动后形成了华北陆块结晶基底。区内中元古界熊耳群与古元古界罗汉洞组间的不整合界面，代表吕梁运动的存在，并成为结晶基底与盖层的划分性界面。

6.8.3 中元古代-新元古代（1800~541Ma）

（1）中元古代早长城世早期，华北陆块南缘受到强烈的拉伸，在豫西地区广泛发育以陆相为主的大陆裂谷双峰式火山岩建造-熊耳群代表了该次拉伸事件的存在，其厚度大于6939m。构成华北地台的第一盖层，其岩浆具有壳幔混合源性质。

（2）晚长城世华北陆块南缘地壳下降，在大体由熊耳裂谷喷发中心（区内涧里河-大铁沟一线）演化而来的熊耳古陆东南及西北两侧分别沉积了一套河流-滨浅海相碎屑岩-碳酸盐岩建造，称高山河组及汝阳，堆积厚度超过3000m。

（3）蓟县纪在熊耳古陆两侧沉积盆地中形成的碳酸盐岩台地沉积称官道口群及黄连垛组。

（4）新元古代研究区可能未接受沉积。

6.8.4 古生代（541~252Ma）

（1）研究区东北部李村一带及研究区以西灵宝市朱阳镇附近沉积了寒武系

下统罗圈组、朱砂洞组、关口组和寒武系下统-中统馒头组滨海相碎屑岩-碳酸盐岩建造。推测本地区在怀远运动中抬升较高，沉积缺失寒武系上统-奥陶系沉积。

（2）受加里东运动影响，华北陆块区沉积缺失志留纪-泥盆纪沉积。推测研究区在石炭-二叠纪也没有接受沉积。

6.8.5　中生代（252~65Ma）

（1）晚三叠世发育有小规模的正长岩岩脉，代表本地区受到近南北向的拉伸。

（2）扬子板块向华北板块之下俯冲碰撞导致原华北陆块南缘附近地壳急剧增厚。侏罗纪开始，西伯利亚板块向南、太平洋板块向西、印度洋板块向北东同时向中朝板块汇聚，使包含我国大陆在内的东亚构造体制发生了重大转换，原华北陆块南缘附近地壳得到进一步增厚。晚侏罗世（161Ma）以来太平洋板块向我国东北俯冲消减、弧后岩石圈伸展导致增厚的岩石圈由于底侵玄武质岩浆加热下地壳使其发生部分熔融，进而诱发岩石圈大规模垮塌伸展减薄，岩浆沿岩石圈断裂带上涌形成大规模的中酸性侵入岩，形成区内韩沟、龙卧沟、小妹河等众多花岗斑岩小岩株及花山岩基。该期岩浆活动伴随产生含矿热液，使金及多金属元素在构造有利部位进一步富集成矿，形成了老里湾、中河等铅锌银矿床。

增厚的岩石圈熔融、垮塌引发中上部地壳发生强烈伸展作用，在豫西地区发生断块不均匀升降运动，形成崤山断隆及五亩断陷盆地。在五亩盆地中堆积了厚达788m以上的内陆湖泊相碎屑岩沉积划分为南朝组。

6.8.6　新生代（65Ma 以来）

（1）古近纪，随着太平洋板块向我国东北俯冲消减在研究区形成的不均匀断块升降运动得到加强，卢氏-洛宁及灵宝断陷盆地生成，崤山断隆区不断隆起。五亩盆地上白垩统南朝组发育宽缓褶皱。各个方向的脆性断裂得到发育。

（2）更新世时期，研究区温湿气候与干冷气候交替，形成区内广泛分布的以风成为主的黄土堆积，黄土中普遍发育蜗牛化石，其中以幼壳居多，表明风尘堆积的速度较快。

（3）区内新构造运动也有明显表现。自1820年以来，研究区有记载的MS2级以上地震多达7次。此外，距研究区约1km的温塘村有温泉分布，水温高达61℃。均为晚近时期构造活动的佐证。

7 结　语

<<<<<<<<<<<<<<<<<<<<<<<<<<<<<<<<<<<<<<<<<<<<<<<<<<<<<

通过对嵩山地区地层、构造、岩浆岩、变质岩进行系统的研究，取得的成果和认识如下。

7.1　地层方面

（1）嵩山地区地层具典型地台双层结构，其结晶基底为一套中深变质岩系，前人将其解体为两部分：一部分为太古宙变形变质花岗岩系（TTG-G），不具地层意义；另一部分为呈残留顶盖或包体形式残存于 TTG-G 中的变质表壳岩系，并将其划分为新太古代兰树沟岩组和杨寺沟岩组两个岩石地层单位，未建群。通过这次研究，将这一套中深变质岩系新建为新太古代嵩山岩群，可与登封地区的新太古代登封岩群对比。

（2）通过对陕县李村龙脖一带前人划分的高山河群和官道口群龙家园组进行剖面研究和区域对比，发现这一套地层实为长城系汝阳群云梦山组-洛峪口组、蓟县系黄连垛组及寒武系罗圈组、辛集组、朱砂洞组、馒头组。在黄连垛组中发现假裸枝和卷心菜叠层石，可与官道口群龙家园组-巡检司组对比，证实了官道口群和黄连垛组是华北陆块南缘在蓟县纪形成的同一套碳酸盐岩沉积。

（3）通过收集前人资料，结合本次研究成果，从地层接触关系、岩性组合、沉积岩相与建造、古生物组合、同位素地质年龄等方面研究，系统建立了嵩山地区地层层序：嵩山地区结晶基底为新太古代中深变质岩系-嵩山岩群，沉积盖层自下而上为古元古代嵩山群、中元古代熊耳群、汝阳群、黄连垛组、寒武系、高山河组、官道口群、古近系、新近系及第四系。并查明了各地层的分布范围及关系，完成了嵩山地区地层简表。

7.2　岩浆岩方面

（1）嵩山地区岩浆活动强烈，从太古宙-元古宙-中生代，岩石类型有从超基性-基性-中性-中酸性演化趋势，其中中生代岩浆活动与本区金、银及多金属矿产关系密切，多呈小岩株、岩瘤、岩筒或岩枝状，与围岩具有明显侵入接触关系，多为浅成-超浅成的复式岩体。根据岩体年代学资料，将其划分为三期，侵入时间分别为早白垩世早时早中期（145~130Ma）、早白垩世早时晚期侵入岩（130~119Ma）及早白垩世中时早期侵入岩（119~100Ma），并且从东到西有年龄逐渐变新的趋势。

（2）在苏家山、燕尔岭、李家坪、黑山沟一带，成环状和带状展布着一套紫红色流纹斑岩，面积达 70 余平方千米，前人（包括 20 世纪 50 年代秦岭区测队 1∶200000 洛宁幅和 90 年代地调一队 1∶50000 宫前幅）均将其划为鸡蛋坪组，通过本次研究发现，这套流纹斑岩与许山组围岩均为侵入接触关系，实为一套次火山相岩石。

7.3　变质岩方面

本书对变质岩和变质作用特征方面未进行详细的研究，仍沿用河南省地质矿产厅第一地质调查队（现河南省地矿局第一地质矿产调查院）1995 年的 1∶50000 区调成果。

7.4　构造方面

崤山地区位于华北地台南缘崤山隆断区，崤山断隆呈北东-南西向展布。北西受灵宝-三门峡凹陷边界和边界断裂所限，北东被三门峡-鲁山断裂截切，东南侧发育卢氏-洛宁凹陷，显示四周断陷、核部断隆的构造格局。根据河南省崤山地区 1∶50000 区域矿产调查成果（2009~2014 年），在东部浅覆盖区发现了崤山地区晋宁期最大的东西向褶皱构造-燕尔岭背斜东部倾伏端，新增加了多条北北西向的控矿断裂，编制了崤山地区构造纲要图，综合展示了崤山地区宏伟的构造景观，为崤山地区成矿规律研究提供了基础地质资料。

参 考 文 献

[1] 陈衍景，富士谷，金持跃. 半宽金矿的成因类型和成矿机制——矿物包裹体和同位素研究的启示 [J]. 矿物学报，1992，12（4）：289-298.

[2] 常云真. 河南省嵩山地区地质特征与找矿前景分析 [D]. 武汉：中国地质大学，2014.

[3] 常云真，李永超，徐文超，等. 河南省嵩山地区综合信息找矿模型及靶区预测 [J]. 世界地质，2017，36（2）：530-540.

[4] 常云真，裴海洋，范海洋，等. 豫西老里湾银铅锌矿床流体包裹体和同位素特征及其地质意义 [J]. 矿床地质，2018，37（2）：246-268.

[5] 常云真，贾慧敏，王琦，等. 豫西嵩山中河岩体的岩石学和地球化学特征及地质意义 [J]. 世界地质，2017，36（4）：1072-1091.

[6] 常云真，黄芮，贾慧敏，等. 河南省嵩山地区嵩山岩群的建立及其与邻区对比 [J]. 世界地质，2018，37（4）：1077-1084.

[7] 第五春荣，孙勇，袁洪林，等. 河南登封地区嵩山石英岩碎屑锆石 U-Pb 年代学、Hf 同位素组成及其地质意义 [J]. 科学通报，2018，53（16）：1923-1934.

[8] 冯建之，岳铮生，等. 小秦岭深部金矿成矿规律与成矿预测 [M]. 北京：地质出版社，2009：1-268.

[9] 潘泽成. 豫西黄连垛组董家组的发现及其地层意义 [J]. 河南地质，1980（4）：27-43.

[10] 关保德，潘泽成，耿午辰，等. 东秦岭北坡震旦亚界 [G]. 中国震旦亚界，天津科学技术出版社，1980：288-313.

[11] 关保德，耿午辰，戎治权，等. 河南东秦岭北坡中一上元古界 [M]. 郑州：河南科学技术出版社，1988.

[12] 河南省地质矿产勘查开发局第一地质矿产调查院. 河南省嵩山地区 1：5 万区域矿产地质调查 [R]. 2014.

[13] 河南省地质矿产勘查开发局第一地质矿产调查院. 河南省洛宁县老里湾银多金属典型矿床研究报告 [R]. 2018.

[14] 河南地调一队. 河南省栾川县北部地区 1：5 万区调报告 [R]. 1986.

[15] 河南省地质矿产局第一地质调查队. 张村幅、宫前幅、寺河幅、长水幅（1：5 万）区域地质调查报告 [R]. 1995.

[16] 河南区测队. 嵩山地区 1：5 万地质矿产调查报告 [R]. 1969.

[17] 河南省有色金属地质矿产局第一地质大队. 河南省嵩山整装勘查区金矿控矿规律与找矿方向研究 [R]. 2017.

[18] 河南省地质矿产局. 河南省区域地质志 [M]. 北京：地质出版社，1989：395-467.

[19] 胡受奚，淋潜龙，等. 华北与华南板块拼合带地质与成矿 [M]. 南京：南京大学出版社，1988.

[20] 翦万筹，等. 华北地台西南缘的上前寒武系 [M]. 西安：西北大学出版社，1990：1-11.

[21] Kroner A，William C，Zhang G W. Age and tectonic setting of Late Archean greenstone-gneiss terrain in Kenan Province，China，as revealed by single-gracon dating [J]. Geoiogy，1988，16：211-215.

参 考 文 献

[22] 刘祥龙. 豫西崤山地区金矿床特征及矿化富集规律研究 [J]. 黄金, 2011, 32 (8): 22-25.

[23] Liang T, Bai F J, Lu R, et al. LA-ICP-MS zircons dating of Baishiya body in Xiao Mountain, western Henan Province, and its geologic implications [J]. Acta Geologica Sinica, 2013, 87 (Suppl.): 722-725.

[24] 卢仁, 梁涛, 卢欣祥, 等. 豫西崤山龙卧沟岩体和后河岩体 LA-ICP-MS 锆石 U-Pb 年代学 [J]. 高校地质通报, 2013, 19 (增刊): 474-475.

[25] 梁涛, 卢仁. 豫西崤山小妹河岩体 LA-ICP-MS 锆石 U-Pb 定年、地球化学特征及地质意义 [J]. 地质通报, 2015, 34 (8): 1526-1540.

[26] 梁涛, 卢仁. 豫西崤山后河岩体的地球化学及锆石稀土元素特征 [J]. 现代地质, 2017, 31 (4): 705-715.

[27] 卢仁, 梁涛, 卢欣祥, 等. 豫西崤山后河岩体 LA-ICP-MS 锆石 U-Pb 定年及其地质意义 [J]. 地质调查与研究, 2013, 36 (4): 263-270.

[28] 卢仁, 梁涛, 卢欣祥, 等. 豫西崤山龙卧沟岩体锆石 U-Pb 年代学、地球化学特征及地质意义 [J]. 中国地质, 2014, 41 (3): 756-772.

[29] 李磊, 孙卫志, 孟宪锋, 等. 华北陆块南缘崤山地区燕山期花岗岩类地球化学、Sr-Nd-Pb 同位素特征及其地质意义 [J]. 岩石学报, 2013, 29 (8): 2635-2652.

[30] 罗铭玖, 黎世美, 等. 河南省主要矿产的成矿作用及矿床成矿系列 [M]. 北京: 地质出版社, 2000: 1-355.

[31] 劳子强. 登封群剖面特征及其划分 [J]. 河南地质, 1989, 7 (3): 20-26.

[32] 刘东生, 张宗祜. 中国的黄土 [M]. 地质学报, 1962, 42 (1): 1-13.

[33] 毛景文, 等. 深部流体成矿系统 [M]. 北京: 中国大地出版社, 2005: 1-365.

[34] 裴放. 河南省华北型奥陶系 [M]. 郑州: 黄河水利出版社, 2008: 72-115.

[35] 潘泽成. 豫西黄连垛组董家组的发现及其地层意义 [J]. 河南地质, 1980 (4): 27-43.

[36] 秦岭区测队. 1:20 万洛宁县幅地质图及说明书 [R]. 1965.

[37] 邱树玉, 刘洪福. 小秦岭地区 (陕西境内) 晚前寒武纪叠层石及其生物地层意义 [J]. 西北大学学报 (前寒武纪地层专辑), 1982, 43 (2): 127-159.

[38] 石铨曾, 尉向东, 等. 河南省东秦岭山脉北缘的推覆构造及伸展拆离构造 [M]. 北京: 地质出版社, 2004: 1-204.

[39] 宋立强, 王春永, 宋仲科, 等. 崤山矿集区金多金属矿成矿模式与成矿预测 [J]. 矿产勘查, 2015, 6 (6): 715-724.

[40] 孙卫志, 冯健之, 等. 小秦岭幔枝构造与深部找矿 [M]. 北京: 科学出版社, 2013: 1-352.

[41] 孙卫志, 李磊, 谢劲松, 等. 豫西地区变质核杂岩的基本特征及其对金矿床的控制 [J]. 黄金, 2013, 34 (8): 10-16.

[42] 苏文博, 李怀坤, 徐莉, 等. 华北克拉通南缘洛峪群-汝阳群属于中元古界长城系——河南汝州洛峪口组层凝灰岩锆石 LA-MC-ICPMSU-Pb 年龄的直接约束 [J]. 地质调查与研究, 2012, 35 (2): 96-108.

[43] 孙维汉. 山西汾河中游新生代地层剖面 [J]. 地质评论, 1964, 22 (6): 445-454.

[44] 王通. 河南省嵩山地区水系沉积物地球化学特征及异常评价 [D]. 北京：中国地质大学，2014.

[45] 万渝生，刘敦一，王世炎，等. 登封地区早前寒武纪地壳演化——地球化学和锆石SHRIMP U-Pb 年代学制约 [J]. 地质学报，2009，83（7）：982-999.

[46] 王志光，崔亳，等. 华北地块南缘地质构造演化与成矿 [M]. 北京：冶金工业出版社，2001：1-310.

[47] 王泽九，沈其韩，万渝生，等. 河南登封石牌河"变闪长岩体"的锆石 SHRIMP 年代学研究 [J]. 地球学报，2004，25（3）：295-298.

[48] 王志宏，张兴辽，屠森，等. 河南省地层古生物研究——第一分册前寒武纪 [M]. 郑州：黄河水利出版社，2008.

[49] 王志宏. 阶段性板块运动与板内增生——河南省 1：50 万地质图说明书 [M]. 北京：中国环境科学出版社，2000.

[50] 王志宏. 阶段性板块运动与板内增生 [M]. 北京：中国环境科学出版社，2000：76-107.

[51] 汪江河，孙卫志，等. 熊耳山北麓中深部金矿成矿规律与找矿方向研究 [M]. 郑州：黄河水利出版社，2015：1-352.

[52] 王利功，王全明，常云真，等. 豫西嵩山老里湾岩体年代学、地球化学特征及其成矿作用 [J]. 地质通报，2017，36（7）：1242-1250.

[53] 王哲，常云真，李重阳，等. 河南省嵩山东部老里湾岩体年代学、地球化学及岩石成因 [J]. 矿床地质，2018，37（2）：269-289.

[54] 徐文超，王通，常云真，等. 河南省嵩山地区典型金矿床的成矿流体特征及其对进一步找矿工作的启示 [J]. 矿产与地质，2016，30（1）：1-11.

[55] 徐文超，常云真，贾慧敏，等. 河南陕县黄连垛组的发现及其地质意义 [J]. 世界地质，2015，34（3）：599-604.

[56] 席文祥. 豫西陕县放牛山组的建立 [J]. 中国区域地质，1994，4：301-302.

[57] 肖华国，蒋复初，吴锡浩，等. 三门峡地区的黄土地层 [M]. 郑州：黄河水利出版社，1998：1-7.

[58] 徐书奎，王秀全，刘新艳，等. 豫西嵩山赵家古洞岩体 LA-ICP-MS 锆石 U-Pb 定年及地质意义 [J]. 矿产与地质，2017，31（4）：794-799.

[59] 徐书奎，刘海鹏，冯昂，等. 嵩山金（银）矿床容矿构造及成矿规律 [J]. 矿产与地质，2015，29（6）：744-747.

[60] 许谱林，吕古贤，张天义，等. 豫西嵩山地区伸展拆离构造特征研究 [J]. 矿物学报，2013，33（S2）：68-69.

[61] 肖建辉，武广，孟宪锋，等. 豫西嵩山东部中河岩体锆石 U-Pb 年龄、地球化学和 Lu-Hf同位素特征 [J]. 矿床地质，2018，37（2）：290-310.

[62] 燕长海. 东秦岭铅锌银成矿系统内部结构 [M]. 北京：地质出版社，2005：1-144.

[63] 燕建设. 马超营断裂带构造特征及金矿成矿研究 [M]. 郑州：黄河水利出版社，2005：1-145.

[64] 尹维青，李建旭. 河南嵩山地区伸展滑脱作用及其与金矿的关系 [J]. 矿产与地质，

2007, 21（2）：136-140.

［65］曾威，常云真，司马献章，等．河南省嵩山地区中河银多金属矿床花岗斑岩体形成时代及其地质意义［J］．地质调查与研究，2017，40（2）：81-88.

［66］张国伟，张本仁，袁学诚，等．秦岭造山带与大陆动力学［M］．北京：科学出版社，2001：1-863.

［67］朱嘉伟，张天义，侯存顺．嵩山地区拆离滑脱构造控矿模式及其找矿意义［J］．矿床地质，2001，20（3）：265-269.

［68］朱嘉伟，张天义，薛良伟．豫西嵩山地区金矿成矿年龄的测定及其意义［J］．地质评论，1999，45（4）：418-422.

［69］Zhao T P, Zhou M F, et al. Palaeoproterozoic rift-related volcanism of the Xiong'er Group in the North China Craton：Implications for the break-up of Columbia［J］. International Geology Review, 2002, 44：336-351.

［70］赵太平，周美夫，金成伟，等．华北陆块南缘熊耳群形成时代讨论［J］．地质科学，2001，36（3）：326-334.

［71］赵太平，翟明国，夏斌，等．熊耳群火山岩锆石 SHRIMP 年代学研究：对华北克拉通盖层发育初始时间的制约［J］．科学通报，49（22）：2342-2349.

［72］张磊，杨俊鹏．河南省嵩山地区金多金属矿成矿模式浅析［J］．中国矿业，2015，24（S2）：143-148.

［73］王振闽，徐文超，贾慧敏，等．河南省嵩山地区内生矿产分布规律及成矿模式研究［J］．地质与矿产，2018，32（6）：1049-1058.